新世纪应用型高等教育
网络专业系列规划教材

网络技术综合实训教程

WANGLUO JISHU ZONGHE SHIXUN JIAOCHENG

新世纪应用型高等教育教材编审委员会 组编

主编 肖建良

副主编 敖 磊 李天俐

大连理工大学出版社

图书在版编目(CIP)数据

网络技术综合实训教程 / 肖建良主编. — 大连：
大连理工大学出版社，2011.10
新世纪应用型高等教育网络专业系列规划教材
ISBN 978-7-5611-6425-9

Ⅰ. ①网… Ⅱ. ①肖… Ⅲ. ①计算机网络—高等学校
—教材 Ⅳ. ①TP393

中国版本图书馆 CIP 数据核字(2011)第 163077 号

大连理工大学出版社出版
地址:大连市软件园路 80 号　邮政编码:116023
发行:0411-84708842　邮购:0411-84703636　传真:0411-84701466
E-mail:dutp@dutp.cn　URL:http://www.dutp.cn
大连美跃彩色印刷有限公司印刷　　大连理工大学出版社发行

幅面尺寸:185mm×260mm　　印张:14.75　　字数:341 千字
印数:1～3000
2011 年 10 月第 1 版　　　2011 年 10 月第 1 次印刷

责任编辑:马　双　　　　　　　　责任校对:王　磊
封面设计:张　莹

ISBN 978-7-5611-6425-9　　　　　　定　价:29.80 元

前 言

都说我们国家是个"世界工厂"，从"中国制造"到"中国创造"还需要很长一段路要走。毫无疑问，面向未来的精英型、开拓型的人才培养是社会发展的迫切需求。但是，应当看到，满足目前市场对应用型人才的需求也是迫在眉睫，目前市场上需要大量的掌握一定技能的产业工人，作为培养应用型人才的高校，应该想方设法让学生在学校就能提高职业技能，以满足人才市场的需求。

网络技术的发展日新月异，既要让学生了解前沿知识，又要让他们掌握成熟的技术是我们的任务，也是本书的目的。我们不赶时髦，而是要让学生掌握一些实实在在的知识和一出校门就能用得上的技能，以便于他们就业。

本教材是一本综合性的实训教材。教材的编写思路是以完成某个工程项目为目标，将一个综合性的工程项目分解成多个部分（模块），每个部分（模块）再分解成多个实训任务，每个任务再被细分成几个子任务。学生的实训实践工作就从子任务开始，一个子任务一个子任务地完成，把几个子任务完成后就完成了某一个实训任务，当所有实训任务完成后就完成了一个完整的实践项目。当然，基于实验室或实训基地的实际情况，实训项目是抽象性质的，它是将不同的实际工程项目进行综合和提炼而成，带有模拟及综合的性质，但很多功能及配置工作是相同的。学生通过实训，可以掌握很多实际工作中能用得到的知识，并能对理论的应用有较为深入的理解，真正做到理论联系实际，为职业技能的提高打下坚实的基础。

编者在高校任教将近十年，又到企业中从事网络技术管理工作近十年，最后又回到高校任教。因此，编者对企业的网络人才需求有较深入的了解，能从企业的角度来审视目前高校的人才培养模式，判断学生的知识结构是否适应市场需求。编者所在院校的办学宗旨就是"以学生为中心，理论联系实际"，培养高素质应用型人才。经过多年的实践，我们已经摸索出比较有效的人才培养模式和课程建设体系。在理论教学方面，精讲理论，但以理论够用为主，辅之以较大课时量的课程实验。在实践教学方面，以项目驱动的方式加强实践。目前已制订的专业培养计划能保证专业实践四年"不断线"，实践学分占总学分的近三分之一。

本书可作为高等院校及高职高专院校网络工程专业高年级学生的实训教材，也可以作为社会培训机构的网络管理员培训教材，同时也可以作为计算机相关专业大学生及网络工程技术人员的参考书。

本书由肖建良任主编，敖磊、李天俐任副主编。肖建良参与第 3、4、6、7 章编写，敖磊参与第 1、2、5、8 章编写，李天俐参与第 7、8 章编写。在本书编写过程中，乔海滨、王毅、黄建明、吴成湘等同志还做了大量工作，在此一并表示感谢！

由于时间仓促，加上编者水平所限，书中错误和不妥之处敬请广大同行及读者见谅，并多提宝贵意见！

所有意见和建议请发往：dutpbk@163.com

欢迎访问我们的网站：http://www.dutpbook.com

联系电话：0411-84707492　84706104

编　者

2011 年 10 月

目　录

模块一

需求分析与系统规划

【模块导读】

在建设网络前必须完成网络系统的规划与设计,明确整个系统建设的目的、功能、规模以及实施操作的内容。在进行系统规划的时候,网络的设计人员需要了解用户的业务需求、管理需求、安全需求等,然后对各种需求进行详细的分析工作,为完成网络系统规划做好准备。

本模块分成三个子任务来完成。第一个子任务完成需求分析,是比较宏观的需求分析。第二个子任务完成网络拓扑图的绘制,要求学生掌握使用 Visio 绘制网络拓扑图的技巧。第三个子任务进行系统详细的设计,包括 VLAN 的设计、IP 地址的分配、安全设计、端口规划等。

【模块要点】

本模块围绕即将开始的实训项目,完成需求分析、系统规划与设计、绘制拓扑图等多项工作。

1.1 任务一:需求分析

【任务描述】

需求分析是网络工程项目中至关重要的一个部分,它为网络系统的规划与设计提供了基本的依据。本任务将从带宽性能、应用服务、网络管理、网络安全、网络可靠性以及网络连接等几个方面提出本实训的需求。

【实施步骤】

网络需求分析可以从带宽性能需求、应用服务需求、网络管理需求、网络安全需求、网络可靠性需求和网络连接需求等几个方面进行。

1. 带宽性能的需求分析

带宽和时延是网络性能指标中最重要的两个参数。用户对计算机网络的应用已经不仅仅是传输简单的文本文件,而是希望计算机网络提供一个能够承载多种业务的平台,以实现办公自动化、Web 浏览等,能够传送各种应用系统数据以及诸如 IP 电话这样对带宽和时延要求都非常高的多媒体数据。因此,现代的计算机网络必须具有高性能、高速率的特点。

本实训所组建的网络需要具有一定的前瞻性,具体实现"千兆到核心、百兆到桌面"的用户需求,选择能够实现高效网络数据传输的超5类或超6类非屏蔽双绞线,保证重要和紧急业务的带宽、时延、优先级,使其无阻塞地进行传送,实现对业务的合理调度。

2.应用服务的需求分析

当前的计算机网络已经发展成为"以应用为中心"的数据通信系统,设计和建设计算机网络系统的根本目的是为了提供应用服务。从系统观点看,计算机网络应用最终体现了计算机网络系统的目的性和系统功能。应用需求始终是推动网络技术发展的根本动力,技术发展反过来又提供更多、更好的应用服务。

本实训所完成的网络项目要求能够满足用户在这样的通信系统上实现无纸化办公、业务数据共享、网络公告、多媒体信息服务等网络应用。因此需要在各台服务器上以Windows 2003 Server操作系统为平台,实现Web、FTP、E-mail、网络数据库、流媒体等多种服务。另外,可以设置DNS服务器,实现用户通过域名访问Web服务器。

3.网络管理的需求分析

当前的计算机网络规模日益扩大,所以网络的维护工作也就变得更加复杂。在网络设计过程中所选择的互联设备以及相关的网络管理软件应能够有效地支持网络管理的需求。例如针对交换机和路由器进行数据流量的分析与控制,尽量减少网络管理时所消耗的人力物力,针对不同用户提供灵活的访问控制权限等等。

本实训所组建的网络项目要求体现出合理的网络管理策略,对不同的用户和不同的硬件设备完成相应的网络管理操作。具体需要完成以下几点内容:

(1)通过NTFS权限设置控制不同的用户或用户组对网络资源(如共享文件等)的访问。

(2)由于在企业、学校或政府机构里,各部门的数据有可能是保密的,因此可以在交换机上设置VLAN(虚拟局域网),以此提高各部门间的保密级别。

(3)网络管理人员需要了解网络中每一台设备(PC机、服务器、交换机和路由器等)的运行和工作情况,因此使用网络管理软件对网络设备进行管理是十分必要的。由于本实训项目中使用的均为锐捷公司的产品,所以可以使用Star View软件进行拓扑发现、节点性能控制以及事件告警等管理性操作。

4.网络安全的需求分析

现代的计算机网络应提供更完善的网络安全解决方案,以阻击病毒和黑客的攻击,减少由于数据丢失或破坏而造成的经济损失。

从网络规划的角度出发,防范恶意代码和病毒入侵应主要从接入网段着手,如采用硬件防火墙和安装网络版的杀毒软件等。根据用户的一般需求,完成以下几点内容:

(1)防火墙的安装可采用屏蔽式的网络结构,需要设置时间对象、URL对象、带宽对象以及安全规则。

（2）考虑到需要有效地防范恶意入侵和病毒滋扰，需要在组建的网络中安装网络版杀毒软件（如瑞星网络版杀毒软件），可以对网络内的客户端主机进行病毒防御配置、病毒查杀、漏洞扫描等一系列的工作。

（3）ARP 攻击是目前在内部网络出现得最频繁的一种攻击。对于这种攻击，需要检查网络中 ARP 报文的合法性，交换机的 ARP 检查功能可以满足这个要求，防止 ARP 欺骗攻击。

5. 网络可靠性的需求分析

目前计算机网络的可靠性问题已经引起网络设计者、建设者和应用者的高度关注。计算机网络是否可靠已经成为衡量计算机网络性能的一项重要指标。随着通信系统逐渐地老化，系统运行的环境也变得越来越不稳定，这就需要设计者在设计初期能够有效地处理好数据备份的问题。另外，由于要考虑数据传输是否稳定，交换设备之间可以采用双链路连接，但是这样会出现广播风暴，将极大地影响通信系统的可靠性。

为此，在本实训项目中将完成以下几点关于满足系统可靠性需求的操作：

（1）采用链路冗余技术（包括端口聚合和生成树协议），确保网络系统正常运行。同时，运用 STP 协议（生成树协议）还可以消除链路冗余造成的广播风暴问题。

（2）为了防止由于 STP 重新计算造成的网络收敛，可以使用交换机 BPDU Guard 特性防止网络拓扑的变化。

（3）为了防止连接终端的交换机端口也接收到 BPDU 报文，可以采用 BPDU Filter 功能防止交换机连接终端的端口接收 BPDU 报文。

6. 网络连接的需求分析

局域网上的用户不仅需要内部之间进行信息的交换，而且还需要与外网进行连接。另外，在本实训项目中要求网络操作人员完成 A 组和 B 组两个网段的组建，并通过各网段的路由设备进行互连，最后通过一台连接外网的路由器与因特网进行连接。根据以上需求，需要完成以下几点操作：

（1）两个网段之间通过静态路由设置或动态路由设置完成彼此间的数据转发；

（2）由于实训组建的网络中所使用的 IP 地址均为私有 IP 地址，所以要在连接因特网的路由器上实现 NAT 技术。

7. 其他部分的需求分析

由于本项目中需要使用到一些特殊的网络技术和网络设备，因此在这里做如下分析：

（1）为了实现将某些移动终端设备接入到通信系统中，需要在网络中搭建无线分布式系统模式网络。考虑到无线网络的安全问题，需要用到 SSID 隐藏、MAC 地址过滤以及 WEP 加密等多种技术。

（2）考虑到完成的项目不仅要传输数字数据，还要传输语音数据，所以系统可以在组建的网络中安装 IP 电话并配置语音网关，实现与外部电话网的连接。

1.2 任务二:绘制网络拓扑图

【任务描述】

计算机网络拓扑图是网络设计的最终结果,网络工程中的实施部分需要以网络拓扑图为依据。本任务要求读者使用 Visio 软件完成拓扑图的绘制。

【实施步骤】

本项目的网络拓扑图如图 1-1 所示,要求每位学生使用 Visio 重新绘制出来。

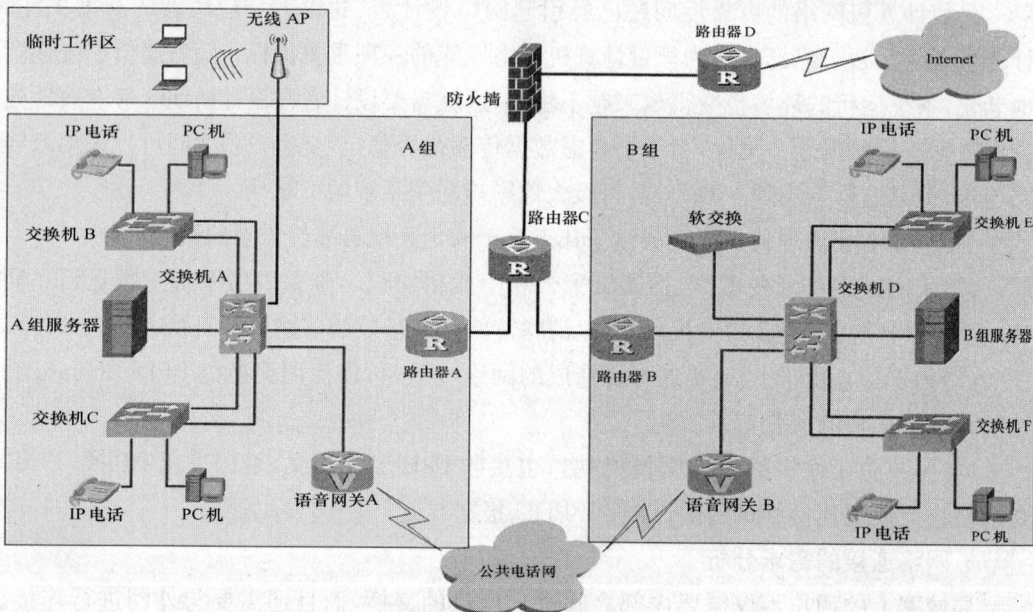

图 1-1 实训项目网络拓扑图

1.3 任务三:实训项目规划与设计

【任务描述】

网络规划是根据需求分析得到的系统总体设计方案。本任务将对实训中所搭建的网络进行综合布线、IP 地址、VLAN 以及网络性能等几个方面的规划与设计。

根据上述需求分析的内容,本实训项目将做后面的规划。

1.3.1 子任务 1:综合布线系统规划与设计

【完成目标】

本子任务主要完成实训项目的综合布线系统的设计。考虑到布线系统所搭建的通信平台需要实现"千兆到核心、百兆到桌面"的需求,可以选择超 5 类非屏蔽双绞线作为网络系统的传输介质,而且连接双绞线的 RJ-45 连接器、信息模块以及配线架的布线组件也需要支持超 5 类非屏蔽双绞线的布线规范。

【实施步骤】

综合布线实验装置是模块化设计和生产,由模块化仿真墙组成,仿真墙为全钢结构。每个仿真墙模块高 2.4 m,宽 1.2 m,厚 0.24 m。每个模块化的仿真墙面上布置有 500 多个 80～100 mm 间距的安装螺孔,这些安装螺孔可以进行万次以上的安装和拆卸。

1. 工作区规划与设计

工作区作为连接终端设备的区域,需要完成安装信息插座和接入终端设备的操作。由于本项目中一个工作区需要放置计算机和 IP 电话两种终端设备,所以使用的信息插座面板应具有明装、双孔的特点,如图 1-2 所示。

其中左边有电话图标的接口连接 IP 电话终端,右边有计算机图标的接口连接计算机终端。信息插座内安装有支持超 5 类非屏蔽双绞线的 RJ-45 信息模块。

2. 水平系统规划与设计

图 1-2　双孔信息插座面板

水平系统采用槽道布线的方法进行安装。本实训项目由两组成员共同完成,在操作此部分内容时,两组成员按图 1-3 所示的路径安装槽道。

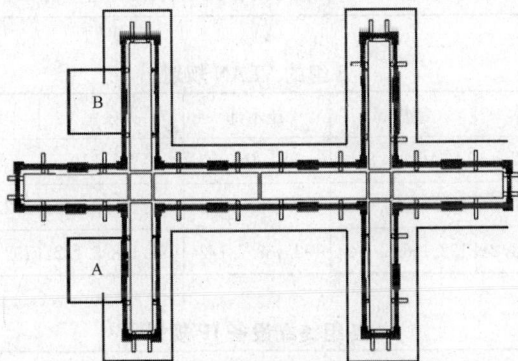

图 1-3　槽道安装路径图

主槽道宜选择 800 mm×150 mm 的 PVC 线槽,分支线槽宜选择 200 mm×100 mm 的 PVC 线槽,然后连接至信息插座。

3. 中心机柜规划与设计

本实训项目采用 19 英寸 40 U 的标准机柜作为布线系统的中心节点,其中包括设备托架、端子板架、顶部风扇和电源插座板等,如图 1-4 所示。配线架、理线架以及交换机、路由器、软交换和 IP 语音网关均安装在中心机柜中。两个实训组机柜的位置宜安放在仿真墙的同一侧,这样可以减少机柜间设备连接的距离。

图 1-4　19 英寸 40 U 的标准机柜

1.3.2　子任务 2:IP 地址及 VLAN 的规划

【完成目标】

本子任务主要完成项目中 VLAN 规划和 IP 地址的分配等。

【实施步骤】

在实训项目中,每个区共有四台 PC 机、四部 IP 电话、一台服务器和一台软交换服务器、一台语音网关,A 组还有一台无线接入点 AP。各台 PC 机及网络设备均处于不同的 VLAN 中。A 组网络中的交换机 A 为三层交换机,交换机 B 和交换机 C 为二层交换机,B 组中的交换机 D 为三层交换机,交换机 E 和交换机 F 为二层交换机。另外,为临时工作区准备的无线接入点 AP 连接到 A 组三层交换机 A 上,并将其划入 VLAN 1 中。对该项目中 IP 及 VLAN 的规划如表 1-1～表 1-7 所示。

表 1-1　　　　　　　　　　　　　A 组的 VLAN 规划

A 组部门	财务部	销售部	技术部	办公室	服务器 A	语音网关 A
VLAN 名	VLAN 2	VLAN 3	VLAN 4	VLAN 5	VLAN 6	VLAN 1
子网号	192.168.0.0/24	192.168.1.0/24	192.168.2.0/24	192.168.3.0/24	192.168.4.0/24	192.168.88.0/24
网关地址	192.168.0.1/24	192.168.1.1/24	192.168.2.1/24	192.168.3.1/24	192.168.4.1/24	192.168.88.1/24

表 1-2　　　　　　　　　　　　　B 组的 VLAN 规划

B 组部门	财务部	销售部	技术部	办公室	服务器 B	语音网关 A
VLAN 名	VLAN 7	VLAN 8	VLAN 9	VLAN 10	VLAN 11	VLAN 1
子网号	192.168.5.0/24	192.168.6.0/24	192.168.7.0/24	192.168.8.0/24	192.168.9.0/24	192.168.87.0/24
网关地址	192.168.5.1/24	192.168.6.1/24	192.168.7.1/24	192.168.8.1/24	192.168.9.1/24	192.168.87.1/24

表 1-3　　　　　　　　　　　　各组终端设备 IP 规划

组　号	设　备	连接的交换机	连接端口	IP 地址	VLAN 名
A 组	服务器 A	交换机 A	F0/5	192.168.4.2/24	VLAN 6
	软交换 A		F0/16	192.168.88.90	VLAN 1
	语音网关 A		F0/17	192.168.88.60	VLAN 1
	无线 AP		F0/18	192.168.88.200	VLAN 1
	PC1	交换机 B	F0/5	192.168.0.2/24	VLAN 2
	IP 电话 1		F0/8	192.168.88.111/24	VLAN 1
	PC2		F0/15	192.168.1.2/24	VLAN 3
	IP 电话 2		F0/18	192.168.88.112/24	VLAN 1
	PC3	交换机 C	F0/5	192.168.2.2/24	VLAN 4
	IP 电话 3		F0/8	192.168.88.113/24	VLAN 1
	PC4		F0/15	192.168.3.2/24	VLAN 5
	IP 电话 4		F0/18	192.168.88.114/24	VLAN 1

（续表）

组号	设备	连接的交换机	连接端口	IP 地址	VLAN 名
B组	服务器 B	交换机 D	F0/5	192.168.9.2/24	VLAN 11
	软交换 B		F0/16	192.168.87.90	VLAN 1
	语音网关 B		F0/17	192.168.87.60	VLAN 1
	PC5	交换机 E	F0/5	192.168.5.2/24	VLAN 7
	IP 电话 5		F0/8	192.168.87.115/24	VLAN 1
	PC6		F0/15	192.168.6.2/24	VLAN 8
	IP 电话 6		F0/18	192.168.87.116/24	VLAN 1
	PC7	交换机 F	F0/5	192.168.7.2/24	VLAN 9
	IP 电话 7		F0/8	192.168.87.117/24	VLAN 1
	PC8		F0/15	192.168.8.2/24	VLAN 10
	IP 电话 8		F0/18	192.168.87.118/24	VLAN 1

表 1-4　　　　　　　　　　　A 组三层交换机和路由器端口 IP 规划

交换机 A 的虚端口 IP 地址	路由器 A	
	内网端口 F0/0 的 IP 地址	外网端口 S1/2 的 IP 地址
172.16.0.1/24	172.16.0.2/24	10.0.0.2/24

表 1-5　　　　　　　　　　　B 组三层交换机和路由器端口 IP 规划

交换机 D 的虚端口 IP 地址	路由器 B	
	内网端口 F0/0 的 IP 地址	外网端口 S1/2 的 IP 地址
172.16.1.1/24	172.16.1.2/24	10.0.1.2/24

表 1-6　　　　　　　　　　　　　路由器 C 端口 IP 规划

路由器 C	
与路由器 A 相连的端口 S1/2 的 IP 地址	与路由器 B 相连的端口 S1/3 的 IP 地址
10.0.0.1/24	10.0.1.1/24
与路由器 D 相连的端口 F0/0 的 IP 地址	
10.0.2.1/24	

注：在本实训项目中，仅规划一台防火墙部署在边界路由器 D 和路由器 C 之间，为了配置路由器的动静态路由，我们把防火墙设置成透明模式，即防火墙的输入输出端口均不配置 IP 地址，而让其完全透明。但是防火墙应有的策略则可以照常配置，不满足策略的数据包照样会被过滤。

表 1-7　　　　　　　　　　　　　路由器 D 端口 IP 规划

路由器 D	
与路由器 C 相连的端口 F0/0 的 IP 地址	与 ISP 相连的端口 S1/2 的 IP 地址
10.0.2.2/24	210.30.108.1/24

1.3.3　子任务 3：系统功能规划

【完成目标】

本子任务主要完成交换机端口功能以及端口访问规则等的规划。

【实施步骤】

1. 端口功能规划

二层、三层交换机的端口功能规划如表 1-8 与表 1-9 所示。

表 1-8　　　　　　　　　　　　　二层交换机端口功能规划

交换机 B	F0/1	与端口 F0/2 聚合(或配置 STP),作为连接三层交换机 A 的 trunk 端口
	F0/2	与端口 F0/1 聚合(或配置 STP),作为连接三层交换机 A 的 trunk 端口
	F0/5	VLAN 2 中的一个端口,连接 A 组财务部的计算机 PC1
	F0/8	VLAN 1 中的一个端口,连接 A 组的 IP 电话 1
	F0/15	VLAN 3 中的一个端口,连接 A 组销售部的计算机 PC2
	F0/18	VLAN 1 中的一个端口,连接 A 组的 IP 电话 2
交换机 C	F0/5	VLAN 4 中的一个端口,连接 A 组技术部的计算机 PC3
	F0/8	VLAN 1 中的一个端口,连接 A 组的 IP 电话 3
	F0/15	VLAN 5 中的一个端口,连接 A 组办公室的计算机 PC4
	F0/18	VLAN 1 中的一个端口,连接 A 组的 IP 电话 4
	F0/23	与端口 F0/24 聚合(或配置 STP),作为连接三层交换机 A 的 trunk 端口
	F0/24	与端口 F0/23 聚合(或配置 STP),作为连接三层交换机 A 的 trunk 端口
交换机 E	F0/1	与端口 F0/2 聚合(或配置 STP),作为连接三层交换机 D 的 trunk 端口
	F0/2	与端口 F0/1 聚合(或配置 STP),作为连接三层交换机 D 的 trunk 端口
	F0/5	VLAN 7 中的一个端口,连接 B 组财务部的计算机 PC5
	F0/8	VLAN 1 中的一个端口,连接 B 组的 IP 电话 5
	F0/15	VLAN 8 中的一个端口,连接 B 组销售部的计算机 PC6
	F0/18	VLAN 1 中的一个端口,连接 B 组的 IP 电话 6
交换机 F	F0/5	VLAN 9 中的一个端口,连接 B 组技术部的计算机 PC7
	F0/8	VLAN 1 中的一个端口,连接 B 组的 IP 电话 7
	F0/15	VLAN 10 中的一个端口,连接 B 组办公室的计算机 PC8
	F0/18	VLAN 1 中的一个端口,连接 B 组的 IP 电话 8
	F0/23	与端口 F0/23 聚合(或配置 STP),作为连接三层交换机 D 的 trunk 端口
	F0/24	与端口 F0/24 聚合(或配置 STP),作为连接三层交换机 D 的 trunk 端口

表 1-9　　　　　　　　　　　　　三层交换机端口功能规划

交换机 A	F0/1	与端口 F0/2 聚合(或配置 STP),作为连接二层交换机 B 的 trunk 端口
	F0/2	与端口 F0/1 聚合(或配置 STP),作为连接二层交换机 B 的 trunk 端口
	F0/5	VLAN 6 中的一个端口,连接 A 组服务器
	F0/15	连接路由器 A
	F0/16	连接 A 组软交换 A
	F0/17	连接 A 组的语音网关 A
	F0/18	连接临时工作区的无线 AP
	F0/23	与端口 F0/24 聚合(或配置 STP),作为连接二层交换机 C 的 trunk 端口
	F0/24	与端口 F0/23 聚合(或配置 STP),作为连接二层交换机 C 的 trunk 端口

（续表）

	F0/1	与端口 F0/2 聚合（或配置 STP），作为连接二层交换机 E 的 trunk 端口
	F0/2	与端口 F0/1 聚合（或配置 STP），作为连接二层交换机 E 的 trunk 端口
	F0/5	VLAN 11 中的一个端口，连接 B 组服务器
交换机 D	F0/15	连接路由器 B
	F0/16	连接 B 组软交换 B
	F0/17	连接 B 组的语音网关 B
	F0/23	与端口 F0/24 聚合（或配置 STP），作为连接二层交换机 F 的 trunk 端口
	F0/24	与端口 F0/23 聚合（或配置 STP），作为连接二层交换机 F 的 trunk 端口

2. 访问控制规则规划

配置在网络互联设备上的访问控制列表 ACL 实际上是一张规则检查表。这张表中包含了很多简单的指令规则，告诉互联设备哪些数据包是可以接受的，哪些数据包是需要拒绝的。常见的访问控制列表有两种：标准 IP ACL 和扩展 IP ACL。两种 ACL 的区别是：标准 IP ACL 只匹配、检查数据包中携带的源 IP 地址；扩展 IP ACL 不仅要匹配、检查数据包中携带的源 IP 地址，还检查数据包的目的 IP 地址以及数据包的特定协议类型、端口号等。

根据项目描述，A 组和 B 组的财务部门与办公室的网络终端可以互通，与其他部门的网络终端不通，而销售部、技术部两个部门的网络终端可以互通。也就是 A 组网络中 VLAN 2 和 VLAN 5 互通，VLAN 3 和 VLAN 4 互通，而 VLAN 2 与 VLAN 3、VLAN 4 两者不通，VLAN 5 与 VLAN 3、VLAN 4 两者也不通；B 组网络中 VLAN 7 和 VLAN 10 互通，VLAN 8 和 VLAN 9 互通，而 VLAN 7 与 VLAN 8、VLAN 9 两者不通，VLAN 10 与 VLAN 8、VLAN 9 两者也不通。

另外，A 组网络和 B 组网络中的各台计算机都可以访问各自区域内的网络服务器。限制条件是：财务部和办公室的计算机只能访问服务器上的 Web 服务，而销售部和技术部的计算机只能访问服务器上的 FTP 服务。也就是说 A 组的用户可以通过 PC1、PC4 访问服务器 A 上的 Web 站点；通过 PC2、PC3 访问服务器 A 上的 FTP 站点。B 组的用户可以通过 PC5、PC8 访问服务器 B 上的 Web 站点；通过 PC6、PC7 访问服务器 B 上的 FTP 站点。所以需要在交换机 A 及交换机 D 上设置标准 IP ACL 访问控制，实现各部门间的数据传输要求。同时通过在交换机 A 及交换机 D 上设置扩展 IP ACL 访问控制，以实现各部门计算机对服务器上不同服务的访问。

最后，需要配置基于时间的 ACL，即在不同的时间段对网络中的数据进行过滤，以实现 A 组和 B 组的员工只有在正常上班时间（周一至周五 8:00～17:00）可以访问 FTP 服务，并且可以全天访问 Web 服务。

3. 端口的 BPDU Guard 和 BPDU Filter 规划

当交换机开启 STP 功能时，默认所有端口都会参与 STP 运算、发送和接收 BPDU，交换机之间是通过 BPDU 数据包的传送来识别对方是交换机还是普通 PC 机。当 BPDU Guard 开启后，在正常情况下，一个下联端口不会发出任何 BPDU，因为启动该功能后，这个端口无论收到任何 BPDU 都会马上设置为 Error-Disabled 状态，就相当于关闭了这个端口,不会转发任何数据。

如果交换机的某个端口为终端设备,如 PC 机、打印机等,则这些设备没有必要参与 STP 计算,不必接收 BPDU 报文。可以开启端口 BPDU Filter 功能禁止 BPDU 报文从该端口发送出去。

每台交换机都需要进行端口 BPDU Guard 及 BPDU Filter 的规划设计,需要根据不同的情况来设定,方法都大同小异。在这里,我们以 A 组交换机为例来说明交换机的端口 BPDU Guard 及 BPDU Filter 的相关规划设计是如何进行的。具体规划如表 1-10、表 1-11 和表 1-12 所示。

表 1-10　　交换机 A 端口 BPDU Guard 和 BPDU Filter 规划表

端口号	BPDU Guard	BPDU Filter
F0/1	否	否
F0/2	否	否
F0/3	是	否
F0/4	是	否
F0/5	否	是
F0/6	是	否
F0/7	是	否
F0/8	是	否
F0/9	是	否
F0/10	是	否
F0/11	是	否
F0/12	是	否
F0/13	是	否
F0/14	是	否
F0/15	否	是
F0/16	否	是
F0/17	否	是
F0/18	否	是
F0/19	是	否
F0/20	是	否
F0/21	是	否
F0/22	是	否
F0/23	否	否
F0/24	否	否
GI0/25	是	否
GI0/26	是	否
GI0/27	是	否
GI0/28	是	否

表 1-11　　交换机 B 端口 BPDU Guard 和 BPDU Filter 规划表

端口号	BPDU Guard	BPDU Filter
F0/1	否	否
F0/2	否	否
F0/3	是	否
F0/4	是	否
F0/5	否	是
F0/6	否	是
F0/7	是	否
F0/8	是	否
F0/9	是	否
F0/10	是	否
F0/11	是	否
F0/12	是	否
F0/13	是	否
F0/14	是	否
F0/15	否	是
F0/16	否	是
F0/17	是	否
F0/18	否	是
F0/19	是	否
F0/20	是	否
F0/21	是	否
F0/22	是	否
F0/23	是	否
F0/24	是	否

表 1-12　　交换机 C 端口 BPDU Guard 和 BPDU Filter 规划表

端口号	BPDU Guard	BPDU Filter
F0/1	是	否
F0/2	是	否
F0/3	是	否
F0/4	是	否
F0/5	否	是
F0/6	否	是
F0/7	是	否
F0/8	是	否
F0/9	是	否
F0/10	是	否
F0/11	是	否
F0/12	是	否

端口号	BPDU Guard	BPDU Filter
F0/13	是	否
F0/14	是	否
F0/15	否	是
F0/16	否	是
F0/17	是	否
F0/18	否	是
F0/19	是	否
F0/20	是	否
F0/21	是	否
F0/22	是	否
F0/23	否	否
F0/24	否	否

注：上述各表为 A 组中交换机的端口设置，B 组的设置与 A 组相同，这里不再列出。

模块二

综合布线系统的组建

【模块导读】

本模块根据前面的综合布线规划,完成综合布线系统的建设,分三个任务来完成有关操作。任务一主要完成水平子系统的线管、线槽等相关操作,任务二完成工作区子系统各种布线操作,任务三完成机柜的安装操作。

综合布线系统的硬件包括传输介质(非屏蔽双绞线、大多数电缆和光缆等)、配线架、标准信息插座、适配器、光电转换设备及系统保护设备等。

综合布线系统由6个子系统组成,包括工作区子系统、水平子系统、管理间子系统、垂直干线子系统、设备间子系统及建筑群子系统。由于采用星型结构,任何一个子系统都可独立地接入综合布线系统中。因此,系统易于扩充,布线易于重新组合,也便于查找和排除故障。

【模块要点】

本实训将使用模块化仿真墙完成 RJ-45 连接器、信息插座和 PVC 线槽的安装以及机柜组装等操作。

2.1 任务一:水平子系统的组建

【任务描述】

根据实训项目规划的内容,首先应确定综合布线系统的路径,然后在路径上安装线槽或管道以及信息插座等布线组件。进行实训练习的时候既可以使用 PVC 线槽也可以使用 PVC 管道。下面分别介绍 PVC 线槽和 PVC 管道的安装方法。

2.1.1 子任务 1:线槽的安装

【完成目标】

本子任务将在仿真墙上安装 PVC 线槽,其中包括转折角的操作、三通的操作、PVC线槽的固定和网线的布放等,以实现对整个实训所需网络环境的支持。

【实施步骤】

1.转折角操作

(1)确定线槽上需要转折的位置,用记号笔在转折点做标记,然后将直角尺顶部与标记点对齐,沿着直角尺 45°边做一条直线,同样方法,在另外一边也做这样的一条直线,如图 2-1 所示。

图 2-1 线槽的安装(一)

(2)用剪刀沿着两条直线的方向剪开,然后弯折,即成直角弯角,如图 2-2 所示。

图 2-2 线槽的安装(二)

(3)将线槽翻转,盖上弯通盖板,如图 2-3 所示。

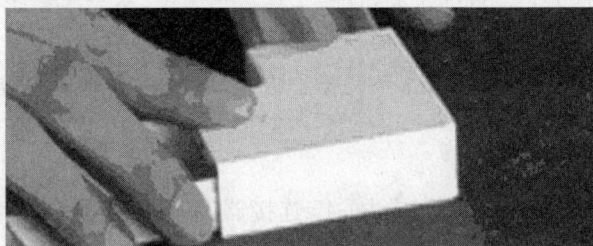

图 2-3 线槽的安装(三)

2.三通操作

(1)确定线槽上需要安装三通的位置,用记号笔在开口位置做一个标记,如图2-4所示。

图 2-4 线槽的安装(四)

(2)用剪刀剪开记号位置,然后将分支线槽插入主干线槽,如图 2-5 所示。

图 2-5 线槽的安装(五)

(3)将线槽翻转,盖上三通盖板,如图2-6所示。

图 2-6　线槽的安装(六)

3.线槽的安装和线缆的布放

(1)将剪裁好的 PVC 线槽和信息插座用螺丝以明装的方式固定在仿真墙的表面上。

(2)从双绞线包装箱的出线口引线,将线缆直接放在 PVC 线槽中,在信息插座底盒中预留一段长度的线缆,以备在安装信息模块的时候使用,如图2-7所示。

图 2-7　线槽的安装(七)

(3)盖上线槽盖板,完成整个操作。

2.1.2　子任务 2:PVC 管道安装

【完成目标】

本子任务将在仿真墙上安装 PVC 管道,其中包括弯通的操作、PVC 管道的安装、信息插座的安装和网线的牵引等,以实现对整个实训所需网络环境的支持。

【实施步骤】

1.弯通操作

(1)当在布线路径上需要垂直转弯时,可以在垂直管道两端的 PVC 管道上安装成品弯通,如图2-8所示。当管道需要分路时可以是三通完成,具体操作与弯通类似,这里不做具体陈述。

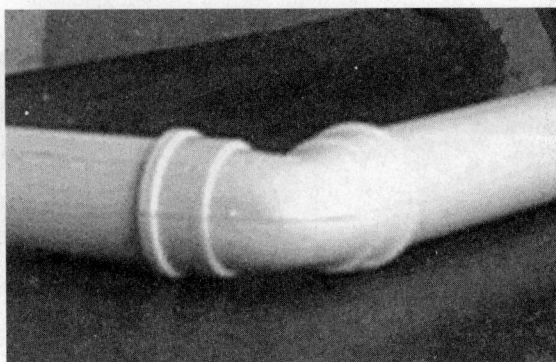

图 2-8　管道的安装(一)

(2)也可以使用弯管器进行类似的操作,将弯管器放入管道需要弯曲的区域,如图2-9所示。

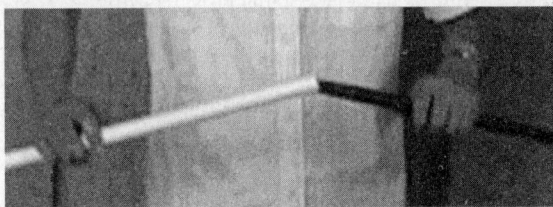

图 2-9　管道的安装(二)

(3)然后弯曲管道,注意力量不能过大,速度不能过快,如图 2-10 所示。

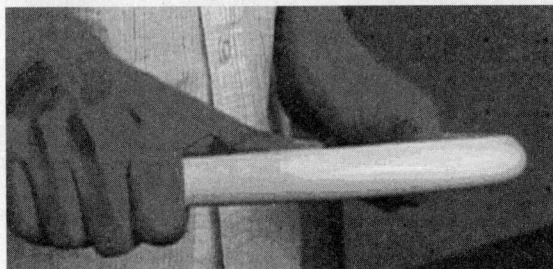

图 2-10　管道的安装(三)

(4)当达到需要的角度时,将弯管器抽出,如图 2-11 所示。

图 2-11　管道的安装(四)

2.安装管道

(1)根据布线系统的路径规划,在路径上安装管卡,如图 2-12 所示。

图 2-12　管道的安装(五)

(2)将需要布放的 PVC 管道放入管卡固定,如图 2-13 所示。

图 2-13　管道的安装(六)

(3)把管道锁扣安装在信息插座的底盒上,然后将 PVC 管道与锁扣相连,最后将信息插座的底盒固定在仿真墙上,如图 2-14 所示。

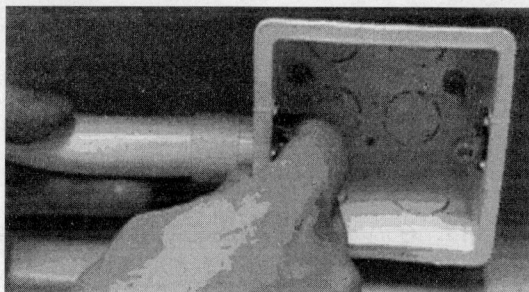

图 2-14　管道的安装(七)

3.牵引线缆

PVC 管的牵引线缆操作一般要使用牵引线。其步骤如下:

(1)将牵引线由管道一侧放入到其中,直到牵引线从另外一端伸出,如图 2-15 所示。

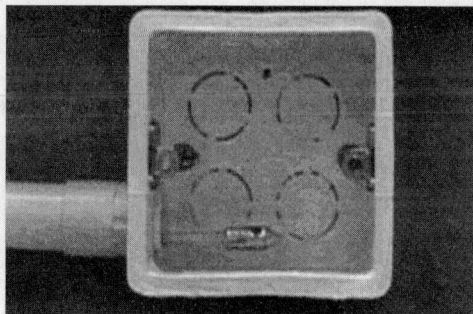

图 2-15　管道的安装(八)

（2）将双绞线固定在牵引线头上，如图 2-16 所示。

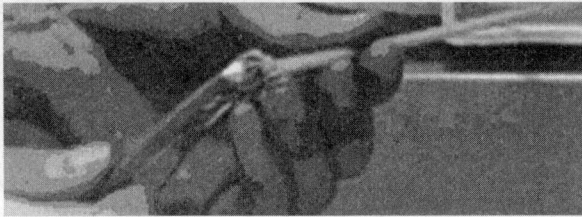

图 2-16　管道的安装（九）

（3）最后回收牵引线，使双绞线穿过 PVC 管道到达另外一侧，在管道的两端留有足够的线缆长度即可，如图 2-17 所示。

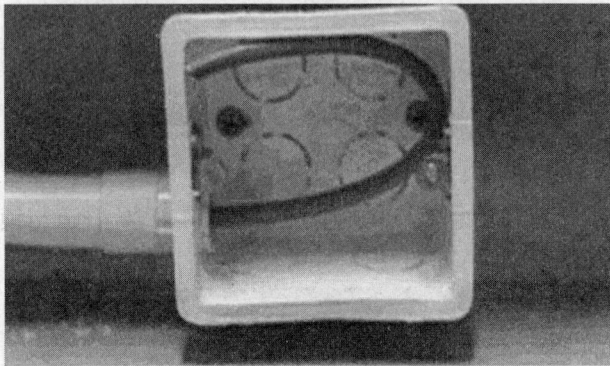

图 2-17　管道的安装（十）

2.2　任务二：工作区子系统的组建

【任务描述】

根据实训项目规划的内容，首先应确定整个网络系统所需的跳线和信息模块的数量，然后完成跳线和信息模块的制作，最后将信息模块安装在信息插座上。

2.2.1　子任务 1：跳线的制作

【完成目标】

完成网络线的两端剥线。不允许损伤线缆铜芯，长度合适；每个信息插座完成 2 根网络跳线的制作；要求压接方法正确，压接线序检测准确。

【实施步骤】

1. 剥线

首先将双绞线电缆套管自端头剥去 20 mm，露出 4 对线，如图 2-18 所示。

图 2-18 跳线制作(一)

2.分色排序

按照 T568B 配线模式,将剥出端的 8 根线按 1-白/橙、2-橙、3-白/绿、4-蓝、5-白/蓝、6-绿、7-白/棕、8-棕的顺序排成一排,把线理平理直,剪掉最外端 5 mm 左右,保持接口平齐,如图 2-19 所示。

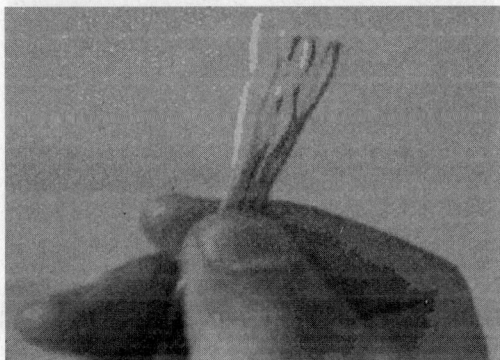

图 2-19 跳线制作(二)

3.安装水晶头

取一个 RJ-45 水晶头(带塑料簧片的一端向下、铜片的一端向上),将排好的 8 根线成一排按顺序完全插入水晶头的卡线槽,将塑料外套管尽量往里挤,仔细观察线序,确认无误后进入下一步,如图 2-20 所示。

图 2-20 跳线制作(三)

4.压线

将带线的 RJ-45 水晶头放入压线钳的 8P 插槽内,并用力向内按下压线钳的两只手柄,如图 2-21 所示。

图 2-21   跳线制作(四)

5. 检查

按下 RJ-45 水晶头的塑料簧片,取出做好的水晶头,再一次检查线序是否正确,如图 2-22 所示。

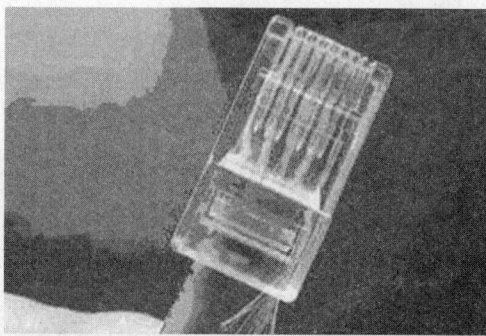

图 2-22   跳线制作(五)

6. 按不同标准再次制作一条线

按照 T568A(EIA/TIA-586A,简称 T568A)配线模式(线序颜色不同)再完成一条跳线的制作。

7. 注意事项

(1)水晶头不管是哪家的产品,端接时都必须是 T568A 或者 T568B 这两种配线模式中的一种,如图 2-23 所示。

T568A:绿白,绿,橙白,蓝,蓝白,橙,棕白,棕

T568B:橙白,橙,绿白,蓝,蓝白,绿,棕白,棕

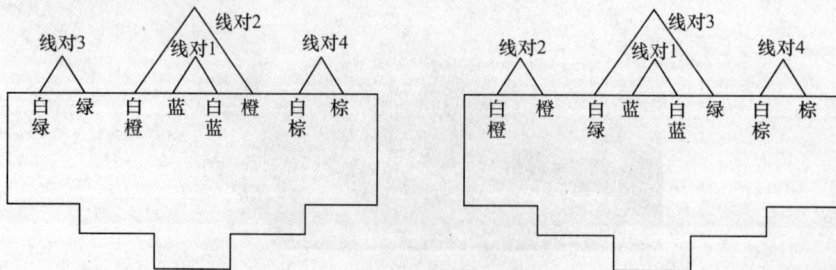

图 2-23   T568A 配线模式(左)和 T568B 配线模式(右)

按照此顺序排列,不要有差错;

(2)与水晶头压实。

（3）8条铜缆不要裸露在水晶头之外。

（4）8条铜缆要与水晶头上的铜片完全接触上。

（5）一条双绞线的两个水晶头可以分别使用 T568A 和 T568B 模式,这样就做成一条交叉线,两端相同的称为正向跳线。

2.2.2　子任务 2:信息插座的安装

【完成目标】

完成双绞线的两端剥线。不允许损伤线缆铜芯,长度合适;完成信息模块的制作,要求压接方法正确,压接线序检测准确。

【实施步骤】

1. 准备好线头

手持压线钳(有双刀刃的面靠内,单刀刃的面靠外),将一段超 5 类双绞线从压线钳的双刀刃面伸到单刀刃面,并向内按下压线钳的两手柄,剥取双绞线一端的绝缘外套,如图 2-24 所示;

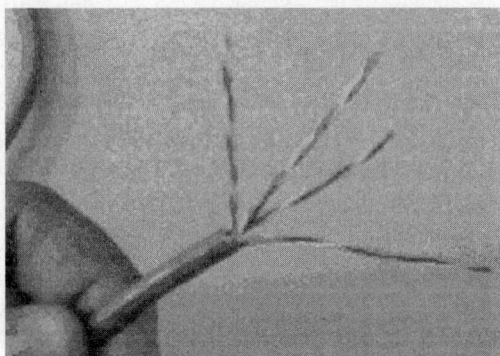

图 2-24　信息插座的安装(一)

2. 对色排序

将剥好的线取一根按照信息模块上标签的颜色对应放入信息模块接线块的卡槽内,如图 2-25 与图 2-26 所示。

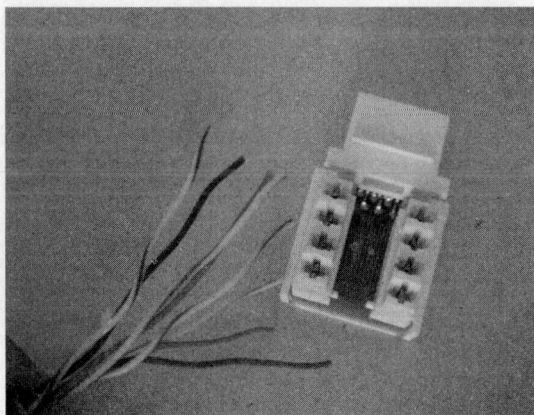

图 2-25　信息插座的安装(二)

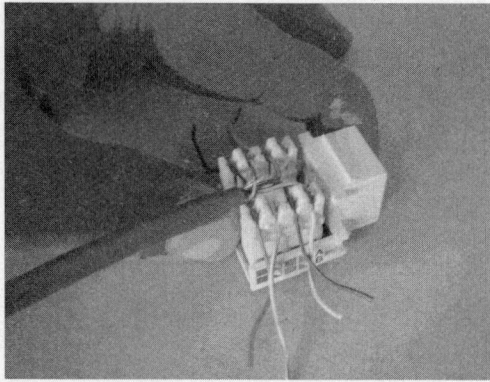

图 2-26　信息插座的安装(三)

3. 打线

手持打线钳,将卡刀(有刀刃口的一端朝外)一端插入已插好线的信息模块接线块的卡槽内,用力往下压打线钳的另一端,当听到"咔"的一声,则表示已将线卡入接线块的卡槽内,如图 2-27 所示。

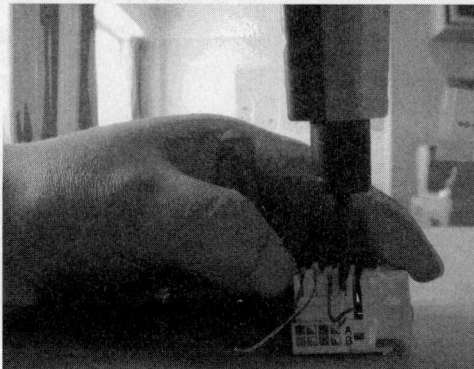

图 2-27　信息插座的安装(四)

4. 压线完毕

使用同样方法将双绞线的另外 7 根线卡入信息模块接线块的卡槽内,如图 2-28 所示。

图 2-28　信息插座的安装(五)

5.安装信息模块

将信息模块嵌入到信息面板的模块槽内,如图 2-29 所示。

图 2-29 信息插座的安装(六)

6.固定信息模块

用螺丝刀将信息面板固定在底盒上,最后将面板框安装在信息面板上,如图 2-30 所示。

图 2-30 信息插座的安装(七)

2.3 任务三:机柜的安装

【任务描述】

通过机柜的安装实验,了解工作区机柜的布置原则、安装方法及使用要求,熟悉常用机柜的规格和性能。通过网络配线架的安装和压接线实验了解网络机柜内布线设备的安装方法、使用功能、常用工具和基本材料的使用方法。

机柜的标准宽度为 19 英寸,两边开有方孔,以 3 个方孔为一个单元,简称 1U,如图 2-31 所示。在机柜中,配线架和网络设备的安装方法类似,这里只对配线架的安装与端接进行详细的说明。

图 2-31　机柜的安装(一)

2.3.1　子任务 1:机柜的组装和配线架的安装

【完成目标】

完成立式机柜的定位、网络配线架的安装和压接线的安装。

【实施步骤】

1. 安装配线架

确定配线架的位置,在方孔反方向上安装 1U 高度的机柜方螺母,如图 2-32 所示。然后用配套螺丝固定网络配线架;

图 2-32　机柜的安装(二)

2. 端接配线架

配线架必须根据统一的色标进行端接,本实训项目各个布线组件均按照 T568B 配线模式进行端接。

3. 按色排线

将双绞线内的 8 根线按照色标的顺序依次放入配线架后面板上的连接块中,如图 2-33 所示。

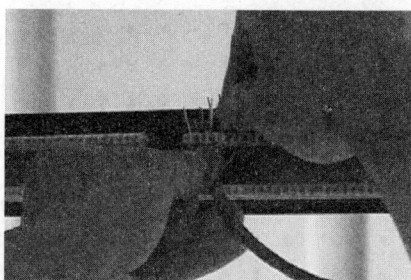

图 2-33 机柜的安装(三)

4. 压线

使用打线钳将多余的导线剪断,如图 3-34 所示(注意:打线的时候工具前端的刀片向外)。

图 2-34 机柜的安装(四)

5. 完毕检查

端接完毕后,使用绑扎带整理线缆,将线缆整齐地排放在机柜的理线区域,应注意美观有序,如图 2-35 所示。

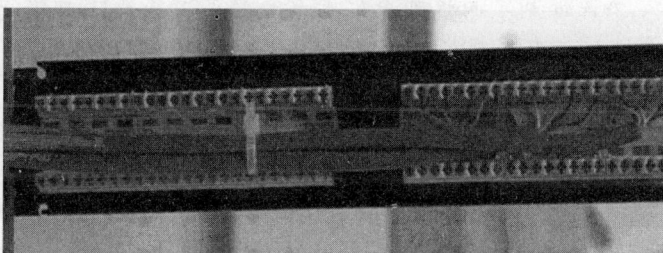

图 2-35 机柜的安装(五)

模块三

交换机配置

【模块导读】

在本模块中,我们主要对交换机进行配置。根据项目要求,我们需要对交换机进行以下几方面的配置:生成树协议(STP)、聚合端口(aggregateport)、虚拟局域网(VLAN)划分和访问控制列表(ACL)等。

在一个企业的局域网中,核心层交换机与接入层交换机之间必须有可靠地连接,需要配备多于一条的链路,以防止单一链路中断,导致该链路下连网络出现断网现象。若要实现交换机之间的双链路连接,且两条链路之间能互为备份,有两种解决方案:一种是在两台交换机之间连接两条链路,并且在两台交换机上配置生成树协议;另一种方法也是在两台交换机之间配置双链路,但在链路连接的端口上做逻辑聚合,将每台交换机的两个物理端口配置成一个逻辑端口,称为聚合端口。经过这样的配置后,两条链路可以同时工作,还可以互为备份,一条链路中断不会导致下连网络断网。上述两种方法任取其一即可。在本项目中,A组的交换机A与交换机B之间、交换机A与交换机C之间都要配置双链路。同理,B组的交换机D与交换机E之间、交换机D与交换机F之间也都要配置双链路。为了给读者提供选择及配置参考,我们对上述两种解决方案都将提供详细的操作说明。

为了便于管理及提高带宽利用率,企业局域网通常都要进行合理的网络规划,如IP地址规划、虚拟局域网(VLAN)划分等。划分虚拟局域网可以分隔广播域,一方面可以防止广播风暴的发生及蔓延,另一方面把大量的数据流局限在某一个虚拟局域网内,可以提高网络带宽的利用率和网络运行效率,也便于网络的安全及管理。VLAN之间的计算机不能直接相互访问,必须通过三层路由来实现,这样就给系统的管理及访问控制带来了方便。在本项目中,我们为每一个部门都分配一个VLAN,并给每一个VLAN分配IP地址段。然后针对各个VLAN配置访问控制列表,来满足项目提出的访问控制要求。项目中对服务器的访问有时间要求,为此,我们配置基于时间的访问控制列表ACL,其实现方法是在扩展的访问控制列表上添加一个时间控制项。

为了给不同VLAN之间计算机的相互访问提供路由,我们需要在核心层的三层交换机上配置路由,这部分路由配置工作我们放到模块四的路由器配置中进行说明。

根据项目要求,为了防止由于STP重新计算造成网络收敛慢,我们使用交换机BPDU Guard特性防止网络拓扑的变化。同时,为了防止连接终端的交换机端口也接受到BPDU报文,我们采用 BPDU Filter 功能防止交换机连接终端的端口(PC 机)接收 BP-DU 报文,这部分的配置工作我们放到模块八中进行说明。

【模块要点】

以下的任务一和任务二分别是生成树协议配置和聚合端口配置,在实际工程中,只需使用其中一种配置就可以达到链路冗余备份的目的。为了给读者提供操作参考,我们对所有交换机都作了上述两种配置(这样做有点重复和累赘,但有参考价值),实训时读者可以自由选择,给部分交换机配置生成树协议,另一部分交换机配置聚合端口,或只采用其中一种方法,一样可以达到目的。

无论采用生成树协议还是聚合端口,核心层和接入层交换机之间的链路都作为公共通路,允许不同 VLAN 的信息通过,因此,需要配置成中继(trunk)模式,并设置成允许所有 VLAN 的信息通过,在进行配置时千万不要遗漏。

trunk 模式也叫中继模式,允许一条链路通过多个 VLAN 的信息,相当于把一条单车道变成多车道。trunk 模式的设置必须成对出现,即链路的两端都要设置成 trunk 模式,这条链路才能起到中继的作用,否则,trunk 模式会自动失效。

3.1　任务一:STP 配置

【任务描述】

本次任务是配置 A 组和 B 组各三台交换机的生成树协议(STP),同时还要配置其中继模式(trunk)。生成树协议的作用是防止交换机之间产生二层环路,从而引起广播风暴,造成网络阻塞。交换机 A 与交换机 B、C 之间,交换机 D 与交换机 E、F 之间,都要配置生成树协议。为了保证交换机 A 及交换机 D 均被推选为根网桥,需要保证其网桥优先级较小,在这里我们都配置成 4096。

我们先配置 A 组的三台交换机,分为三个子任务来完成,然后用一个子任务来检查配置结果是否正确。A 组配置正确无误后我们再来配置 B 组,同样分成三个子任务,分别配置三台交换机,一个检查子任务,检查三台交换机的配置情况。

考虑到在教育系统行业锐捷设备的占有率较高,本书中我们均采用锐捷的网络设备为例来说明如何配置各台设备参数,便于各个学校开展教学。

在本书中,接入层设备我们采用 RG-2126G,24 口二层交换机,核心层设备我们采用 RG-S3760-24 双协议栈三层交换机。交换机的常用配置命令归纳如下,输入中随时可以按"Tab"制表键,这样能快速输入命令(或称补全命令)。

1.进入特权模式命令:enable,通常可以缩写成"en",如下所示(黑色斜体字表示由键盘输入):

Switch>*enable*　　(可缩写成 *en*)
Password:*xxxxx*
Switch#

2.进入全局模式命令:configuration terminal,通常可以缩写成"config t"或"conf t",该命令在特权模式下使用,如:

Switch# *configuration terminal*　　　（可缩写成 *config t* 或 *conf t*）

Switch(config)#

3.进入接口模式命令：interface，通常可以缩写成"int"，该命令在全局模式下使用，如：

Switch(config)# *interface f0/1*　　　（可缩写成 *int*）

Switch(config-if)#

4.退出命令：exit，退出本模式，返回到上一层模式，如从接口模式返回到全局模式可以使用下述命令：

Switch(config-if)# *exit*

Switch(config)#

5.返回到特权模式命令：*end* 或 *Ctrl-Z*

6.进入 VLAN 模式命令：vlan，该命令在全局模式下使用，如：

Switch(config)# *vlan*

Switch(config-vlan)#

7.进入路由模式命令：router，该命令在全局模式下使用，如：

Switch(config)# *router rip*

Switch(config-router)#

8.更名命令：hostname，该命令在全局模式下使用，如：

Switch(config)# *hostname SwitchA*　　　（hostname 可缩写成 host）

Switch(config-router)#

其他的配置命令请参考各个配置任务，会有具体说明。

无论是三层交换机还是二层交换机，生成树协议的配置都必须在全局模式下进行，具体配置步骤基本相同，如下所示：

第一步：开启生成树协议（缺省情况下都是关闭的）。在交换机的全局模式下使用以下命令：

Switch(config)# *spanning-tree*

第二步：设置生成树协议模式。生成树协议模式包括普通协议（STP）模式、快速生成树协议（RSTP）模式和多生成树协议（MSTP）模式，锐捷交换机在缺省情况下使用MSTP。在本实训项目中我们采用快速生成树协议（RSTP）模式，使用以下命令进行设置：

Switch(config)# *spanning-tree mode rstp*

第三步：设置生成树的优先级。系统默认的优先级一般是 32768，为了使某交换机成为根网桥，一个可行的方法是修改其优先级，使其优先级变得小一些，如 4096。如果不是根交换机，则维持其默认值即可，具体配置方法如下：

Switch(config)# *spanning-tree priority 4096*

在本项目中，交换机 A 和交换机 D 需要设置优先级，而其他的二层交换机 B、C、E、F 等都使用默认的优先级 32768。

为了便于识别及管理，我们需要对每台交换机重命名，命名规则是交换机的英文字母 Switch 加上大写字母 A，B，C，D 等来表示，如交换机 A，就写成 SwitchA，其他依次类推，

命名命令也需要在全局模式下输入,如下所示:

Switch(config)♯ *hostname SwitchA*

【配置流程图】

生成树协议配置流程图如图 3-1 所示。

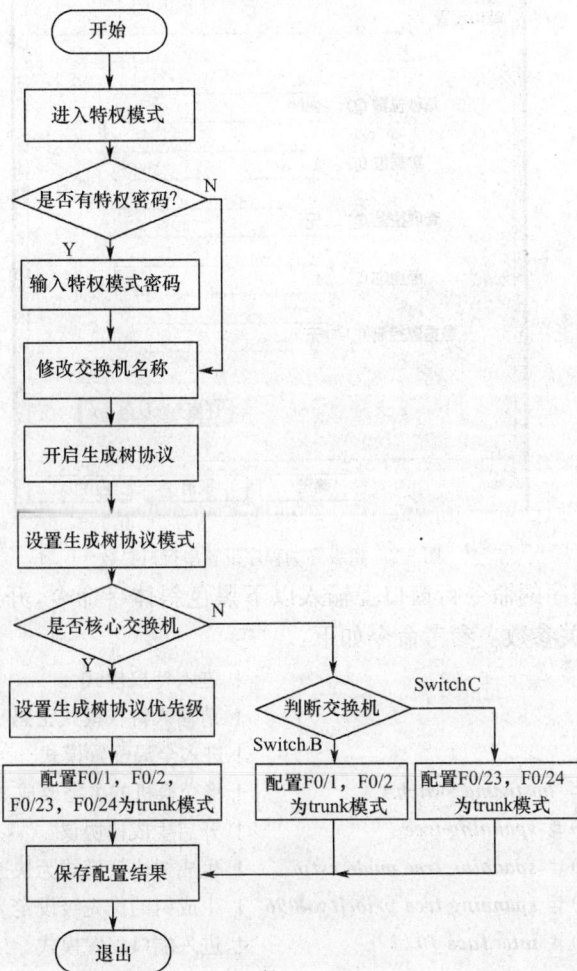

图 3-1 生成树协议配置流程图

3.1.1 子任务 1:A 组核心层交换机 A 的 STP 配置

【完成目标】

本子任务用于启动核心层交换机 A 的生成树协议,并将 STP 模式设置成 RSTP (802.1w),同时将其优先级设置成 4096,以保证其被推选为根网桥,其他参数保持缺省配置。完成配置后需要在特权模式下使用以下命令将配置结果保存起来:

Switch♯ *write*

❀注意:缺省情况下生成树协议是关闭的(查询其状态为 Disabled),因此,在开启生成树协议前,先不要连接各台交换机之间的双链路,以免引起广播风暴。

【实施步骤】

将其中任意一台计算机（如 PC1）的串行口连线连接到交换机 A 的 console 口上，打开计算机的超级终端程序，配置好有关参数，配置参数如图 3-2 所示。

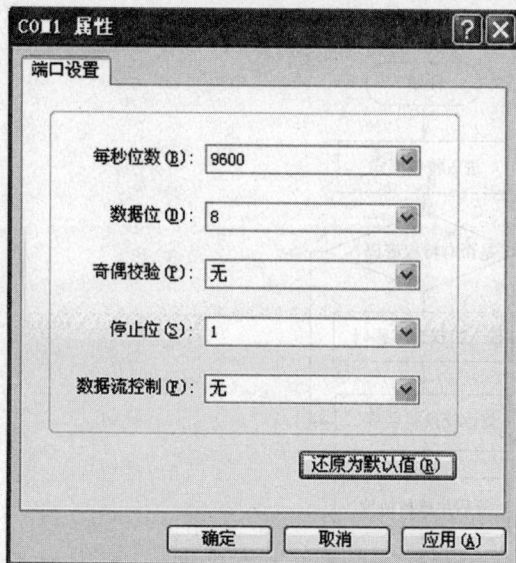

图 3-2   超级终端程序设置串行口参数

在超级终端程序的命令行窗口上输入以下黑色斜体字命令，开启交换机的生成树协议，并配置其他相关参数。参考命令如下：

命令	说明
Switch>*enable*	! 进入特权模式
Password：	! 请输入特权模式密码
Switch# *conf t*	! 进入全局配置模式
Switch(config)# *hostname SwitchA*	! 将交换机的名字改成 SwitchA
SwitchA(config)# *spanning-tree*	! 开启生成树协议
SwitchA(config)# *spanning-tree mode rstp*	! 生成树协议模式为快速生成树协议 RSTP
SwitchA(config)# *spanning-tree priority 4096*	! 生成树的优先级设定为 4096
SwitchA(config)# *interface f0/1*	! 进入端口配置模式
SwitchA(config-if)# *switchport mode trunk*	! 将端口 F0/1 设置成 trunk 模式
SwitchA(config-if)# *interface f0/2*	! 进入端口配置模式
SwitchA(config-if)# *switchport mode trunk*	! 将端口 F0/2 设置成 trunk 模式
SwitchA(config-if)# *interface f0/23*	! 进入端口配置模式
SwitchA(config-if)# *switchport mode trunk*	! 将端口 F0/23 设置成 trunk 模式
SwitchA(config-if)# *interface f0/24*	! 进入端口配置模式
SwitchA(config-if)# *switchport mode trunk*	! 将端口 F0/24 设置成 trunk 模式
SwitchA(config-if)# *end*	! 退出全局模式
SwitchA# *write*	! 保存配置结果
SwitchA#	

3.1.2 子任务 2:A 组接入层交换机 B 的 STP 配置

【完成目标】

本子任务用于启动接入层交换机 B 的生成树协议,并将 STP 模式设置成 RSTP (802.1w),同时保持其优先级 32768 不变,使其成为分支网桥,其他参数保持缺省配置。完成配置后需要在特权模式下使用接入层 write 命令将配置结果保存起来。

【实施步骤】

将其中任意一台计算机的串行口连线连接到交换机 B 的 console 口上,打开计算机的超级终端程序,配置好有关参数(参看图 3-2),在其命令行窗口上执行以下黑色斜体字命令,开启交换机的生成树协议并配置其他相关参数。参考命令如下:

Switch>*enable*	! 进入特权用户模式
Password:	! 请输入特权模式密码
Switch# *conf t*	! 进入全局配置模式
Switch(config)# *hostname SwitchB*	! 将交换机更名为 SwitchB
SwitchB(config)# *spanning-tree*	! 开启生成树协议
SwitchB(config)# *spanning-tree mode rstp*	! 设置为快速生成树协议模式
SwitchB(config)# *interface f0/1*	! 进入交换机的 F0/1 端口
SwitchB(config-if)# *switchport mode trunk*	! 将交换机的 F0/1 端口设置成 trunk 模式
SwitchB(config-if)# *interface f0/2*	! 进入交换机的 F0/2 端口
SwitchB(config-if)# *switchport mode trunk*	! 将交换机的 F0/2 端口设置成 trunk 模式
SwitchB(config-if)# *end*	! 退出全局模式
SwitchB# *write*	! 保存交换机配置
SwitchB#	

3.1.3 子任务 3:A 组接入层交换机 C 的 STP 配置

【完成目标】

本子任务用于启动接入层交换机 C 的生成树协议,并将 STP 模式设置成 RSTP (802.1w),同时保持其优先级 32768 不变,使其成为分支网桥,其他参数保持缺省配置。完成配置后需要在特权模式下使用 write 命令将配置结果保存起来。

【实施步骤】

将其中任意一台计算机的串行口连线连接到交换机 C 的 console 口上,打开计算机的超级终端程序,配置好有关参数(参看图 3-2),在其命令行窗口上执行以下黑色斜体字命令,开启交换机的生成树协议并配置其他相关参数,参考命令如下:

Switch>*enable*	! 进入特权模式
Password:	! 输入特权模式密码
Switch# *conf t*	! 进入全局配置模式
Switch(config)# *hostname SwitchC*	! 将交换机更名为 SwitchC
SwitchC(config)# *spanning-tree*	! 开启生成树协议
SwitchC(config)# *spanning-tree mode rstp*	! 设置为快速生成树协议模式
SwitchC(config)# *interface f0/23*	! 进入交换机的 F0/23 端口

SwitchC(config-if)♯ ***switchport mode trunk***　！将 F0/23 端口设置成 trunk 模式

SwitchC(config-if)♯ ***interface f0/24***　！进入交换机的 F0/24 端口

SwitchC(config-if)♯ ***switchport mode trunk***　！将 F0/24 端口设置成 trunk 模式

SwitchC(config-if)♯ ***end***　！退出全局模式

SwitchC♯ ***write***　！保存交换机配置

SwitchC♯

3.1.4　子任务 4：A 组各交换机的 STP 配置验证

【完成目标】

本子任务用于验证 A 组各台交换机的 STP 配置是否正确。正确配置后，其查询结果会与以下相应的反向显示的黑色字体标注的字段相同。

【实施步骤】

按照系统拓扑图，连接好 A 组各台交换机之间的双链路跳线，查看交换机是否工作正常。正常情况下，双链路中应该有一条链路处于转发状态，另一条链路处于阻塞状态。交换机的各个指示灯显示正常，不会出现所有指示灯频繁闪亮的情况。

1. 交换机 A 的配置参考

在与交换机 A 相连的计算机的超级终端程序上执行以下命令，查询 SwitchA 的生成树协议模式和优先级的设置情况。

SwitchA♯ ***show spanning-tree***

需要说明的是，由于用户的实验环境不同，可能会有很多参数不同，但其中黑体字标注的字段应该是一样的，不同的话就要检查配置是否有问题了。查询结果如下所示：

```
SwitchA♯ sh spanning-tree
StpVersion：RSTP
SysStpStatus：ENABLED
MaxAge：20
HelloTime：2
ForwardDelay：15
BridgeMaxAge：20
BridgeHelloTime：2
BridgeForwardDelay：15
MaxHops：20
TxHoldCount：3
PathCostMethod：Long
BPDUGuard：Disabled
BPDUFilter：Disabled
LoopGuardDef：Disabled
BridgeAddr：001a.a943.6c8c
Priority：4096
TimeSinceTopologyChange：0d：7h：29m：58s
TopologyChanges：2
```

```
DesignatedRoot：1000.001a.a943.6c8c
RootCost：0
RootPort：0
SwitchA#
```

大家核对实验结果的时候，注意以下几个字段：

StpVersion：RSTP

SysStpStatus：ENABLED

Priority：4096

RootCost：0

RootPort：0

RootCost 表示到根交换机的开销，0 表示本交换机的端口为根端口。

RootPort 表示根端口，0 表示本交换机为根交换机。

从上述字段还可以看出，生成树协议模式为 RSTP，称为快速生成树协议，并且生成树协议已启动（enabled），优先级为 4096（用户设定），较小优先级的交换机将被推选为根网桥。

接着，再执行以下命令，查看两条链路的工作情况：

SwitchA# *show spanning-tree interface f0/1*

同样，不同的实验环境会导致某些参数不同，但黑体字标注字段应是相同的，以后的所有实验参考都如此，大家仅核对黑色字体标注的字段，这点以后不再赘述。结果如下所示：

```
SwitchA# sh sp int f0/1
PortAdminPortFast：Disabled
PortOperPortFast：Disabled
PortAdminAutoEdge：Enabled
PortOperAutoEdge：Disabled
PortAdminLinkType：auto
PortOperLinkType：point-to-point
PortBPDUGuard：Disabled
PortBPDUFilter：Disabled
PortGuardmode：None
PortState：forwarding
PortPriority：128
PortDesignatedRoot：1000.001a.a943.6c8c
PortDesignatedCost：0
PortDesignatedBridge：1000.001a.a943.6c8c
PortDesignatedPort：8001
PortForwardTransitions：1
PortAdminPathCost：200000
PortOperPathCost：200000
Inconsistentstates：normal
PortRole：designatedPort
```

注意以下两个字段：

PortState：forwarding

PortRole：designatedPort

F0/1 端口状态：forwarding，表示转发。

F0/1 端口角色：designatedPort，表示该端口为指定端口。

继续执行以下命令：

SwitchA# *show spanning-tree interface f0/2*

结果如下所示：

```
SwitchA# sh span int f0/2
PortAdminPortFast：Disabled
PortOperPortFast：Enabled
PortAdminAutoEdge：Enabled
PortOperAutoEdge：Enabled
PortAdminLinkType：auto
PortOperLinkType：point-to-point
PortBPDUGuard：Disabled
PortBPDUFilter：Disabled
PortGuardmode：None
PortState：forwarding
PortPriority：128
PortDesignatedRoot：1000.001a.a943.6c8c
PortDesignatedCost：0
PortDesignatedBridge：1000.001a.a943.6c8c
PortDesignatedPort：8002
PortForwardTransitions：1
PortAdminPathCost：200000
PortOperPathCost：200000
Inconsistent states：normal
PortRole：designatedPort
```

注意以下两个字段：

PortState：forwarding

PortRole：designatedPort

F0/2 端口状态：forwarding，表示转发。

F0/2 端口角色：designatedPort，表示该端口为指定端口。

由于交换机 A 的 F0/23、F0/24 接交换机 C，所以，再执行以下命令，查看另外两条链路的工作情况：

SwitchA# *show spanning-tree interface f0/23*

结果如下所示：

```
SwitchA# sh sp int f0/23
PortAdminPortFast：Disabled
```

```
PortOperPortFast : Disabled
PortAdminAutoEdge : Enabled
PortOperAutoEdge : Disabled
PortAdminLinkType : auto
PortOperLinkType : point-to-point
PortBPDUGuard : Disabled
PortBPDUFilter : Disabled
PortGuardmode : None
PortState : forwarding
PortPriority : 128
PortDesignatedRoot : 1000. 001a. a943. 6c8c
PortDesignatedCost : 0
PortDesignatedBridge :1000. 001a. a943. 6c8c
PortDesignatedPort : 8017
PortForwardTransitions : 2
PortAdminPathCost : 200000
PortOperPathCost : 200000
Inconsistent states : normal
PortRole : designatedPort
```

注意以下两个字段：

PortState : forwarding

PortRole : designatedPort

F0/23 端口状态：forwarding，表示转发。

F0/23 端口角色：designatedPort，表示该端口为指定端口。

继续执行以下命令：

SwitchA# *show spanning-tree interface f0/24*

结果如下所示：

```
SwitchA# sh span int f0/24
PortAdminPortFast : Disabled
PortOperPortFast : Enabled
PortAdminAutoEdge : Enabled
PortOperAutoEdge : Enabled
PortAdminLinkType : auto
PortOperLinkType : point-to-point
PortBPDUGuard : Disabled
PortBPDUFilter : Disabled
PortGuardmode : None
PortState : forwarding
PortPriority : 128
PortDesignatedRoot : 1000. 001a. a943. 6c8c
```

```
PortDesignatedCost : 0
PortDesignatedBridge :1000. 001a. a943. 6c8c
PortDesignatedPort : 8018
PortForwardTransitions : 2
PortAdminPathCost : 200000
PortOperPathCost : 200000
Inconsistent states : normal
PortRole : designatedPort
```

注意以下两个字段：

PortState : forwarding

PortRole : designatedPort

F0/24 端口状态：forwarding，表示转发。

F0/24 端口角色：designatedPort，表示该端口为指定端口。

从以上各次查询结果可以看出，由于交换机 A 为根交换机，所以所有端口都为指定端口，均处于转发状态。

使用 show run 命令可以查询交换机 A 的当前配置，如下所示：

```
SwitchA# sh running-config
Building configuration......
Current configuration : 3428 bytes
version RGOS 10. 3(4)，Release(52588)(Mon Mar 16 09:12:47 CST 2009 -ngcf31)
hostname SwitchA
no service password-encryption
spanning-tree
spanning-tree mode rstp
spanning-tree mst 0 priority 4096
interface FastEthernet 0/1
   switchport mode trunk
interface FastEthernet 0/2
   switchport mode trunk
interface FastEthernet 0/3
interface FastEthernet 0/4
interface FastEthernet 0/5
interface FastEthernet 0/6
interface FastEthernet 0/7
interface FastEthernet 0/8
interface FastEthernet 0/9
interface FastEthernet 0/10
interface FastEthernet 0/11
interface FastEthernet 0/12
interface FastEthernet 0/13
```

```
interface FastEthernet 0/14
interface FastEthernet 0/15
interface FastEthernet 0/16
interface FastEthernet 0/17
interface FastEthernet 0/18
interface FastEthernet 0/19
interface FastEthernet 0/20
interface FastEthernet 0/21
interface FastEthernet 0/22
interface FastEthernet 0/23
  switchport mode trunk
interface FastEthernet 0/24
  switchport mode trunk
interface GigabitEthernet 0/25
interface GigabitEthernet 0/26
interface GigabitEthernet 0/27
interface GigabitEthernet 0/28
line con 0
line vty 0 4
  login
end
SwitchA#
```

2. 交换机 B 的配置参考

在与交换机 B 相连的计算机的超级终端程序上执行以下命令,以查询交换机 B 的生成树协议模式和优先级等的设置情况。

SwitchB# *show spanning-tree*

结果如下所示:

```
SwitchB# sh spanning-tree
StpVersion : RSTP
SysStpStatus : ENABLED
MaxAge : 20
HelloTime : 2
ForwardDelay : 15
BridgeMaxAge : 20
BridgeHelloTime : 2
BridgeForwardDelay : 15
MaxHops: 20
TxHoldCount : 3
PathCostMethod : Long
BPDUGuard : Disabled
BPDUFilter : Disabled
```

```
LoopGuardDef：Disabled
BridgeAddr：001a. a943. 0108
Priority：32768
TimeSinceTopologyChange：0d：0h：8m：47s
TopologyChanges：4
DesignatedRoot：1000. 001a. a943. 6c8c
RootCost：200000
RootPort：1
```

注意以下几个字段：

```
                     StpVersion：RSTP
                     SysStpStatus：ENABLED
                     Priority：32768
                     RootCost：200000
                     RootPort：1
```

RootCost 表示到根交换机的开销，200000 表明本交换机为非根交换机，且到根交换机的路径总开销为 200000。

RootPort 表示根端口，1 表示本交换机的 F0/1 端口为根端口。

生成树协议模式为 RSTP，称为快速生成树协议，优先级为 32768（系统默认优先级），较小的优先级将被推选为根网桥，而较大的优先级就成为分支网桥。

接着，再执行以下命令，查看两条链路的工作情况：

SwitchB# *show spanning-tree interface f0/1*

结果如下所示：

```
SwitchB# sh span int f0/1
PortAdminPortFast：Disabled
PortOperPortFast：Disabled
PortAdminAutoEdge：Enabled
PortOperAutoEdge：Disabled
PortAdminLinkType：auto
PortOperLinkType：point-to-point
PortBPDUGuard：Disabled
PortBPDUFilter：Disabled
PortGuardmode：None
PortState：forwarding
PortPriority：128
PortDesignatedRoot：1000. 001a. a943. 6c8c
PortDesignatedCost：0
PortDesignatedBridge：1000. 001a. a943. 6c8c
PortDesignatedPort：8001
PortForwardTransitions：2
```

```
PortAdminPathCost：200000
PortOperPathCost：200000
Inconsistent states：normal
PortRole：rootPort
```

注意以下两个字段：

```
                              PortState：forwarding
                              PortRole：rootPort
```

F0/1 端口状态：forwarding，表示转发。

F0/1 端口角色：rootPort，表示该端口为根端口。

继续执行以下命令：

SwitchB# *show spanning-tree interface f0/2*

结果如下所示：

```
SwitchB#  sh span int f0/2
PortAdminPortFast：Disabled
PortOperPortFast：Disabled
PortAdminAutoEdge：Enabled
PortOperAutoEdge：Disabled
PortAdminLinkType：auto
PortOperLinkType：point-to-point
PortBPDUGuard：Disabled
PortBPDUFilter：Disabled
PortGuardmode：None
PortState：discarding
PortPriority：128
PortDesignatedRoot：1000. 001a. a943. 6c8c
PortDesignatedCost：0
PortDesignatedBridge：1000. 001a. a943. 6c8c
PortDesignatedPort：8002
PortForwardTransitions：1
PortAdminPathCost：200000
PortOperPathCost：200000
Inconsistent states：normal
PortRole：alternatePort
```

注意以下两个字段：

```
                              PortState：discarding
                              PortRole：alternatePort
```

F0/2 端口状态：discarding，表示阻塞。

F0/2 端口角色：alternatePort，表示该端口为备份端口。

使用 show run 命令可以查询交换机 B 的当前配置，如下所示：

```
SwitchB# sh run
Building configuration......
Current configuration : 1259 bytes
version RGOS 10.2(4)，Release(56390)(Tue May 26 21:05:52 CST 2009 -ngcf34)
spanning-tree
spanning-tree mode rstp
hostname SwitchB
interface FastEthernet 0/1
  switchport mode trunk
interface FastEthernet 0/2
  switchport mode trunk
interface FastEthernet 0/3
interface FastEthernet 0/4
interface FastEthernet 0/5
interface FastEthernet 0/6
interface FastEthernet 0/7
interface FastEthernet 0/8
interface FastEthernet 0/9
interface FastEthernet 0/10
interface FastEthernet 0/11
interface FastEthernet 0/12
interface FastEthernet 0/13
interface FastEthernet 0/14
interface FastEthernet 0/15
interface FastEthernet 0/16
interface FastEthernet 0/17
interface FastEthernet 0/18
interface FastEthernet 0/19
interface FastEthernet 0/20
interface FastEthernet 0/21
interface FastEthernet 0/22
interface FastEthernet 0/23
interface FastEthernet 0/24
interface GigabitEthernet 0/25
interface GigabitEthernet 0/26
line con 0
line vty 0 4
  login
end
SwitchB#
```

3.交换机 C 的配置参考

在与交换机 C 相连的计算机的超级终端程序上执行以下命令,查询交换机 C 的生成树协议模式和优先级等的设置情况。

SwitchC# *show spanning-tree*

结果如下所示:

```
SwitchC#  sh spanning-tree
StpVersion：RSTP
SysStpStatus：ENABLED
MaxAge：20
HelloTime：2
ForwardDelay：15
BridgeMaxAge：20
BridgeHelloTime：2
BridgeForwardDelay：15
MaxHops：20
TxHoldCount：3
PathCostMethod：Long
BPDUGuard：Disabled
BPDUFilter：Disabled
LoopGuardDef：Disabled
BridgeAddr：001a.a942.ffba
Priority：32768
TimeSinceTopologyChange：0d:0h:8m:37s
TopologyChanges：4
DesignatedRoot：1000.001a.a943.6c8c
RootCost：200000
RootPort：23
```

注意以下几个字段:

> StpVersion：RSTP
> SysStpStatus：ENABLED
> Priority：32768
> RootCost：200000
> RootPort：23

RootCost 表示到根交换机的开销,200000 表示本交换机为非根交换机,到根交换机的路径总开销为 200000。

RootPort 表示根端口,23 表示本交换机的 F0/23 端口为根端口。

生成树协议模式为 RSTP,称为快速生成树协议。优先级为 32768(系统默认优先级),较大的优先级通常会被选为分支网桥,只有较小的优先级才会被推选为根网桥。

接着,再执行以下命令,查看两条链路的工作情况:

SwitchC# *show spanning-tree interface f0/23*

结果如下所示:

```
SwitchC# sh spanning-tree int f0/23
PortAdminPortFast : Disabled
PortOperPortFast : Disabled
PortAdminAutoEdge : Enabled
PortOperAutoEdge : Disabled
PortAdminLinkType : auto
PortOperLinkType : point-to-point
PortBPDUGuard : Disabled
PortBPDUFilter : Disabled
PortGuardmode : None
PortState : forwarding
PortPriority : 128
PortDesignatedRoot : 1000. 001a. a943. 6c8c
PortDesignatedCost : 0
PortDesignatedBridge :1000. 001a. a943. 6c8c
PortDesignatedPort : 8017
PortForwardTransitions : 1
PortAdminPathCost : 200000
PortOperPathCost : 200000
Inconsistent states : normal
PortRole : rootPort
```

注意以下两个字段:

PortState : forwarding

PortRole : rootPort

F0/23 端口状态:forwarding,表示转发。

F0/23 端口角色:rootPort,表示该端口为根端口。

再次执行以下命令:

SwitchC# *show spanning-tree interface f0/24*

结果如下所示:

```
SwitchC# sh spanning-tree int f0/24
PortAdminPortFast : Disabled
PortOperPortFast : Disabled
PortAdminAutoEdge : Enabled
PortOperAutoEdge : Disabled
PortAdminLinkType : auto
PortOperLinkType : point-to-point
PortBPDUGuard : Disabled
PortBPDUFilter : Disabled
```

PortGuardmode：None

PortState：discarding

PortPriority：128

PortDesignatedRoot：1000.001a.a943.6c8c

PortDesignatedCost：0

PortDesignatedBridge：1000.001a.a943.6c8c

PortDesignatedPort：8018

PortForwardTransitions：0

PortAdminPathCost：200000

PortOperPathCost：200000

Inconsistent states：normal

PortRole：alternatePort

注意以下两个字段：

PortState：discarding

PortRole：alternatePort

F0/24 端口状态：discarding，表示阻塞。

F0/24 端口角色：alternatePort，表示该端口为备份端口。

交换机 C 的当前配置参考如下：

SwitchC# show run

Building configuration......

Current configuration：1246 bytes

version RGOS 10.2(4)，Release(56390)(Tue May 26 21:05:52 CST 2009 -ngcf34)

no service password-encryption

spanning-tree

spanning-tree mode rstp

hostname SwitchC

interface FastEthernet 0/1

interface FastEthernet 0/2

interface FastEthernet 0/3

interface FastEthernet 0/4

interface FastEthernet 0/5

interface FastEthernet 0/6

interface FastEthernet 0/7

interface FastEthernet 0/8

interface FastEthernet 0/9

interface FastEthernet 0/10

interface FastEthernet 0/11

interface FastEthernet 0/12

interface FastEthernet 0/13

interface FastEthernet 0/14

interface FastEthernet 0/15

```
interface FastEthernet 0/16
interface FastEthernet 0/17
interface FastEthernet 0/18
interface FastEthernet 0/19
interface FastEthernet 0/20
interface FastEthernet 0/21
interface FastEthernet 0/22
interface FastEthernet 0/23
  switchport mode trunk
interface FastEthernet 0/24
  switchport mode trunk
interface GigabitEthernet 0/25
interface GigabitEthernet 0/26
line con 0
line vty 0 4
  login
End
```

3.1.5　子任务 5：B 组核心层交换机 D 的 STP 配置

【完成目标】

本子任务是用于启动核心层交换机 D 的生成树协议，并将 STP 模式设置成 RSTP (802.1w)，同时将其优先级设置成 4096，以保证其被选为根网桥，其他参数保持缺省配置。设置完毕后要注意保存。

【实施步骤】

将其中任意一台计算机的串行口连线连接到交换机 D 的 console 口上，打开计算机的超级终端程序，配置好有关参数（参看图 3-2），在其命令行窗口上输入以下黑色斜体字命令，开启交换机的生成树协议，并配置其他相关参数。参考命令如下：

```
Switch>enable                              ! 进入特权模式
Password：                                 ! 输入特权模式密码
Switch# conf t                             ! 进入全局配置模式
Switch(config)# hostname SwitchD           ! 交换机更名为 SwitchD
SwitchD(config)# spanning-tree             ! 开启交换机的生成树协议
SwitchD(config)# spanning-tree mode rstp   ! 生成树协议模式为快速生成树协议
SwitchD(config)# spanning-tree priority 4096 ! 设定生成树协议优先级为 4096
SwitchD(config)# interface f0/1            ! 进入交换机的 F0/1 端口
SwitchD(config-if)# switchport mode trunk  ! 将 F0/1 端口设置成 trunk 模式
SwitchD(config-if)# interface f0/2         ! 进入交换机的 F0/2 端口
SwitchD(config-if)# switchport mode trunk  ! 将 F0/2 端口设置成 trunk 模式
SwitchD(config-if)# interface f0/23        ! 进入交换机的 F0/23 端口
SwitchD(config-if)# switchport mode trunk  ! 将 F0/23 端口设置成 trunk 模式
SwitchD(config-if)# interface f0/24        ! 进入交换机的 F0/24 端口
```

SwitchD(config-if)# *switchport mode trunk*	！将 F0/24 端口设置为 trunk 模式
SwitchD(config-if)# *end*	！退出全局模式
SwitchD# *write*	！保存配置结果
SwitchD#	

3.1.6 子任务 6:B 组接入层交换机 E 的 STP 配置

【完成目标】

本子任务用于启动接入层交换机 E 的生成树协议,并将 STP 模式设置成 RSTP (802.1w),同时保持其优先级 32768 不变,将其选为分支网桥,其他参数保持缺省配置。设置完毕后注意保存。

【实施步骤】

将其中任意一台计算机的串行口连线连接到交换机 E 的 console 口上,打开计算机的超级终端程序,配置好有关参数(参看图 3-2),在其命令行窗口上执行以下黑色斜体字命令,开启交换机的生成树协议以及配置其他相关参数。参考命令如下:

Switch>*enable*	！进入特权模式
Password:	！输入特权模式密码
Switch# *conf t*	！进入全局配置模式
Switch(config)# *hostname SwitchE*	！交换机更名为 SwitchE
SwitchE(config)# *spanning-tree*	！开启交换机的生成树协议
SwitchE(config)# *spanning-tree mode rstp*	！设定为快速生成树协议模式
SwitchE(config)# *interface f0/1*	！进入交换机 F0/1 端口
SwitchE(config-if)# *switchport mode trunk*	！将 F0/1 端口设置成 trunk 模式
SwitchE(config-if)# *interface f0/2*	！进入交换机的 F0/2 端口
SwitchE(config-if)# *switchport mode trunk*	！将 F0/2 端口设置成 trunk 模式
SwitchE(config-if)# *end*	！退出全局模式
SwitchE# *write*	！保存交换机配置
SwitchE#	

3.1.7 子任务 7:B 组接入层交换机 F 的 STP 配置

【完成目标】

本子任务用于启动接入层交换机 F 的生成树协议,并将 STP 模式设置成 RSTP (802.1w),同时保持其优先级 32768 不变,将其选为分支网桥,其他参数保持缺省配置。设置完毕后注意保存。

【实施步骤】

将其中任意一台计算机的串行口连线连接到交换机 F 的 console 口上,打开计算机的超级终端程序,配置好有关参数(参看图 3-2),在其命令行窗口上执行以下黑色斜体字命令,开启交换机的生成树协议以及配置其他相关参数。参考命令如下:

Switch>*enable*	！进入特权模式
Password:	！输入特权模式密码
Switch# *conf t*	！进入全局配置模式

Switch(config)♯ *hostname SwitchF*	！将交换机更名为 SwitchF
SwitchF(config)♯ *spanning-tree*	！开启交换机的生成树协议
SwitchF(config)♯ *spanning-tree mode rstp*	！设定为快速生成树协议模式
SwitchF(config)♯ *interface f0/23*	！进入交换机的 F0/23 端口
SwitchF(config-if)♯ *switchport mode trunk*	！将 F0/23 端口设置成 trunk 模式
SwitchF(config-if)♯ *interface f0/24*	！进入交换机的 F0/24 端口
SwitchF(config-if)♯ *switchport mode trunk*	！将 F0/24 设置成 trunk 模式
SwitchF(config-if)♯ *end*	！退出全局模式
SwitchF♯ *write*	！保存交换机配置
SwitchF♯	

3.1.8　子任务 8：B 组各交换机的 STP 配置验证

【完成目标】

本子任务用于验证 B 组各台交换机的 STP 配置是否正确。正确配置后,其查询结果会与以下各步查询结果中的黑色字体标注的字段相同。

【实施步骤】

按照系统拓扑图,连接好 B 组各台交换机之间的双链路跳线,查看交换机是否工作正常。正常情况下,双链路中应该有一条链路处于转发状态,另一条链路处于阻塞状态。交换机的各个指示灯显示正常,不会出现所有指示灯频繁闪亮的情况。

1. 交换机 D 的配置参考

在与交换机 D 相连的计算机的超级终端程序上执行以下命令,查询交换机 D 的生成树协议模式和优先级等的设置情况。

SwitchD♯ *show spanning-tree*

结果如下所示：

```
SwitchD♯ show spanning-tree
StpVersion ：RSTP
SysStpStatus ：ENABLED
MaxAge ：20
HelloTime ：2
ForwardDelay ：15
BridgeMaxAge ：20
BridgeHelloTime ：2
BridgeForwardDelay ：15
MaxHops：20
TxHoldCount ：3
PathCostMethod ：Long
BPDUGuard ：Disabled
BPDUFilter ：Disabled
BridgeAddr ：00d0. f827. dbc2
```

```
Priority: 4096
TimeSinceTopologyChange: 0d:0h:0m:42s
TopologyChanges: 45
DesignatedRoot: 8000. 00d0. f827. dbc2
RootCost: 0
RootPort: 0
```

大家核对实验结果的时候,注意以下几个字段。

```
                    StpVersion: RSTP
                    SysStpStatus: ENABLED
                    Priority: 4096
                    RootCost: 0
                    RootPort: 0
```

RootCost 表示到根交换机的开销,0 表示本交换机为根交换机。

RootPort 表示根端口,0 表示本交换机的端口为根端口。

生成树协议模式为 RSTP,称为快速生成树协议。优先级为 4096(用户设定),较小优先级的交换机将被推选为根网桥。

接着,再执行以下命令,查看两条链路的工作情况:

SwitchD# ***show spanning-tree interface f0/1***

结果如下所示:

```
SwitchD# sh sp int f0/1
PortAdminPortFast: Disabled
PortOperPortFast: Disabled
PortAdminLinkType: auto
PortOperLinkType: point-to-point
PortBPDUGuard: disable
PortBPDUFilter: disable
PortState: forwarding
PortPriority: 128
PortDesignatedRoot: 8000. 00d0. f827. dbc2
PortDesignatedCost: 0
PortDesignatedBridge: 8000. 00d0. f827. dbc2
PortDesignatedPort: 8001
PortForwardTransitions: 2
PortAdminPathCost: 200000
PortOperPathCost: 200000
PortRole: designatedPort
```

注意以下两个字段:

```
                    PortState: forwarding
                    PortRole: designatedPort
```

F0/1 端口状态:forwarding,表示转发。

F0/1 端口角色：designatedPort，表示该端口为指定端口。

再次执行以下命令：

SwitchD# *show spanning-tree interface f0/2*

结果如下所示：

```
SwitchD# sh span int f0/2
PortAdminPortFast ：Disabled
PortOperPortFast ：Disabled
PortAdminLinkType ：auto
PortOperLinkType ：point-to-point
PortBPDUGuard ：disable
PortBPDUFilter ：disable
PortState ：forwarding
PortPriority ：128
PortDesignatedRoot ：8000. 00d0. f827. dbc2
PortDesignatedCost ：0
PortDesignatedBridge ：8000. 00d0. f827. dbc2
PortDesignatedPort ：8002
PortForwardTransitions ：2
PortAdminPathCost ：200000
PortOperPathCost ：200000
PortRole ：designatedPort
```

注意以下两个字段：

PortState ：forwarding

PortRole ：designatedPort

F0/2 端口状态：forwarding，表示转发。

F0/2 端口角色：designatedPort，表示该端口为指定端口。

由于交换机 D 的 F0/23，F0/24 端口接交换机 E 与交换机 F 的相应端口，所以再执行以下命令，查看另外两条链路的工作情况：

SwitchD# *show spanning-tree interface f0/23*

结果如下所示：

```
SwitchD# sh sp int f0/23
PortAdminPortFast ：Disabled
PortOperPortFast ：Disabled
PortAdminLinkType ：auto
PortOperLinkType ：point-to-point
PortBPDUGuard ：disable
PortBPDUFilter ：disable
PortState ：forwarding
PortPriority ：128
PortDesignatedRoot ：8000. 00d0. f827. dbc2
```

PortDesignatedCost：0

PortDesignatedBridge：8000. 00d0. f827. dbc2

PortDesignatedPort：8017

PortForwardTransitions：2

PortAdminPathCost：200000

PortOperPathCost：200000

PortRole：designatedPort

注意以下两个字段：

PortState：forwarding

PortRole：designatedPort

F0/23 端口状态：forwarding，表示转发。

F0/23 端口角色：designatedPort，表示该端口为指定端口。

再次执行以下命令：

SwitchD# *show spanning-tree interface f0/24*

结果如下所示：

SwitchD# sh span int f0/24

PortAdminPortFast：Disabled

PortOperPortFast：Disabled

PortAdminLinkType：auto

PortOperLinkType：point-to-point

PortBPDUGuard：disable

PortBPDUFilter：disable

PortState：forwarding

PortPriority：128

PortDesignatedRoot：8000. 00d0. f827. dbc2

PortDesignatedCost：0

PortDesignatedBridge：8000. 00d0. f827. dbc2

PortDesignatedPort：8018

PortForwardTransitions：2

PortAdminPathCost：200000

PortOperPathCost：200000

PortRole：designatedPort

注意以下两个字段：

PortState：forwarding

PortRole：designatedPort

F0/24 端口状态：forwarding，表示转发。

F0/24 端口角色：designatedPort，表示该端口为指定端口。

显然,由于交换机 D 为根交换机,所以其所有生成树协议端口状态都为转发状态,且都为指定端口。

交换机 D 的当前配置如下(有省略):

```
SwitchD# show run
Building configuration......
Current configuration ：3282 bytes
version RGNOS 10.1.00(4)，Release(18437)(Tue Jul 17 19:13:23 CST 2007 -ubu1server)
hostname SwitchD
spanning-tree
spanning-tree mode rstp
spanning-tree mst 0 priority 4096
interface FastEthernet 0/1
    switchport mode trunk
interface FastEthernet 0/2
    switchport mode trunk
interface FastEthernet 0/3
interface FastEthernet 0/4
interface FastEthernet 0/5
interface FastEthernet 0/6
interface FastEthernet 0/7
interface FastEthernet 0/8
interface FastEthernet 0/9
interface FastEthernet 0/10
interface FastEthernet 0/11
interface FastEthernet 0/12
interface FastEthernet 0/13
interface FastEthernet 0/14
interface FastEthernet 0/15
interface FastEthernet 0/16
interface FastEthernet 0/17
interface FastEthernet 0/18
interface FastEthernet 0/19
interface FastEthernet 0/20
interface FastEthernet 0/21
```

```
interface FastEthernet 0/22

interface FastEthernet 0/23

   switchport mode trunk

interface FastEthernet 0/24

   switchport mode trunk

interface GigabitEthernet 0/25

interface GigabitEthernet 0/26

interface GigabitEthernet 0/27

interface GigabitEthernet 0/28

line con 0

line vty 0 4

   login

End
```

2. 交换机 E 的配置参考

在与交换机 E 相连的计算机的超级终端程序上执行以下命令,以查询交换机 E 的生成树协议模式和优先级等的设置情况。

SwitchE# *show spanning-tree*

结果如下所示:

```
SwitchE#  show spanning-tree

StpVersion ：RSTP

SysStpStatus ：Enabled

BaseNumPorts ：24

MaxAge ：20

HelloTime ：2

ForwardDelay ：15

BridgeMaxAge ：20

BridgeHelloTime ：2

BridgeForwardDelay ：15

MaxHops ：20

TxHoldCount ：3

PathCostMethod ：Long

BPDUGuard ：Disabled

BPDUFilter ：Disabled

BridgeAddr ：00d0. f8c0. 1d9b
```

```
Priority：32768
TimeSinceTopologyChange：0d:0h:4m:27s
TopologyChanges：0
DesignatedRoot：800000D0F827DBC2
RootCost：200000
RootPort：Fa0/2
```

注意下述几个字段：

```
StpVersion：RSTP
SysStpStatus：Enabled
Priority：32768
RootCost：200000
RootPort：Fa0/2
```

RootCost 表示到根交换机的开销,200000 表示本交换机为非根交换机,到根交换机的链路总开销为 200000。

RootPort 表示根端口,Fa0/2 表示本交换机的 F0/2 端口为根端口。

生成树协议模式为 RSTP,称为快速生成树协议,优先级为 32768(系统默认)。

接着,再执行以下命令,查看两条链路的工作情况：

SwitchE# *show spanning-tree interface f0/1*

结果如下所示：

```
SwitchE# sh spanning-tree int f0/1
PortAdminPortfast：Disabled
PortOperPortfast：Disabled
PortAdminLinkType：auto
PortOperLinkType：point-to-point
PortBPDUGuard：Disabled
PortBPDUFilter：Disabled
PortState：discarding
PortPriority：128
PortDesignatedRoot：800000D0F827DBC2
PortDesignatedCost：0
PortDesignatedBridge：800000D0F827DBC2
PortDesignatedPort：8002
PortForwardTransitions：2
```

```
PortAdminPathCost：0

PortOperPathCost：200000

PortRole：alternatePort

SwitchE#
```

注意以下两个字段：

> PortState：discarding

> PortRole：alternatePort

F0/1 端口状态：discarding，表示阻塞。

F0/1 端口角色：alternatePort，表示该端口为备份端口。

继续执行以下命令：

SwitchE# *show spanning-tree interface f0/2*

结果如下所示：

```
SwitchE#  sh span int f0/2

PortAdminPortfast：Disabled

PortOperPortfast：Disabled

PortAdminLinkType：auto

PortOperLinkType：point-to-point

PortBPDUGuard：Disabled

PortBPDUFilter：Disabled

PortState：forwarding

PortPriority：128

PortDesignatedRoot：800000D0F827DBC2

PortDesignatedCost：0

PortDesignatedBridge：800000D0F827DBC2

PortDesignatedPort：8001

PortForwardTransitions：2

PortAdminPathCost：0

PortOperPathCost：200000

PortRole：rootPort
```

注意以下两个字段：

> PortState：forwarding

> PortRole：rootPort

F0/2 端口状态：forwarding，表示转发。

F0/2 端口角色：rootPort，表示该端口为根端口。

交换机 E 的当前配置如下（有省略）：

```
SwitchE# sh running-config
System software version : 1. 7 Build Nov 12 2007 Release
Building configuration......
Current configuration : 380 bytes
version 1. 0
hostname SwitchE
interface FastEthernet 0/1
   switchport mode trunk
interface FastEthernet 0/2
   switchport mode trunk
.............................
spanning-tree mode rstp
spanning-tree
End
```

3. 交换机 F 的配置参考

在与交换机 F 相连的计算机的超级终端程序上执行以下命令,以查询交换机 F 的生成树协议模式和优先级等的设置情况。

SwitchF# *show spanning-tree*

结果如下所示:

```
SwitchF# show spanning-tree
StpVersion : RSTP
SysStpStatus : Enabled
BaseNumPorts : 24
MaxAge : 20
HelloTime : 2
ForwardDelay : 15
BridgeMaxAge : 20
BridgeHelloTime : 2
BridgeForwardDelay : 15
MaxHops : 20
TxHoldCount : 3
PathCostMethod : Long
BPDUGuard : Disabled
BPDUFilter : Disabled
```

```
BridgeAddr：00d0.f8c0.189f
Priority：32768
TimeSinceTopologyChange：0d:0h:6m:17s
TopologyChanges：0
DesignatedRoot：800000D0F827DBC2
RootCost：200000
RootPort：Fa0/24
SwitchF#
```

注意下述几个字段：

StpVersion：RSTP

SysStpStatus：Enabled

Priority：32768

RootCost：200000

RootPort：Fa0/24

RootCost 表示到根交换机的开销,200000 表示本交换机为非根交换机,本交换机到根父换机的链路总开销为 200000。

RootPort 表示根端口,Fa0/24 表示本交换机的 F0/24 端口为根端口。生成树协议模式为 RSTP,称为快速生成树协议。优先级为 32768(系统默认)。

接着,再执行以下命令,查看两条链路的工作情况:

SwitchF# *show spanning-tree interface f0/23*

结果如下所示:

```
SwitchF# sh spanning-tree int f0/23
PortAdminPortfast：Disabled
PortOperPortfast：Disabled
PortAdminLinkType：auto
PortOperLinkType：point-to-point
PortBPDUGuard：Disabled
PortBPDUFilter：Disabled
PortState：discarding
PortPriority：128
PortDesignatedRoot：800000D0F827DBC2
PortDesignatedCost：0
PortDesignatedBridge：800000D0F827DBC2
```

```
PortDesignatedPort：8018
PortForwardTransitions：2
PortAdminPathCost：0
PortOperPathCost：200000
PortRole：alternatePort
SwitchF♯
```

注意以下两个字段：

　　　　　　　　　　PortState：discarding

　　　　　　　　　　PortRole：alternatePort

F0/23 端口状态：discarding，表示阻塞。

F0/23 端口角色：alternatePort，表示该端口为备份端口。

继续执行以下命令：

SwitchF♯ *show spanning-tree interface f0/24*

结果如下所示：

```
SwitchF♯ sh spanning-tree int f0/24
PortAdminPortfast：Disabled
PortOperPortfast：Disabled
PortAdminLinkType：auto
PortOperLinkType：point-to-point
PortBPDUGuard：Disabled
PortBPDUFilter：Disabled
PortState：forwarding
PortPriority：128
PortDesignatedRoot：800000D0F827DBC2
PortDesignatedCost：0
PortDesignatedBridge：800000D0F827DBC2
PortDesignatedPort：8017
PortForwardTransitions：2
PortAdminPathCost：0
PortOperPathCost：200000
PortRole：rootPort
```

注意以下两个字段：

　　　　　　　　　　PortState：forwarding

　　　　　　　　　　PortRole：rootPort

F0/24 端口状态：forwarding，表示转发。

　　F0/24 端口角色：rootPort，表示该端口为根端口。

　　交换机 F 的当前配置如下（有省略）：

```
SwitchF# sh running-config
System software version : 1. 7 Build Nov 12 2007 Release
Building configuration......
Current configuration : 382 bytes
version 1. 0
hostname SwitchF
interface FastEthernet 0/23
   switchport mode trunk
interface FastEthernet 0/24
   switchport mode trunk
spanning-tree mode rstp
spanning-tree
End
```

【配置命令总结】

生成树协议的配置命令较少，比较容易掌握，概括起来包括以下几个命令：

1. 开启生成树协议命令：spanning-tree，该命令要在全局模式下使用，如

Switch(config)# spanning-tree

2. 设置生成树模式命令：spanning-tree mode rstp，该命令也要在全局模式下使用，如

Switch(config)# spanning-tree mode rstp

3. 设置生成树优先级：spanning-tree priority，该命令也要在全局模式下使用，如

Switch(config)# spanning-tree priority 4096

交换机设置成生成树协议后，交换机之间的连线一定要设置成 trunk 模式，以利于多 VLAN 信息的通过。

3.2　任务二：聚合端口配置

【任务描述】

　　任务一与任务二为二选一的配置任务，实际操作中读者可根据兴趣选择。本次任务是配置 A 组和 B 组各三台交换机，使得核心层交换机与接入层交换机之间的连接端口成为聚合端口（aggregateport）。聚合端口是逻辑端口，是由多个物理端口聚合而成。

聚合端口又称为链路聚合,是指两台交换机之间在物理上将多个端口连接起来,形成一个逻辑端口,即将多条物理链路聚合成一条逻辑链路。聚合端口可大大提高链路带宽,解决交换网络中由带宽引起的瓶颈问题。聚合在一起的多条物理链路之间还可以相互冗余备份,任意一条链路的中断都不会引起网络的中断,也不会影响其他链路正常转发数据。

本实训项目要求交换机 A 与交换机 B、C 之间都连接两条链路实现聚合,连接端口暂定为各自的 F0/1 及 F0/2、F0/23 及 F0/24 口。理论上讲,没配置好端口之前,是不能实现连线的,否则会带来广播风暴。但是,如果在前面的实验中已经在两台交换机之间配置了生成树协议,那么,即使已经连好线,也可以进行聚合端口配置。在实训中,如果已经完成了上述的生成树协议的配置,并且已经保存了结果,那么就要删除掉生成树的配置信息,让交换机恢复到原始状态。具体操作可以参考有关书籍或设备使用手册。

我们先配置 A 组的三台交换机(SwitchA、SwitchB、SwitchC),分为三个子任务来完成,然后用一个子任务来检查配置结果是否正确。A 组配置正确无误后我们再来配置 B 组的三台交换机(SwitchD、SwitchE、SwitchF),同样分成三个配置子任务,分别配置三台交换机,然后用一个检查子任务检查三台交换机的配置情况。

聚合端口的配置方法比较简单,具体分为以下几个步骤:

第一步:定义聚合端口,在全局模式下使用以下命令:

Switch(config)♯ *interface aggregateport 1*

其中 interface 表示端口的关键字,aggregateport 表示聚合端口关键字,1 表示聚合端口的编号,任意设定。

第二步:将聚合端口设置成 trunk 模式,在接口模式下使用以下命令:

Switch(config-if)♯ *switchport mode trunk*

第三步:将物理端口划入聚合端口,在全局模式下使用以下命令:

Switch(config)♯ *interface range fastethernet 0/1-2*

Switch(config-if-range)♯ *port-group 1*

当需要成批配置端口时采用关键字 range ,在关键字后面提供端口范围。定义好端口范围后,再使用关键字 port-group 将该批端口赋予前面定义的聚合端口 1。可以预先定义几个聚合端口,然后分别使用关键字 port-group 给它们赋值。

【配置流程图】

聚合端口配置流程图如图 3-3 所示。

```
          ┌─────────┐
          │   开始   │
          └─────────┘
               │
          ┌─────────┐
          │ 进入特权模式 │
          └─────────┘
               │
          ◇─────────◇      N
          ◇是否有特权密码◇─────────┐
          ◇─────────◇           │
               │ Y               │
          ┌─────────┐           │
          │输入特权模式密码│          │
          └─────────┘           │
               │                 │
          ┌─────────┐           │
          │ 进入全局配置模式 │◄──────────┘
          └─────────┘
               │
          ◇─────────◇      N
          ◇是否核心交换机◇──────────────────────┐
          ◇─────────◇                         │
               │ Y                             │
                                               │
          ┌─────────┐        ◇─────────◇  SwitchC,F
          │ 设置聚合端口1 │      ◇ 判断交换机 ◇────────────┐
          └─────────┘        ◇─────────◇            │
               │          SwitchB,E│                 │
          ┌─────────┐      ┌─────────┐      ┌─────────┐
          │设置聚合端口为trunk模式│  │ 设置聚合端口1 │    │ 设置聚合端口2 │
          └─────────┘      └─────────┘      └─────────┘
               │                │                 │
          ┌─────────┐      ┌─────────┐      ┌─────────┐
          │批量指定交换机端口│  │设置聚合端口为trunk模式│ │设置聚合端口为trunk模式│
          └─────────┘      └─────────┘      └─────────┘
               │                │                 │
          ┌─────────┐      ┌─────────┐      ┌─────────┐
          │将该批端口划入聚合端口1│ │批量指定交换机端口│  │批量指定交换机端口│
          └─────────┘      └─────────┘      └─────────┘
               │                │                 │
          ┌─────────┐      ┌─────────┐      ┌─────────┐
          │ 定义聚合端口2 │     │将该批端口划入聚合端口1││将该批端口划入聚合端口2│
          └─────────┘      └─────────┘      └─────────┘
               │                │                 │
          ┌─────────┐           │                 │
          │设置聚合端口为trunk模式│       │                 │
          └─────────┘           │                 │
               │                 │                 │
          ┌─────────┐           │                 │
          │批量指定交换机端口│        │                 │
          └─────────┘           │                 │
               │                 │                 │
          ┌─────────┐           │                 │
          │将该批端口划入聚合端口2│      │                 │
          └─────────┘           │                 │
               │◄────────────────┴─────────────────┘
          ┌─────────┐
          │ 返回特权模式 │
          └─────────┘
               │
          ┌─────────┐
          │ 保存配置结果 │
          └─────────┘
               │
          ┌─────────┐
          │   退出   │
          └─────────┘
```

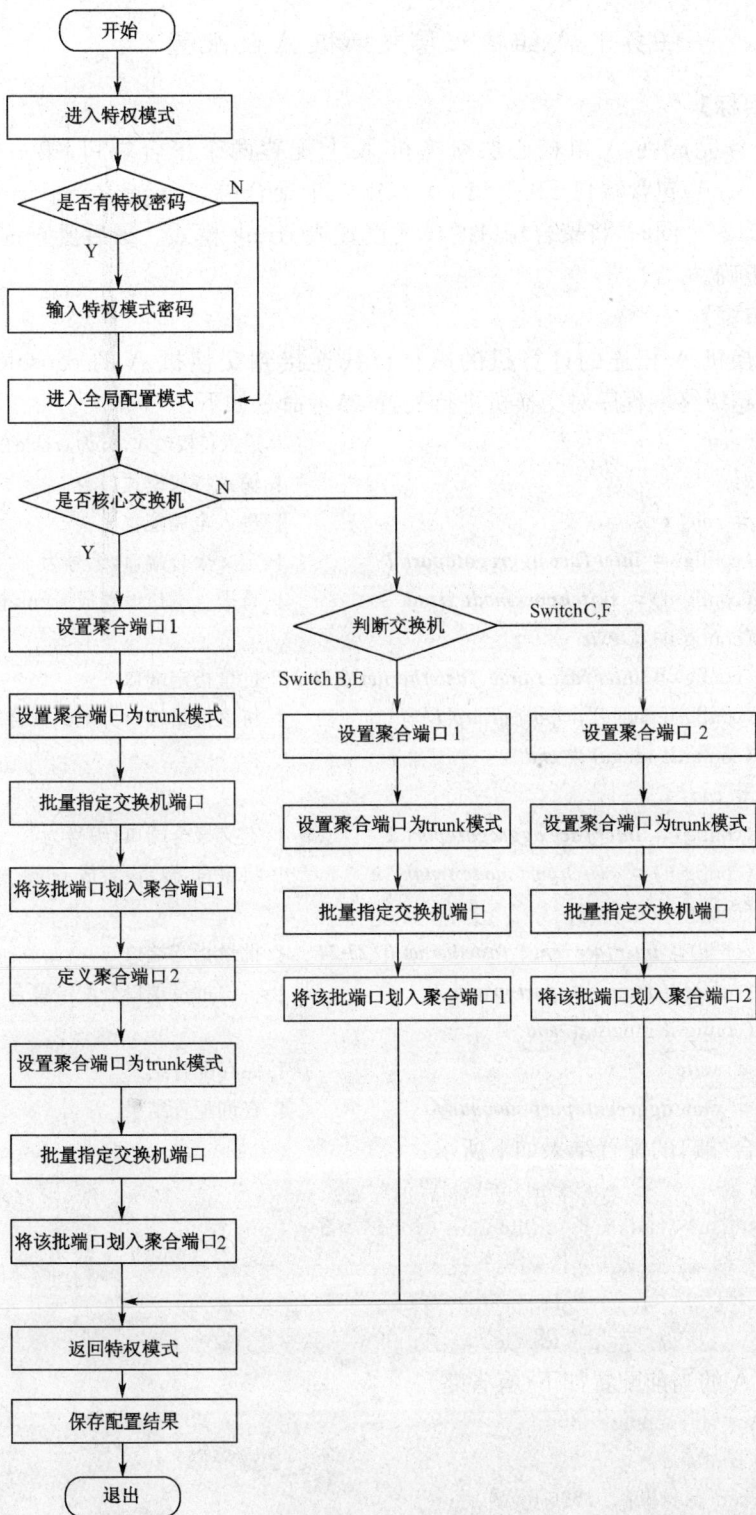

图 3-3 聚合端口配置流程图

3.2.1　子任务 1：A 组核心层交换机 A 的配置

【完成目标】

本子任务完成在 A 组核心层交换机 A 上配置两个聚合端口,第一个聚合端口(aggregateport 1)包含端口 F0/1 和 F0/2,第二个聚合端口(aggregateport 2)包含端口 F0/23 和 F0/24。同时,将聚合端口的模式设置成 trunk 模式。最后要查询一下配置结果,看是否正确。

【实施步骤】

将与交换机 A 相连的计算机的串行口线连接到交换机 A 的 console 口上,使用 Windows 的超级终端程序对交换机进行配置,参考命令如下:

```
SwitchA>en                                    ! 进入特权模式,en 为 enable 的简称(缩写)
Password:                                      ! 输入特权模式口令
SwitchA# conf t                                ! 进入全局配置模式
SwitchA(config)# interface aggregateport 1     ! 定义聚合端口,编号为 1
SwitchA(config-if)# switchport mode trunk      ! 将聚合端口设置成 trunk 模式
SwitchA(config-if)# exit
SwitchA(config)# interface range fastethernet 0/1-2   ! 批量指定端口
SwitchA(config-if-range)# port-group 1         ! 将该批量端口分配给聚合端口 1
SwitchA(config-if-range)# end
SwitchA# conf t
SwitchA(config)# interface aggregateport 2     ! 定义聚合端口,编号为 2
SwitchA(config-if)# switchport mode trunk      ! 将聚合端口设置成 trunk 模式
SwitchA(config-if)# exit
SwitchA(config)# interface range fastethernet 0/23-24  ! 批量指定端口
SwitchA(config-if-range)# port-group 2         ! 将该批量端口分配给聚合端口 2
SwitchA(config-if-range)# end
SwitchA# write                                 ! 保存配置结果
SwitchA# show aggregateport summary            ! 查询配置结果
```

查看聚合端口的配置结果如下所示:

```
SwitchA# show aggregateport summary
AggregatePort MaxPorts   SwitchPort   Mode    Ports
—————————————————————————————————————————————————
Ag1          8          Enabled      Trunk   Fa0/1    ,Fa0/2
Ag2          8          Enabled      Trunk   Fa0/23   ,Fa0/24
```

交换机 A 的当前配置如下(有省略):

```
SwitchA# sh running-config
Building configuration……
Current configuration : 3596 bytes
version RGOS 10.3(4),Release(52588)(Mon Mar 16 09:12:47 CST 2009 -ngcf31)
hostname SwitchA
```

```
no service password—encryption
interface FastEthernet 0/1
    port-group 1
interface FastEthernet 0/2
    port-group 1
......................................
interface FastEthernet 0/23
    port-group 2
interface FastEthernet 0/24
    port-group 2
interface AggregatePort 1
    switchport mode trunk
interface AggregatePort 2
    switchport mode trunk
line con 0
line vty 0 4
    login
End
```

3.2.2　子任务 2:A 组接入层交换机 B 的配置

【完成目标】

本子任务完成在 A 组接入层交换机 B 上配置一个聚合端口(aggregateport 1)包含端口 F0/1、F0/2,同时,将聚合端口的模式设置成 trunk 模式。最后要查询一下配置结果,看是否正确。

【实施步骤】

将与交换机 B 相连的计算机的串行口线连接到交换机 B 的 console 口上,使用 Windows 的超级终端程序对交换机进行配置,参考命令如下:

SwitchB>*en*	! 进入特权模式
Password:	! 输入特权模式密码
SwitchB# *conf t*	! 进入全局配置模式
SwitchB(config)# *interface aggregateport 1*	! 定义聚合端口 1,编号要与前面 SwitchA 的编号相同
SwitchB(config-if)# *switchport mode trunk*	! 设置聚合端口为 trunk 模式
SwitchB(config-if)# *exit*	! 退出接口模式
SwitchB(config)# *interface range fastethernet 0/1-2*	! 指定批量端口
SwitchB(config-if-range)# *port-group 1*	! 将该批量端口划入聚合端口 1
SwitchB(config-if-range)# *end*	! 返回特权模式
SwitchB# *write*	! 保存设置
SwitchB# *show aggregateport 1 summary*	! 查询聚合端口配置结果

查看配置结果如下所示:

```
SwitchB#  sh aggregateport summary
AggregatePort MaxPorts   SwitchPort      Mode    Ports
_____ _____ _____ _____ _____
Ag1        8      Enabled     Trunk   Fa0/1  ,Fa0/2
```

交换机 B 的参考配置(有省略):

```
SwitchB#  show run
Building configuration......
Current configuration：1343 bytes
version RGOS 10.2(4)，Release(56390)(Tue May 26 21:05:52 CST 2009 -ngcf34)
no service password-encryption
hostname SwitchB
interface FastEthernet 0/1
   port-group 1
interface FastEthernet 0/2
   port-group 1
interface AggregatePort 1
   switchport mode trunk
line con 0
line vty 0 4
   login
end
SwitchB#
```

3.2.3　子任务 3:A 组接入层交换机 C 的配置

【完成目标】

本子任务完成在 A 组接入层交换机 C 上配置一个聚合端口(aggregateport 2)包含端口 F0/23 和 F0/24,同时,将聚合端口的模式设置成 trunk 模式。最后要查询一下配置结果,看是否正确。

【实施步骤】

将与交换机 C 相连的计算机的串行口线连接到交换机 C 的 console 口上,使用 Windows 的超级终端程序对交换机进行配置,参考命令如下:

SwitchC>*en*	! 进入特权模式
Password：	! 输出特权模式密码
SwitchC# *conf t*	! 进入全局配置模式
SwitchC(config)# *interface aggregateport 2*	! 定义聚合端口 2
SwitchC(config-if)# *switchport mode trunk*	! 设置该聚合端口为 trunk 模式
SwitchC(config-if)# *exit*	! 返回全局模式
SwitchC(config)# *interface range fastethernet 0/23-24*	! 批量指定交换机端口
SwitchC(config-if-range)# *port-group 2*	! 将该批量端口划入聚合端口 2

```
SwitchC(config-if-range)# end              ! 返回特权模式
SwitchC# write                              ! 保存配置结果
SwitchC# show aggregateport 2 summary       ! 查询聚合端口配置结果
```
查看配置结果如下所示：
```
SwitchC# sh aggregateport 2 summary
AggregatePort MaxPorts    SwitchPort    Mode      Ports
———————————————————————————————————————————————————
Ag2           8           Enabled       Trunk     Fa0/23  .Fa0/24
```
交换机 C 的当前配置如下(有省略)：
```
SwitchC# sh run
Building configuration......
Current configuration : 1330 bytes
version RGOS 10.2(4), Release(56390)(Tue May 26 21:05:52 CST 2009 -ngcf34)
no service password-encryption
interface FastEthernet 0/23
   port-group 2
interface FastEthernet 0/24
   port-group 2
interface AggregatePort 2
   switchport mode trunk
line con 0
line vty 0 4
   login
end
SwitchC#
```

3.2.4　子任务 4：A 组聚合端口配置验证

【完成目标】

本子任务用于验证核心层交换机与接入层交换机之间的聚合端口是否正常工作。正常情况下，两条链路都处于工作状态，链路带宽就得到了加倍。只要有一条链路维持畅通，网络就不会中断，仅当两条链路都中断时，网络才会中断。

【实施步骤】

首先，将每个聚合端口的两根跳线接上，即：交换机 A 的 F0/1、F0/2 与交换机 B 的 F0/1、F0/2相连，交换机 A 的 F0/23、F0/24 与交换机 C 的 F0/23、F0/24 相连。

使用两台计算机，一台接在交换机 A 的 F0/10 端口上，另一台接在交换机 B 的F0/10 端口上，并且配置两台计算机处于同一个局域网中(即要求 IP 地址同网段，例如属于 VLAN 3：192.168.1.15 和 192.168.1.16)。在任意一台计算机的 CMD 窗口上输入下述的连续 ping 命令,测试两台计算机之间的连通性。其间拔掉任意一条链路,维持另一条链路连通,这时观察 ping 运行结果,看是否有中断现象。要求分三步测试:

第一步:一条链路断开,维持另一条链路接通,观察 ping 命令运行情况。

第二步:重新接上该链路后,将另一条链路断开,再观察 ping 命令运行情况。

第三步:两条链路都断开,再观察 ping 命令运行情况。

1. 验证交换机 A 与交换机 B 之间的聚合端口

PC1: C:\>*ping 192. 168. 1. 16 - t*

连通性测试结果,如图 3-4 所示。

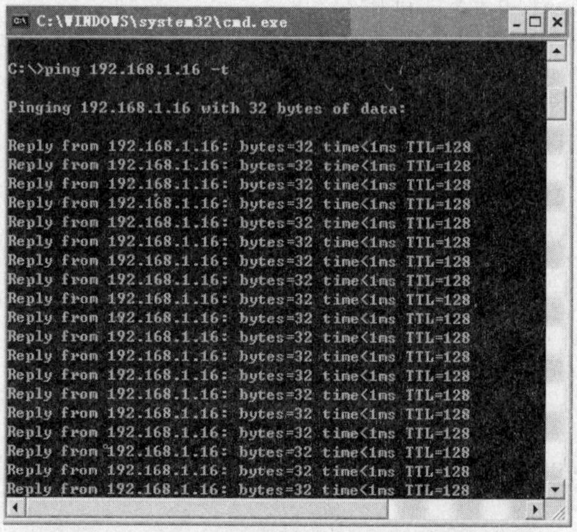

图 3-4 A 组聚合端口连续测试 ping 命令结果

上述结果表示任意拔掉一条线后的情况。如果两条跳线都拔掉将导致连接超时,出现断网的现象。请读者自行验证。

2. 验证交换机 A 与交换机 C 之间的聚合端口

将上述连接在交换机 B 上的计算机跳线拔下,改插到交换机 C 的 F0/10 端口上,再次测试两台计算机之间的连通性,测试步骤同上。

3.2.5 子任务 5:B 组核心层交换机 D 的配置

【完成目标】

本子任务用于在 B 组核心层交换机 D 上配置两个聚合端口,第一个聚合端口(aggregateport 3)包含端口 F0/1 和 F0/2,第二个聚合端口(aggregateport 4)包含端口 F0/23 和 F0/24。同时,将聚合端口的模式设置成 trunk 模式。最后要查询一下配置结果,看是否正确。基本配置方法与上述 A 组的配置方法相同。

【实施步骤】

将任意一台计算机的串行口线连接到交换机 D 的 console 口上,使用 Windows 的超级终端程序对交换机 D 进行配置,参考命令如下所示(命令功能及解释请参考上述 A 组的配置情况）。

SwitchD＞*en*	！进入特权模式
Password：	！输入特权模式密码
SwitchD＃ *conf t*	！进入全局配置模式
SwitchD(config)＃ *interface aggregateport 3*	！设置聚合端口 3
SwitchD(config-if)＃ *switchport mode trunk*	！将该聚合端口设置成 trunk 模式
SwitchD(config-if)＃ *exit*	！返回全局模式
SwitchD(config)＃ *interface range fastethernet 0/1-2*	！批量指定交换机端口
SwitchD(config-if-range)＃ *port-group 3*	！将该批端口划入聚合端口 3
SwitchD(config-if-range)＃ *end*	！返回到特权模式
SwitchD＃ *conf t*	！进入全局模式
SwitchD(config)＃ *interface aggregateport 4*	！设定聚合端口 4
SwitchD(config-if)＃ *switchport mode trunk*	！将该端口设置成 trunk 模式
SwitchD(config-if)＃ *exit*	！返回全局模式
SwitchD(config)＃ *interface range fastethernet 0/23-24*	！批量指定交换机端口
SwitchD(config-if-range)＃ *port-group 4*	！将该批端口划入聚合端口 4
SwitchD(config-if-range)＃ *end*	！返回特权模式
SwitchD＃ *write*	！保存配置结果
SwitchD＃ *show aggregateport summary*	！查询聚合端口配置结果

查看配置结果，如下所示：

```
SwitchD＃ show aggregateport summary

AggregatePort MaxPorts   SwitchPort        Mode    Ports
————————————— ———————— ——————————— ———————— ——————————

Ag3            8         Enabled      Trunk    Fa0/1    ,Fa0/2
Ag4            8         Enabled      Trunk    Fa0/23   ,Fa0/24
```

交换机 D 的当前配置如下：

```
SwitchD＃ sh running-config
Building configuration......
Current configuration：3498 bytes
version RGNOS 10.1.00(4)，Release(18437)(Tue Jul 17 19:13:23 CST 2007 -ubu1server)
hostname SwitchD
interface FastEthernet 0/1
  port-group 3
interface FastEthernet 0/2
  port-group 3
interface FastEthernet 0/23
  port-group 4
```

```
interface FastEthernet 0/24
    port-group 4
interface AggregatePort 3
    switchport mode trunk
    medium-type copper
interface AggregatePort 4
    switchport mode trunk
line con 0
line vty 0 4
    login
end
SwitchD#
```

3.2.6 子任务 6:B 组接入层交换机 E 的配置

【完成目标】

本子任务用于在 B 组核心层交换机 E 上配置一个聚合端口(aggregateport 3)包含端口 F0/1 和 F0/2,同时,将聚合端口的模式设置成 trunk 模式。最后要查询一下配置结果,看是否正确。

【实施步骤】

将与交换机 E 相连的计算机的串行口线连接到交换机 E 的 console 口上,使用 Windows 的超级终端程序对交换机进行配置,参考命令如下:

```
SwitchE>en                                    ! 进入特权模式
Password:                                      ! 输入特权模式密码
SwitchE# conf t                                ! 进入全局配置模式
SwitchE(config)# interface aggregateport 3     ! 设定聚合端口 3
SwitchE(config-if)# switchport mode trunk      ! 将该端口设置成 trunk 模式
SwitchE(config-if)# exit                        ! 返回全局模式
SwitchE(config)# interface range fastethernet 0/1-2  ! 批量指定交换机端口
SwitchE(config-if-range)# port-group 3          ! 将该批端口划入聚合端口 3
SwitchE(config-if-range)# end                   ! 返回特权模式
SwitchE# write                                  ! 保存配置结果
SwitchE# show aggregateport summary             ! 查询聚合端口的配置结果
```

查看结果,如下所示:

```
SwitchE# show aggregateport summary

AggregatePort  MaxPorts  SwitchPort  Mode   Ports
——————————————————————————————————————————————

Ag3            8         Enabled     Trunk  Fa0/1, Fa0/2
SwitchE#
```

交换机 E 的当前配置如下：

```
SwitchE# sh run
System software version：1. 7 Build Nov 12 2007 Release
Building configuration......
Current configuration：528 bytes
version 1. 0
hostname SwitchE
interface aggregatePort 3
switchport mode trunk
interface fastEthernet 0/1
port-group 3
interface fastEthernet 0/2
port-group 3
End
```

3.2.7　子任务 7：B 组接入层交换机 F 的配置

【完成目标】

本子任务用于在 B 组核心层交换机 F 上配置一个聚合端口（aggregateport 4)包含端口 F0/23 和 F0/24，同时，将聚合端口的模式设置成 trunk 模式。最后要查询一下配置结果，看是否正确。

【实施步骤】

将与交换机 F 相连的计算机的串行口线连接到交换机的 console 口上，使用 Windows 的超级终端程序对交换机进行配置，参考命令如下：

SwitchF>*en*	! 进入特权模式
Password：	! 输入特权模式密码
SwitchF# *conf t*	! 进入全局配置模式
SwitchF(config)# *interface aggregateport 4*	! 设定聚合端口 4
SwitchF(config-if)# *switchport mode trunk*	! 将该聚合端口设置成 trunk 模式
SwitchF(config-if)# *exit*	! 返回全局模式
SwitchF(config)# *interface range fastethernet 0/23-24*	! 批量指定交换机端口
SwitchF(config-if-range)# *port-group 4*	! 将该批端口划入聚合端口 4
SwitchF(config-if-range)# *end*	! 返回特权模式
SwitchF# *write*	! 保存配置结果
SwitchF# *show aggregateport summary*	! 查询聚合端口配置结果

查看结果，如下所示：

```
SwitchF# sh aggregateport summary
AggregatePort   MaxPorts   SwitchPort   Mode   Ports
————————————————————————————————————————
Ag4          8         Enabled    Trunk   Fa0/23，Fa0/24
SwitchF#
```

交换机 F 的当前配置如下：

```
SwitchF♯ show run
Building configuration……
Current configuration : 532 bytes
version 1.0
hostname SwitchF
interface aggregatePort 4
    switchport mode trunk
interface fastEthernet 0/23
    port-group 4
interface fastEthernet 0/24
    port-group 4
End
```

3.2.8　子任务 8:B 组聚合端口配置验证

【完成目标】

本子任务用于验证 B 组核心层交换机与接入层交换机之间的聚合端口是否正常工作。正常情况下,两条链路都处于工作状态,链路带宽就得到了加倍。只要有一条链路维持畅通,网络就不会中断,仅当两条链路都中断时网络才会中断。

【实施步骤】

首先,将每个聚合端口的跳线接上,即:交换机 D 的 F0/1、F0/2 与交换机 E 的 F0/1、F0/2 相连,交换机 D 的 F0/23、F0/24 与交换机 F 的 F0/23、F0/24 相连。

使用两台计算机,一台接在交换机 D 的 F0/10 端口上,另一台接在交换机 E 的F0/10 端口上,并且配置两台计算机处于同一个局域网中(IP 地址同网段,如 192.168.7.15 和 192.168.7.16)。在任意一台计算机的 CMD 窗口上输入下述的连续 ping 命令,测试两台计算机之间的连通性。其间拔掉任意一条链路,维持另一条链路连通,这时观察 ping 运行结果,看是否有中断现象。要求分三步测试:

第一步:一条链路断开,维持另一条链路接通,观察 ping 命令的运行情况;

第二步:重新接上该链路后,将另一条链路断开,再观察 ping 命令的运行情况;

第三步:两条链路都断开,再观察 ping 命令的运行情况。

正常情况下,第一步和第二步的测试结果是一样的,即网络连通情况良好,不会因为拔掉一根线而导致断网,而第三步测试时会出现连接超时,说明网络连接中断。

1. 验证交换机 D 与交换机 E 之间的聚合端口

PC1: **C:\>ping 192.168.7.16 - t**

连通性测试结果如图 3-5 所示。

2. 验证交换机 D 与交换机 F 之间的聚合端口

将上述连接在 SwitchE 上的计算机跳线拔下,改插到 SwitchF 的 F0/10 端口上,再次测试两台计算机之间的连通性,测试步骤同上。

【配置命令总结】

聚合端口的配置命令较少,比较容易掌握,概括起来包括以下几个命令:

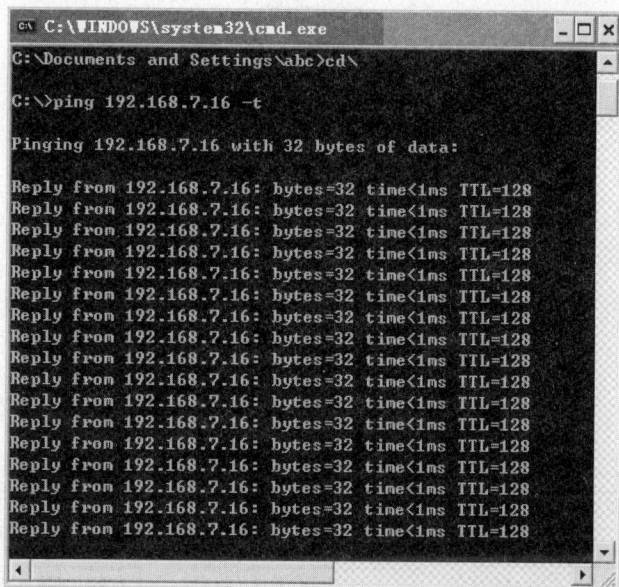

图 3-5　B 组聚合端口连续测试 ping 命令结果

1. 定义聚合端口命令：interface aggregateport，该命令要在全局模式下使用，如
Switch(config) # interface aggregateport 1

2. 设置端口模式命令：switchport mode trunk，该命令要在接口模式下使用，如
Switch(config-if) # switchport mode trunk

3. 为聚合端口划入物理端口命令：port-group，该命令也要在接口模式下使用，如
Switch(config) # interface range fastethernet 0/1-2
Switch(config-if-range) # port-group 1

3.3　任务三：VLAN 配置

【任务描述】

本次任务是在 A 组及 B 组交换机上划分虚拟局域网(VLAN)并进行端口分配，主要是从管理和安全的角度来考虑。即便是在同一个公司，仍然有很多敏感数据不能供所有人访问，通过 VLAN 的隔离就可以对这些数据加以保护。另外，进行合理的 VLAN 划分以后，可以对网络流量进行很好的规划，将大流量局限在某个局部子网，可以增加网络的带宽利用率。同时，一个子网的崩溃也不会对整个大网络造成较大的危害，一个子网内的广播风暴也不会扩散到其他子网。

本实训任务就是根据前面的详细规划，在每台交换机上进行 VLAN 划分以及端口分配。在三层交换机上划分好 VLAN 后，还要对各个 VLAN 的虚拟端口分配 IP 地址，以作为接入层计算机的网关。

【配置流程图】

虚拟局域网(VLAN)配置流程图如图 3-6 所示。

```
                        开始

                      进入特权模式

                                        N
                  是否有特权密码
                        Y

                      输入特权密码

                    进入全局配置模式

        SwitchB                    SwitchC
                     判断交换机

                     SwitchA

                      定义VLAN 2

   定义VLAN 2        命名VLAN 2为finance      定义VLAN 4

  命名VLAN 2为finance    定义VLAN 3         命名VLAN 4为tech

   定义VLAN 3         命名VLAN 3为sale       定义VLAN 5

  命名VLAN 3为sale      定义VLAN 4         命名VLAN 5为office

  批量指定交换机端口     命名VLAN 4为tech      批量指定交换机端口

 将该批端口分配给VLAN 2   定义VLAN 5       将该批端口分配给VLAN 4

 批量指定另一批交换机端口  命名VLAN 5为office   批量指定另一批交换机端口

 将该批端口分配给VLAN 3   定义VLAN 6       将该批端口分配给VLAN 5

                    命名VLAN 6为 system

                   给VLAN 6分配一个端口

                给VLAN 1~VLAN 6分配IP地址

                     保存配置结果

                        结束
```

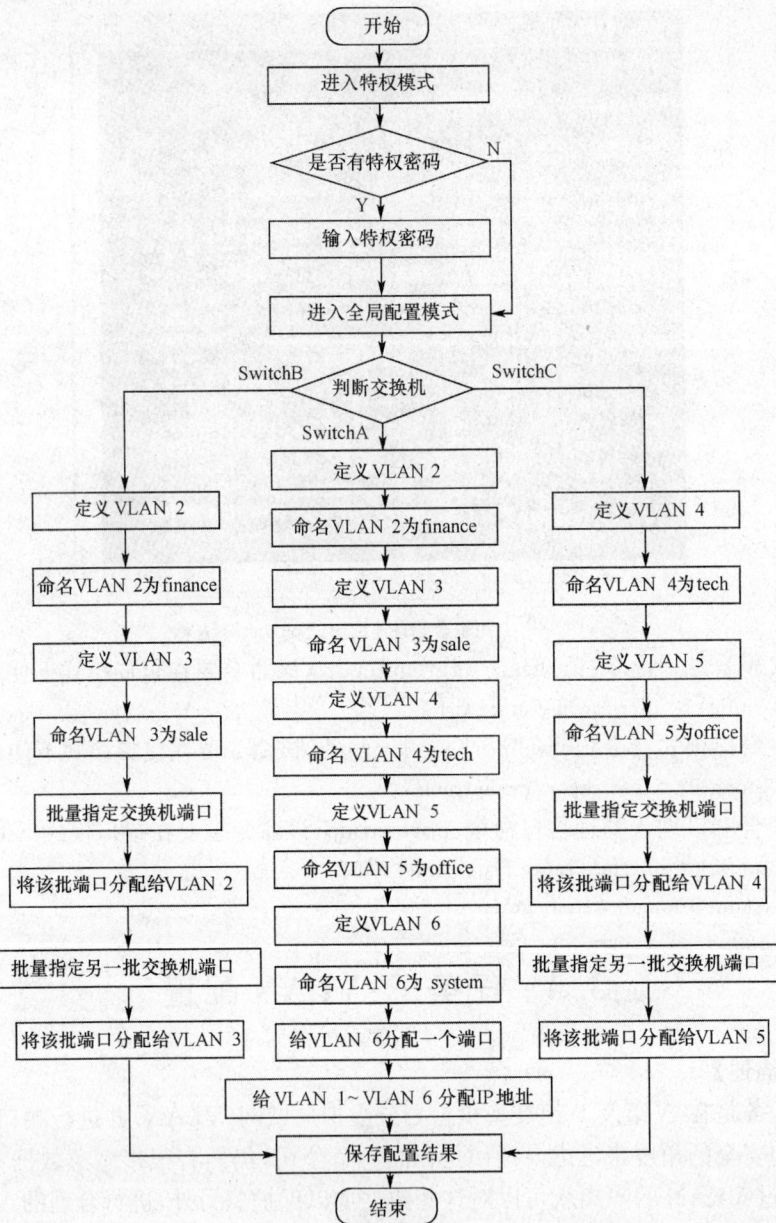

图 3-6 VLAN 配置流程图

3.3.1 子任务 1:A 组核心层交换机 A 的 VLAN 划分

【完成目标】

本子任务将交换机 A 划分成六个 VLAN,分别为 VLAN 1～VLAN 6。其中,VLAN 1为系统缺省设置,其余几个 VLAN 需要人工设置。每个 VLAN 根据项目安排给予一个名称、配置 IP 地址以及分配交换机端口。

【实施步骤】

将其中任意一台计算机(如 PC1)的串行口连线连接到交换机 A 的 console 口上,打开计算机上的超级终端程序,配置好有关参数,在其命令行窗口上执行以下黑色斜体字命令:

```
SwitchA>en                              ! 进入特权模式
Password:                               ! 输入特权模式密码
SwitchA# conf t                         ! 进入全局配置模式
SwitchA(config)# vlan 2                 ! 定义一个 VLAN,编号为 2(编号可任意设定,
                                        ! 但不得超过交换机允许值)
SwitchA(config-vlan)# name finance      ! 将刚刚设立的 VLAN 命名为 finance
SwitchA(config-vlan)# exit              ! 退出 VLAN 模式
SwitchA(config)# vlan 3                 ! 定义 VLAN 3
SwitchA(config-vlan)# name sale         ! 将 VLAN 3 命名为 sale
SwitchA(config-vlan)# exit              ! 退出 VLAN 模式
SwitchA(config)# vlan 4                 ! 定义 VLAN 4
SwitchA(config-vlan)# name tech         ! 命名 VLAN 4 为 tech
SwitchA(config-vlan)# exit
SwitchA(config)# vlan 5                 ! 定义 VLAN 5
SwitchA(config-vlan)# name office       ! 命名 VLAN 5 为 office
SwitchA(config)# exit! 退出 VLAN 模式
SwitchA(config)# vlan 6                 ! 定义 VLAN 6
SwitchA(config-vlan)# name system       ! 命名 VLAN 6 为 system
SwitchA(config-vlan)# exit
SwitchA(config)# int f0/15             ! 指定一个交换机端口
SwitchA(config-if)# switchport access vlan 6   ! 将该端口划分给 VLAN 6
SwitchA(config-if)# int vlan 1         ! 指定一个虚拟端口(VLAN 端口)
SwitchA(config-if)# ip address 192.168.88.1   255.255.255.0
                                        ! 为虚拟端口分配一个 IP 地址,该地址将作为
                                        ! 该虚拟局域网内所有计算机的网关 IP
SwitchA(config-if)# int vlan 2         ! 指定第二个虚拟局域网端口
SwitchA(config-if)# ip address 192.168.0.1   255.255.255.0
                   ! 为其分配 IP 地址,以下的命令功能都一样,为各虚拟局域网设定 IP
SwitchA(config-if)# int vlan 3
SwitchA(config-if)# ip address 192.168.1.1   255.255.255.0   ! 为 VLAN 3 分配 IP 地址
SwitchA(config-if)# int vlan 4
SwitchA(config-if)# ip address 192.168.2.1   255.255.255.0   ! 为 VLAN 4 分配 IP 地址
SwitchA(config-if)# int vlan 5
SwitchA(config-if)# ip address 192.168.3.1   255.255.255.0   ! 为 VLAN 5 分配 IP 地址
SwitchA(config-if)# int vlan 6
SwitchA(config-if)# ip address 192.168.4.1   255.255.255.0   ! 为 VLAN 6 分配 IP 地址
SwitchA(config-if)# end
SwitchA# write                                              ! 保存配置结果
```

SwitchA#

3.3.2　子任务 2:A 组接入层交换机 B 的 VLAN 划分

【完成目标】

本子任务要将交换机 B 划分成三个 VLAN,分别为 VLAN 1、VLAN 2 和 VLAN 3。其中,VLAN 1 为系统缺省设置,其余两个 VLAN 需要人工设置。每个 VLAN 根据项目安排给予一个名称和分配交换机端口。

【实施步骤】

将其中任意一台计算机(如 PC2)的串行口连线连接到交换机 B 的 console 口上,打开计算机的超级终端程序,配置好有关参数,在其命令行窗口上执行以下黑色斜体字命令:

```
SwitchB>en
Password：
SwitchB# conf t
SwitchB(config)# vlan 2
SwitchB(config-vlan)# name finance
SwitchB(config-vlan)# exit
SwitchB(config)# vlan 3
SwitchB(config-vlan)# name sale
SwitchB(config-vlan)# exit
SwitchB(config)# int range f0/5-6              ! 指定批量端口,必须是连续编号
SwitchB(config-if-range)# switchport access vlan 2    ! 将批量端口分配给 VLAN 2
SwitchB(config-if-range)# exit
SwitchB(config-if)# exit
SwitchB(config)# int range f0/15-16
SwitchB(config-if-range)# switchport access vlan 3
SwitchB(config-if-range)# end
SwitchB# write
SwitchB#
```

3.3.3　子任务 3:A 组接入层交换机 C 的 VLAN 划分

【完成目标】

本子任务要将交换机 C 划分成三个 VLAN,分别为 VLAN 1、VLAN 4 和VLAN 5。其中,VLAN 1 为系统缺省设置,其余两个 VLAN 需要人工设置。每个 VLAN 根据项目安排给予一个名称和分配交换机端口。

【实施步骤】

将其中一台计算机(如 PC3)的串行口连线连接到交换机 C 的 console 口上,打开计算机的超级终端程序,配置好有关参数,在其命令行窗口上执行以下黑色斜体字命令:

```
SwitchC>en
Password：
```

SwitchC# *conf t*

SwitchC(config)# *vlan 4*

SwitchC(config-vlan)# *name tech*

SwitchC(config-vlan)# *exit*

SwitchC(config)# *vlan 5*

SwitchC(config-vlan)# *name office*

SwitchC(config-vlan)# *exit*

SwitchC(config)# *int range f0/5-6*

SwitchC(config-if-range)# *switchport access vlan 4*

SwitchC(config-if-range)# *exit*

SwitchC(config-if)# *exit*

SwitchC(config)# *int range f0/15-16*

SwitchC(config-if-range)# *switchport access vlan 5*

SwitchC(config-if-range)# *end*

SwitchC# *write*

SwitchC#

3.3.4 子任务 4：A 组各交换机的 VLAN 划分配置验证

【完成目标】

本子任务专门用来验证上述三个子任务中对 A 组交换机的 VLAN 划分及端口分配是否正确，需要根据项目规划来验证，如果配置正确，结果将如以下各项所示。

【实施步骤】

1. 将其中任意一台计算机（如 PC1）的串行口连线连接到交换机 A 的 console 口上，在超级终端程序命令行窗口上分别执行以下黑色斜体字命令：

SwitchA# *show vlan*

结果如下所示：

SwitchA# sh vlan		
VLAN Name	Status	Ports
1 VLAN0001	STATIC	Fa0/3, Fa0/4, Fa0/5, Fa0/6
		Fa0/7, Fa0/8, Fa0/9, Fa0/10
		Fa0/11, Fa0/12, Fa0/13, Fa0/14
		Fa0/16, Fa0/17, Fa0/18, Fa0/19
		Fa0/20, Fa0/21, Fa0/22, Gi0/25
		Gi0/26, Gi0/27, Gi0/28, Ag1
		Ag2
2 finance	STATIC	Ag1, Ag2
3 sale	STATIC	Ag1, Ag2
4 tech	STATIC	Ag1, Ag2
5 office	STATIC	Ag1, Ag2
6 system	STATIC	Fa0/15, Ag1, Ag2

2. 将交换机 A 上的 console 口连线改接到交换机 B 的 console 口上,继续输入以下命令:

SwitchB# *show vlan*

结果如下所示:

```
SwitchB# sh vlan
VLAN Name                        Status    Ports
—————————————————————————————————————————————————————————
1 VLAN0001                       STATIC    Fa0/3, Fa0/4, Fa0/7, Fa0/8
                                           Fa0/9, Fa0/10, Fa0/11, Fa0/12
                                           Fa0/13, Fa0/14, Fa0/17, Fa0/18
                                           Fa0/19, Fa0/20, Fa0/21, Fa0/22
                                           Fa0/23, Fa0/24, Gi0/25, Gi0/26
                                           Ag1
2 finance                        STATIC    Fa0/5, Fa0/6, Ag1
3 sale                           STATIC    Fa0/15, Fa0/16, Ag1
SwitchB#
```

3. 将交换机 B 上的 console 口连线改接到交换机 C 的 console 口上,继续输入以下命令:

SwitchC# *show vlan*

结果如下所示:

```
SwitchC# sh vlan
VLAN Name                        Status    Ports
—————————————————————————————————————————————————————————
1 VLAN0001                       STATIC    Fa0/1, Fa0/2, Fa0/3, Fa0/4
                                           Fa0/7, Fa0/8, Fa0/9, Fa0/10
                                           Fa0/11, Fa0/12, Fa0/13, Fa0/14
                                           Fa0/17, Fa0/18, Fa0/19, Fa0/20
                                           Fa0/21, Fa0/22, Gi0/25, Gi0/26
                                           Ag2
4 tech                           STATIC    Fa0/5, Fa0/6, Ag2
5 office                         STATIC    Fa0/15, Fa0/16, Ag2
SwitchC#
```

通过上述验证,可以查看到各台交换机上的 VLAN 划分及端口分配情况。上述各台交换机上均有聚合端口 Ag1 或 Ag2,聚合端口为 trunk 模式,供所有 VLAN 共享。

3.3.5 子任务 5:B 组核心层交换机 D 的 VLAN 划分

【完成目标】

本子任务要将 B 组核心层交换机 D 划分成六个 VLAN,分别为 VLAN 1、VLAN 7~VLAN 11。其中,VLAN 1 为系统缺省设置,其余几个 VLAN 需要人工设置。每个 VLAN 根据项目安排给予一个名称、配置 IP 地址以及分配交换机端口。

【实施步骤】

将其中任意一台计算机(如 PC5)的串行口连线连接到交换机 D 的 console 口上,打开计算机的超级终端程序,配置好有关参数,在其命令行窗口上输入以下黑色斜体字命令:

```
SwitchD>en              ! 以下各配置命令请参考 A 组的注释
Password:
SwitchD#conf t
SwitchD(config)#vlan 7
SwitchD(config-vlan)#name finance
SwitchD(config-vlan)#exit
SwitchD(config)#vlan 8
SwitchD(config-vlan)#name sale
SwitchD(config-vlan)#exit
SwitchD(config)#vlan 9
SwitchD(config-vlan)#name tech
SwitchD(config-vlan)#exit
SwitchD(config)#vlan 10
SwitchD(config-vlan)#name office
SwitchD(config)#exit
SwitchD(config)#vlan 11
SwitchD(config-vlan)#name system
SwitchD(config-vlan)#exit
SwitchD(config)#int f0/15
SwitchD(config-if)#switchport access vlan 11
SwitchD(config-if)#int vlan 1
SwitchD(config-if)#ip address 192.168.87.1    255.255.255.0
SwitchD(config-if)#int vlan 7
SwitchD(config-if)#ip address 192.168.5.1    255.255.255.0
SwitchD(config-if)#int vlan 8
SwitchD(config-if)#ip address 192.168.6.1    255.255.255.0
SwitchD(config-if)#int vlan 9
SwitchD(config-if)#ip address 192.168.7.1    255.255.255.0
SwitchD(config-if)#int vlan 10
SwitchD(config-if)#ip address 192.168.8.1    255.255.255.0
SwitchD(config-if)#int vlan 11
SwitchD(config-if)#ip address 192.168.9.1    255.255.255.0
SwitchD(config-if)#end
SwitchD#write
SwitchD#
```

3.3.6 子任务 6：B 组接入层交换机 E 的 VLAN 划分

【完成目标】

本子任务要将 B 组接入层交换机 E 划分成三个 VLAN，分别为 VLAN 1、VLAN 7 和 VLAN 8。其中，VLAN 1 为系统缺省设置，其他两个 VLAN 需要人工设置。每个 VLAN 根据项目安排给予一个名称和分配交换机端口。

【实施步骤】

将其中任意一台计算机（如 PC6）的串行口连线连接到交换机 E 的 console 口上，打开计算机的超级终端程序，配置好有关参数，在其命令行窗口上执行以下黑色斜体字命令：

```
SwitchE>en
Password：
SwitchE# conf t
SwitchE(config)# vlan 7
SwitchE(config-vlan)# name finance
SwitchE(config-vlan)# exit
SwitchE(config)# vlan 8
SwitchE(config-vlan)# name sale
SwitchE(config-vlan)# exit
SwitchE(config)# int range f0/5-6
SwitchE(config-if-range)# switchport access vlan 7
SwitchE(config-if-range)# exit
SwitchE(config-if)# exit
SwitchE(config)# int range f 0/15-16
SwitchE(config-if-range)# switchport access vlan 8
SwitchE(config-if-range)# end
SwitchE# write
SwitchE#
```

3.3.7 子任务 7：B 组接入层交换机 F 的 VLAN 划分

【完成目标】

本子任务要将 B 组接入层交换机 F 划分成三个 VLAN，分别为 VLAN 1、VLAN 9 和 VLAN 10。其中，VLAN 1 为系统缺省设置，其余两个 VLAN 需要人工设置。每个 VLAN 根据项目安排给予一个名称和分配交换机端口。

【实施步骤】

将其中一台计算机（如 PC8）的串行口连线连接到交换机 F 的 console 口上，打开计算机的超级终端程序，配置好有关参数，在其命令行窗口上输入以下黑色斜体字命令：

```
SwitchF>en
Password：
SwitchF# conf t
SwitchF(config)# vlan 9
SwitchF(config-vlan)# name tech
SwitchF(config-vlan)# exit
SwitchF(config)# vlan 10
SwitchF(config-vlan)# name office
SwitchF(config-vlan)# exit
SwitchF(config)# int range f0/5-6
SwitchF(config-if-range)# switchport access vlan 9
SwitchF(config-if-range)# exit
SwitchF(config-if)# exit
SwitchF(config)# int range f0/15-16
SwitchF(config-if-range)# switchport access vlan 10
SwitchF(config-if-range)# end
SwitchF# write
SwitchF#
```

3.3.8 子任务 8：B 组各交换机的 VLAN 划分配置验证

【完成目标】

本子任务专门用来验证上述三个子任务中对 B 组交换机的划分是否正确，需要根据项目规划来验证，如果配置正确，结果将如以下各项所示。

【实施步骤】

1. 将其中任意一台计算机（如 PC5）的串行口连线连接到交换机 D 的 console 口上，在超级终端程序命令行窗口上分别执行以下黑色斜体字命令：

SwitchD# *show vlan*

结果如下所示：

```
SwitchD# show vlan
VLAN Name                          Status  Ports
————————————————————————————————————————————————————————————————
1 VLAN0001                         STATIC  Fa0/3，Fa0/4，Fa0/5，Fa0/6
                                           Fa0/7，Fa0/8，Fa0/9，Fa0/10
                                           Fa0/11，Fa0/12，Fa0/13，Fa0/14
                                           Fa0/16，Fa0/17，Fa0/18，Fa0/19
                                           Fa0/20，Fa0/21，Fa0/22，Gi0/25
                                           Gi0/26，Gi0/27，Gi0/28，Ag3
                                           Ag4
```

7 finance	STATIC	Ag3，Ag4
8 sale	STATIC	Ag3，Ag4
9 tech	STATIC	Ag3，Ag4
10 office	STATIC	Ag3，Ag4
11 system	STATIC	Fa0/15，Ag3，Ag4
SwitchD#		

2.将交换机 D 上的 console 口连线改接到交换机 E 的 console 口上，继续输入以下命令：

SwitchE# *show vlan*

结果如下所示：

SwitchE# sh vlan		
VLAN Name	Status	Ports
1 default	active	Fa0/1 ,Fa0/2 ,Fa0/3
		Fa0/4 ,Fa0/7 ,Fa0/8
		Fa0/9 ,Fa0/10,Fa0/11
		Fa0/12,Fa0/13,Fa0/14
		Fa0/17,Fa0/18,Fa0/19
		Fa0/20,Fa0/21,Fa0/22
		Fa0/23,Fa0/24
		Ag3
7 finance	active	Fa0/5 ,Fa0/6
		Ag3
8 sale	active	Fa0/15,Fa0/16
		Ag3
SwitchE#		

3.将交换机 E 上的 console 口连线改接到交换机 F 的 console 口上，继续输入以下命令：

SwitchF# *sh vlan*

结果如下所示：

SwitchF# sh vlan		
VLAN Name	Status	Ports
1 default	active	Fa0/1 ,Fa0/2 ,Fa0/3
		Fa0/4 ,Fa0/7 ,Fa0/8
		Fa0/9 ,Fa0/10,Fa0/11
		Fa0/12,Fa0/13,Fa0/14
		Fa0/17,Fa0/18,Fa0/19
		Fa0/20,Fa0/21,Fa0/22
		Fa0/23,Fa0/24
		Ag4

9	tech	active	Fa0/5，Fa0/6
			Ag4
10	office	active	Fa0/15，Fa0/16
			Ag4
SwitchF#			

通过上述验证,可以查看到 B 组各台交换机的 VLAN 划分及端口分配情况。Ag3、Ag4 为聚合端口,trunk 模式,供所有 VLAN 共享。

【配置命令总结】

虚拟局域网 VLAN 的配置命令较少,比较容易掌握,概括起来包括以下几个命令:

1. 定义 VLAN 命令:vlan,该命令要在全局模式下使用,如

Switch(config)# vlan 3

2. 给 VLAN 命名命令:name,该命令要在 vlan 模式下使用,如

Switch(config-vlan)# name sale

3. 给 VLAN 分配 IP 地址命令:ip address,该命令要在接口模式下使用,如

Switch(config)# interface vlan 2

Switch(config-if)# ip address 192.168.1.1　255.255.255.0

4. 给 VLAN 分配端口命令:switchport access,该命令要在接口模式下使用,如

Switch(config)# interface f0/2

Switch(config-if)# switchport access vlan 3

5. 也可以给 VLAN 批量分配端口,参考命令如下:

Switch(config)# interface range fastethernet 0/1-8

Switch(config-if-range)# switchport access vlan 2

3.4　任务四:ACL 配置

【任务描述】

本次任务将根据项目规划要求配置访问控制列表(ACL)。由模块一的详细需求分析可知,A 组和 B 组的财务部和办公室之间的计算机可以互访,销售部和技术部之间的计算机可以互访,拒绝其他部门的计算机访问。

另外,A 组和 B 组网络中的各台计算机都可以访问两个区域内的网络服务器。但是财务部和办公室的计算机只能够访问服务器上的 Web 服务,而销售部和技术部的计算机只能够访问服务器上的 FTP 服务。

A 组和 B 组的员工只有在正常上班时间(周一至周五 8:00～17:00)可以访问 FTP 服务,并且可以全天访问 Web 服务。因此,需要建立基于时间的 ACL,根据配置的规则在不同的时间段对网络中的数据进行过滤。

【配置流程图】

访问控制列表(ACL)配置流程图如图 3-7 所示。

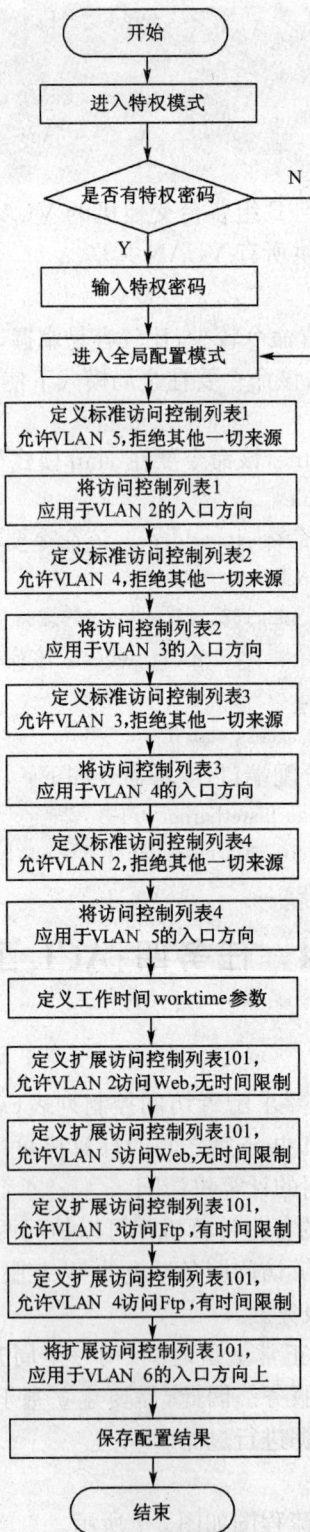

图 3-7　ACL 配置流程图

3.4.1　子任务 1：A 组标准 ACL 配置

【完成目标】

本子任务是在 A 组核心层交换机 A 上配置标准 ACL 规则，最后将配置好的 ACL 规则应用于相应的虚拟局域网（VLAN）端口。

【实施步骤】

用其中一台计算机的串行口线接入交换机 A 的 console 口上。使用计算机的超级终端程序，在其命令行窗口输入以下黑色斜体字命令：

```
SwitchA>enable
Password：
SwitchA # conf t                              ! 进入全局配置模式
SwitchA(config)# access-list 1 permit 192.168.3.0    0.0.0.255
        ! 使用关键字 access-list 定义一个标准访问控制列表，编号为 1，允许来自网络
        ! 192.168.3.0/24 的数据包访问。
SwitchA(config)# access-list 1 deny any       ! 访问控制列表 1 拒绝来自任何网络的数据包
SwitchA(config)# int vlan 2                   ! 指定虚拟端口 VLAN 2
SwitchA(config-if)# ip access-group 1 in
        ! 将访问控制列表 1 应用于该虚拟端口的入口方向，并指定过滤 IP 协议，
        ! 表示 A 组财务部允许来自 A 组办公室网络的数据包访问。
SwitchA(config-if)# exit
SwitchA(config)# access-list 2 permit 192.168.2.0    0.0.0.255
        ! 定义标准访问控制列表 2，允许来自网络 192.168.2.0/24 的数据包
SwitchA(config)# access-list 2 deny any
        ! 标准访问控制列表 2 拒绝来自任何其他网络的数据包
SwitchA(config)# int vlan 3                   ! 指定虚拟端口 VLAN 3
SwitchA(config-if)# ip access-group 2 in
        ! 将访问控制列表 2 应用于该端口的入口方向上，过滤 IP 协议，表示 A 组
        销售
        ! 部允许 A 组技术部来访
SwitchA(config-if)# exit
SwitchA(config)# access-list 3 permit 192.168.1.0    0.0.0.255
        ! 定义标准访问控制列表 3，允许来自网络 192.168.1.0/24 的数据包
SwitchA(config)# access-list 3 deny any
SwitchA(config)# int vlan 4
SwitchA(config-if)# ip access-group 3 in
        ! 表示 A 组技术部允许来自 A 组销售部的数据包访问
SwitchA(config-if)# exit
SwitchA(config)# access-list 4 permit 192.168.0.0    0.0.0.255
        ! 定义标准访问控制列表 4，允许来自网络 192.168.0.0/24 的数据包
SwitchA(config)# access-list 4 deny any
SwitchA(config)# int vlan 5
```

SwitchA(config-if)# *ip access-group 4 in*

　　　　　　　! 表示 A 组办公室允许来自 A 组财务部的数据包访问

SwitchA(config-if)# *end*

SwitchA# *write*

SwitchA#

3.4.2　子任务 2:A 组扩展 ACL 配置

【完成目标】

本子任务是在 A 组核心层交换机 A 上配置扩展 ACL 规则,配置扩展 ACL 主要是考虑到需要对不同的协议(如 IP、FTP、HTTP 等)进行控制,还要有基于时间的控制条目。基于时间的 ACL,配置方法就是在扩展 ACL 的后面添加时间段限制。最后将配置好的 ACL 规则应用于相应的虚拟局域网(VLAN)端口。

【实施步骤】

用其中一台计算机的串行口线接入交换机 A 的 console 口上。使用计算机的超级终端程序,按下述步骤操作。

1. 根据项目要求,工作时间为周一至周五 8:00~17:00,首先建立工作时间段:

SwitchA# *conf t*

SwitchA(config)# *time-range work-time*

　　　　　! 使用关键字 time-range 定义一个时间段名称,如:work-time

SwitchA(config-time-range)# *periodic weekdays 08:00 to 17:00*

　　　　　! 指定时间段为周一至周五 8:00~17:00,关键字 periodic 表示时间周期,关键字

　　　　　! weekdays 表示工作日

SwitchA(config-time-range)# *exit*　　　　　　! 返回到全局配置模式

SwitchA(config)#

2. 配置扩展 ACL,同时将时间条件应用于扩展访问列表中,参考命令如下:

SwitchA(config)# *access-list 101 permit tcp 192.168.0.0　　0.0.0.255 host 192.168.4.2 eq 80*

　　　! 定义一个扩展访问控制列表,编号 101,编号必须大于 100。该访问控制列表允许来自

　　　! 网络 192.168.0.0/24(A 组财务部)的数据包访问 A 组服务器主机 192.168.4.2/24

　　　! 上的 Web 服务

SwitchA(config)# *access-list 101 permit tcp 192.168.3.0　　0.0.0.255 host 192.168.4.2 eq 80*

　　　! 定义扩展访问列表 101 允许来自网络 192.168.3.0/24(A 组办公室)的数据包访问 A

　　　! 组服务器主机 192.168.4.2/24 上的 Web 服务

SwitchA(config)# *access-list 101 permit tcp 192.168.1.0　　0.0.0.255 host 192.168.4.2 eq ftp time-range work-time*

　　　　! 定义扩展访问控制列表 101 允许来自网络 192.168.1.0/24(A 组销售部)的数据包在

　　　　! 工作时间内访问 A 组服务器主机 192.168.4.2/24 上的 FTP 服务

SwitchA(config)# *access-list 101 permit tcp 192.168.1.0　 0.0.0.255 host 192.168.4.2 eq ftp-data time-range work-time*

　　　　! 定义扩展访问控制列表 101 允许来自网络 192.168.1.0/24(A 组销售部)的数据包在

　　　　! 工作时间内访问 A 组服务器主机 192.168.4.2/24 上的 FTP 服务

SwitchA(config)♯ *access-list 101 permit tcp 192.168.2.0   0.0.0.255 host 192.168.4.2 eq ftp time-range work-time*

　　　　！定义扩展访问控制列表 101 允许来自网络 192.168.2.0/24(A 组技术部)的数据包在

　　　　！工作时间内访问 A 组服务器主机 192.168.4.2/24 上的 FTP 服务

SwitchA(config)♯ *access-list 101 permit tcp 192.168.2.0   0.0.0.255 host 192.168.4.2 eq ftp-data time-range work-time*

　　　　！定义扩展访问控制列表 101 允许来自网络 192.168.2.0/24(A 组技术部)的数据包在

　　　　！工作时间内访问 A 组服务器主机 192.168.4.2/24 上的 FTP 服务

3.将扩展 ACL 应用于交换机 A 相应的虚拟局域网端口上

SwitchA(config)♯ *int vlan 6*　　　　　　！指定 A 组服务器所在的虚拟局域网的虚拟端口

SwitchA(config-if)♯ *ip access-group 101 in*

　　　　！将上述扩展访问控制列表 101 应用在 VLAN 6 的入口方向上,过滤 IP 协议数据

SwitchA(config-if)♯ *end*

SwitchA♯ *write*　　　　　　　　　　　！保存配置结果

3.4.3　子任务 3:A 组 ACL 配置验证

【完成目标】

本子任务是验证 A 组核心层交换机 A 上配置的 ACL 规则是否正确。正确配置好 ACL 后其查询结果应该如下面提示的内容所示。

【实施步骤】

将其中任意一台计算机(如 PC1)的串行口连线连接到交换机 A 的 console 口上,在超级终端程序命令行窗口上输入以下黑色斜体字命令:

SwitchA♯ *show access-list*

查询结果如下所示:

```
SwitchA♯ sh access-list
ip access-list standard 1
    10 permit 192.168.3.0    0.0.0.255
    20 deny any
ip access-list standard 2
    10 permit 192.168.2.0    0.0.0.255
    20 deny any
ip access-list standard 3
    10 permit 192.168.1.0    0.0.0.255
    20 deny any
ip access-list standard 4
10 permit 192.168.0.0    0.0.0.255
20 deny any
ip access-list extended 101
    10 permit tcp 192.168.0.0    0.0.0.255 host 192.168.4.2 eq www
    20 permit tcp 192.168.3.0    0.0.0.255 host 192.168.4.2 eq www
    30 permit tcp 192.168.1.0    0.0.0.255 host 192.168.4.2 eq ftp time-range work-time (active)
```

40 permit tcp 192.168.1.0 　 0.0.0.255 host 192.168.4.2 eq ftp-data time-range work-time
（active）
50 permit tcp 192.168.2.0 　 0.0.0.255 host 192.168.4.2 eq ftp time-range work-time（active）
60 permit tcp 192.168.2.0 　 0.0.0.255 host 192.168.4.2 eq ftp-data time-range work-time
（active）
SwitchA#

3.4.4　子任务4:B组标准ACL配置

【完成目标】

本子任务是在B组核心层交换机D上配置标准ACL规则,配置方法请参考配置流程图（图3-7）及上述A组的ACL配置命令注释。并将配置好的ACL规则应用于相应的虚拟局域网端口。

【实施步骤】

用其中一台计算机的串行口线接入交换机D的console口上。使用计算机的超级终端程序,在其命令行窗口输入以下黑色斜体字命令:

SwitchD>*enable*
Password:
SwitchD # *conf t*
SwitchD(config)# *access-list 1 permit 192.168.8.0 　 0.0.0.255*
　　　　　　　　! 定义标准访问控制列表1,允许来自特定网络192.168.8.0/24的数据
SwitchD(config)# *access-list 1 deny any*
　　　　　　　　! 除上述指定的网络外,拒绝任何其他网络的数据来访
SwitchD(config)# *int vlan 7*
SwitchD(config-if)# *ip access-group 1 in*
　　　　　　　　! 把上述定义的标准访问控制列表1应用于虚拟局域网 VLAN 7的入口方向
　　　　　　　　!（*in*）,指明过滤的是IP数据包（*ip*）。上述访问控制列表1的作用是:B组财
　　　　　　　　! 务部允许B组办公室的来访
SwitchD(config-if)# *exit*
SwitchD(config)# *access-list 2 permit 192.168.5.0 　 0.0.0.255*
SwitchD(config)# *access-list 2 deny any*
SwitchD(config)# *int vlan 10*
SwitchD(config-if)# *ip access-group 2 in*
　　　　　　　　! 上述访问控制列表2的作用是:B组办公室允许B组财务部的来访
SwitchD(config-if)# *exit*
SwitchD(config)# *access-list 3 permit 192.168.6.0 　 0.0.0.255*
　　　　　　　　! 定义第三个标准访问控制列表3,仅允许来自网络192.168.6.0/24的数据
　　　　　　　　! 包来访
SwitchD(config)# *access-list 3 deny any* 　　! 拒绝任何来访数据包
SwitchD(config)# *int vlan 9* 　　　　　　! 指定虚拟端口 VLAN 9
SwitchD(config-if)# *ip access-group 3 in* 　　! 把访问控制列表3应用于该端口,作用是:B组
　　　　　　　　　　　　　　　　　　! 技术部允许B组销售部的来访

SwitchD(config-if)# *exit*

SwitchD(config)# *access-list 4 permit 192.168.7.0   0.0.0.255*

SwitchD(config)# *access-list 4 deny any*

SwitchD(config)# *int vlan 8*

SwitchD(config-if)# *ip access-group 4 in*   ! 作用是：B组销售部允许B组技术部的来访

SwitchD(config-if)# *end*

SwitchD# *write memory*

SwitchD#

3.4.5 子任务5：B组扩展ACL配置

【完成目标】

本子任务是在 B 组核心层交换机 D 上配置扩展 ACL 规则，还要有基于时间的控制条目。基于时间的 ACL 配置方法就是在扩展 ACL 的后面添加时间段限制。最后将配置好的 ACL 规则应用于相应的虚拟局域网端口。以下各命令的解释请参看上述 A 组设备的配置。

【实施步骤】

1. 根据项目要求，工作时间为周一至周五8：00～17：00，先建立工作时间段：

SwitchD# *conf t*

SwitchD(config)# *time-range work-time*

SwitchD(config-time-range)# *periodic weekdays 08：00 to 17：00*

SwitchD(config-time-range)# *exit*

SwitchD(config)#

2. 配置扩展 ACL，并将时间条件应用于扩展访问列表中，参考命令如下：

SwitchD(config)# *access-list 101 permit tcp 192.168.5.0   0.0.0.255 host 192.168.9.2 eq 80*

SwitchD(config)# *access-list 101 permit tcp 192.168.8.0   0.0.0.255 host 192.168.9.2 eq 80*

SwitchD(config)# *access-list 101 permit tcp 192.168.6.0   0.0.0.255 host 192.168.9.2 eq ftp time-range work-time*

SwitchD(config)# *access-list 101 permit tcp 192.168.6.0   0.0.0.255 host 192.168.9.2 eq ftp-data time-range work-time*

SwitchD(config)# *access-list 101 permit tcp 192.168.7.0   0.0.0.255 host 192.168.9.2 eq ftp time-range work-time*

SwitchD(config)# *access-list 101 permit tcp 192.168.7.0   0.0.0.255 host 192.168.9.2 eq ftp-data time-range work-time*

SwitchD(config)# *access-list 101 deny ip any any*

3. 将配置好的扩展 ACL 应用于相应的虚拟局域网端口上：

SwitchD(config)# *vlan 11*

SwitchD(config)# *int vlan 11*

SwitchD(config-if)# *ip access-group 101 in*

SwitchD(config-if)# *end*

SwitchD# *write memory*

SwitchD#

3.4.6 子任务 6：B 组 ACL 配置验证

【完成目标】

本子任务是验证 B 组核心层交换机 D 上配置的 ACL 规则是否正确。正确配置好 ACL 后其查询结果应该如下述所提示的内容。

【实施步骤】

将其中任意一台计算机（如 PC5）的串行口连线连接到交换机 D 的 console 口上，在超级终端程序命令行窗口上执行以下黑色斜体字命令：

SwitchD# *sh access-list*

结果如下所示：

```
SwitchD#  sh access-list
ip access-list standard 1
10 permit 192.168.8.0     0.0.0.255
20 deny any
ip access-list standard 2
10 permit 192.168.5.0     0.0.0.255
20 deny any
ip access-list standard 3
10 permit 192.168.6.0     0.0.0.255
20 deny any
ip access-list standard 4
10 permit 192.168.7.0     0.0.0.255
20 deny any
ip access-list extended 101
10 permit tcp 192.168.5.0     0.0.0.255 host 192.168.9.2 eq www
20 permit tcp 192.168.8.0     0.0.0.255 host 192.168.9.2 eq www
30 permit tcp 192.168.6.0     0.0.0.255 host 192.168.9.2 eq ftp time-range work-time
(active)
40 permit tcp 192.168.6.0     0.0.0.255 host 192.168.9.2 eq ftp-data time-range work-time
(active)
50 permit tcp 192.160.7.0     0.0.0.255 host 192.168.9.2 eq ftp time-range work-time (active)
60 permit tcp 192.160.7.0     0.0.0.255 host 192.168.9.2 eq ftp-data time-range work-time
(active)
70 deny ip any any
SwitchD#
```

【配置命令总结】

访问控制列表（ACL）的配置命令不多，但不太容易掌握，读者应该仔细把握，在本项目中用到以下几个命令：

1. 定义 ACL 命令：access-list，该命令要在全局模式下使用，如

Switch(config)# access-list 1 permit 192.168.1.0   0.0.0.255

Switch(config)♯ access-list 1 permit 172.16.10.0　　0.0.0.255

Switch(config)♯ access-list 1 deny any

上述命令中,access-list 为关键字,用来定义访问控制列表。后面的序号 1 表示访问控制列表的编号,1～99 表示标准访问控制列表,100 以上则为扩展访问控制列表。关键字 permit 表示允许,该关键字后紧接着网络号和通配符,表示允许来自某一个网络的数据包通过,通配符为子网掩码的反码。标准访问控制列表仅控制源端网络,而不判断目的网络。关键字 deny 表示拒绝,关键字 any 表示任何网络。访问控制列表会顺序判断执行,发现匹配项后就执行该项,而忽略后续的条目,因此,deny any 总放在最后。

2.应用 ACL 命令:ip access-group,该命令要在接口模式下使用,如:

Router(config)♯ interface f0/2

Router(config-if)♯ ip access-group 1 in

上述命令中,关键字 ip 表示 IP 协议,表示对 IP 协议包进行作用。access-group 1 表示编号为 1 的访问控制列表,应用于路由器 F0/1 端口的入口(in)方向。也就是说,对于 F0/1 端口而言,只有进入的数据包才加以检测并过滤,而流出该端口的数据包是不被检测的,也就是不被控制的。有时,根据需要,也可以将访问控制列表应用于某端口的出口(out)方向。

3.时间段定义命令:time-range 和 periodic,该命令要在全局模式下使用,如:

Switch(config)♯ tlme-range work-time

Switch(config-time-range)♯ periodic weekdays 08:00 to 17:00

在上述命令中,使用关键字 time-range 定义一个时间段,可命名为:work-time。关键字 periodic 表示时间周期,关键字 weekdays 表示工作日,如:指定时间段周一至周五 8:00～17:00 为工作时间。

4.将时间段限制条件应用到 ACL 中:该命令要在全局配置模式下使用,如:

Switch(config)♯ access-list 101 permit tcp 192.168.1.0　　0.0.0.255 host 192.168.4.2 eq ftp time-range work-time

在上述命令中,在定义访问控制列表时,将时间限制关键字 time-range 应用到访问控制列表定义行的尾端。增加时间等限制条件的 ACL 一般称为专家 ACL,属于扩展 ACL 范畴。

模块四

路由器配置

【模块导读】

在本模块中,我们主要对路由器进行配置。根据项目要求,我们需要对路由器进行以下几方面的配置:静态路由、动态路由及 NAT 配置等。

本项目共有四台路由器:路由器 A 和路由器 B 为 A、B 组各自局域网的边界路由器,为局域网提供一个出口;路由器 C 为一台联网路由器,用于连接 A 组和 B 组两个网络,同时还提供一条通往 Internet 的链路,供两个局域网使用;路由器 D 为连接外网的路由器,直接与 Internet 运营商(ISP)相连。

如果网络拓扑比较简单稳定,一般情况下配置静态路由就可以了。但是,如果网络拓扑会经常变化,或者网络比较复杂,配置动态路由协议就比较理想。在本项目实践中,为了方便读者操作练习,我们对静态和动态协议都给出了配置参考。动态路由协议一般采用 RIP 或 OSPF 协议,小型网络用 RIP 协议,大型网络用 OSPF 协议,在这里我们仅提供 OSPF 协议的配置练习,有关 RIP 协议的配置,有兴趣的读者可以参考有关书籍。

考虑到外网 IP 地址数量上的限制,我们需要在路由器 D 上部署 NAT,采用网络地址转换的方式来为内网的计算机提供连接国际互联网的服务。

在本模块中,除了路由器外,我们还要在 A 组和 B 组的核心层交换机上配置路由协议,实现 VLAN 之间的互访。

【模块要点】

以下的任务一和任务二,分别进行静态和动态路由协议配置,仅提供操作参考。在本项目中,我们实际使用 OSPF 动态路由协议。读者可以直接配置动态协议,而忽略静态协议的配置。在这里提供静态配置,仅是为了给部分有兴趣的读者提供参考。

配置路由协议时一方面不要遗漏三层交换机上的路由协议配置,另一方面注意路由器中串行口时钟速率配置,注意 DTE 和 DCE 端口的区别,一般仅在 DCE 端口配置时钟速率。

为路由器或交换机配置 OSPF 动态路由协议时,仅需要声明(或者叫网络发布)该设备的直连网段,设备(路由器及三层交换机)之间的网段不需要声明。另外,需要按照分类 IP 地址的方式声明,如:A 类、B 类、C 类。例如:尽管一个 A 类网络可能被分成很多子网,但仍然按照一个 A 类网络来声明,不必每个子网单独声明,B 类、C 类的网络也这样处理。

4.1 任务一:静态路由配置

【任务描述】

本次任务是配置各台设备的静态路由。静态路由配置是为本地所有网段寻找一个出口,配置时关键是不要有遗漏,要为所有直连网段配置一条路径。根据前面的项目描述,与交换机 A 相连的网段有 192.168.0.0、192.168.1.0、192.168.2.0、192.168.3.0、192.168.4.0 和 192.168.88.0 六个网段。与路由器 A 连接的有两个网段,分别是172.16.0.0 和 10.0.0.0 网段。为此,要给三层交换机 A 和路由器 A 分别配置静态路由,同时还要给路由器 A 及交换机 A 的端口配置 IP 地址。

交换机 A 直连六个网段,其输出为路由器 A 的输入(端口号为 F0/0),因此,路由器A 的 F0/0 口的 IP 地址(172.16.0.2)就是三层交换机 C 的下一跳地址。

同理,交换机 D 也直连六个网段 192.168.5.0、192.168.6.0、192.168.7.0、192.168.8.0、192.168.9.0 和 192.168.87.0,其输出为路由器 B 的输入(端口号为F0/0),因此,路由器 B 的 F0/0 端口的 IP 地址(172.16.1.2)就是三层交换机 D 的下一跳地址。

【配置流程图】

静态路由配置流程图如图 4-1 所示。

4.1.1 子任务 1:A 组核心交换机 A 的静态路由配置

【完成目标】

本子任务完成 A 组核心层交换机 A 的静态路由配置。

【实施步骤】

将其中任意一台计算机的串行口连线连接到交换机 A 的 console 口上,打开计算机的超级终端程序,配置好有关参数,在其命令行窗口上输入以下黑色斜体字命令,参考命令如下:

SwitchA# *conf t*
SwitchA(config)# *interface f0/15*
　　　　! 交换机 A 的 F0/15 端口为上联端口,接路由器 A 的 F0/0 端口
SwitchA(config-if)# *no switchport*
　　　　! 设置该端口模式为非交换端口
SwitchA(config-if)# *ip address 172.16.0.3　255.255.255.0*
　　　　! 给上述端口分配一个 IP 地址。
SwitchA(config-if)# *no shutdown*　　　! 激活该端口
SwitchA(config-if)# *exit*
SwitchA(config)# *ip route 10.0.0.0　255.255.255.0　172.16.0.2*
　　　　! 给路由器 A 与路由器 C 之间的网段配置静态路由。关键字 ip route 表示设置路由,
　　　　! 10.0.0.0　255.255.255.0 表示目的网络,172.16.0.2 表示去往目的网络的路径
　　　　! 上下一跳路由器的入口地址。下同
SwitchA(config)# *ip route 10.0.1.0　255.255.255.0　172.16.0.2*

```
                              ┌──────────┐
                              │   开始   │
                              └──────────┘
                                   │
                         ┌──────────────────┐
                         │   进入特权模式   │
                         └──────────────────┘
                                   │
                         ◇──────────────────◇     N
                         │  是否设有特权密码 │──────────┐
                         ◇──────────────────◇          │
                                   │ Y                  │
                         ┌──────────────────┐          │
                         │  输入特权模式密码 │          │
                         └──────────────────┘          │
                                   │                    │
                         ┌──────────────────┐          │
                         │  进入全局配置模式 │◄─────────┘
                         └──────────────────┘
                                   │
                         ┌──────────────────┐
                         │ 根据需要修改设备名称│
                         └──────────────────┘
                                   │
          SwitchA,D      ◇──────────────────◇     RouterA,B
      ┌──────────────────│   判断网络设备    │──────────────────┐
      │                  ◇──────────────────◇                  │
      │          RouterC        │        RouterD               │
      │        ┌──────────┐     │      ┌──────────┐            │
```

指定一个端口为非交换端口	指定一个端口接路由器A	指定一个端口接路由器C	指定一个端口接核心交换机A或D
给该非交换端口配置IP地址	为该端口配置IP地址	为该端口配置IP地址	为该端口配置IP地址
激活该端口	为该端口设置时钟速率	指定一个串行口接ISP	指定一个串行口接联网路由器C
为各台网络设备之间的网段配置静态路由	指定一个端口接路由器B	为该端口配置IP地址	为该端口配置IP地址
为B组(或A组)各个网段配置静态路由	为该端口配置IP地址	激活该端口	根据需要设置时钟速率
	指定一个端口接路由器D	为所有非直连网段配置静态路由	为所有非直连网段配置静态路由
	为该端口配置IP地址		
配置一条缺省(默认)路由	为所有非直连网段配置静态路由	配置一条缺省(默认)路由	配置一条缺省路由
启动路由转发	配置一条缺省(默认)路由	启动路由转发	启动路由转发
	启动路由转发		

```
                         ┌──────────────────┐
                         │   保存配置结果    │
                         └──────────────────┘
                                   │
                              ┌──────────┐
                              │   结束   │
                              └──────────┘
```

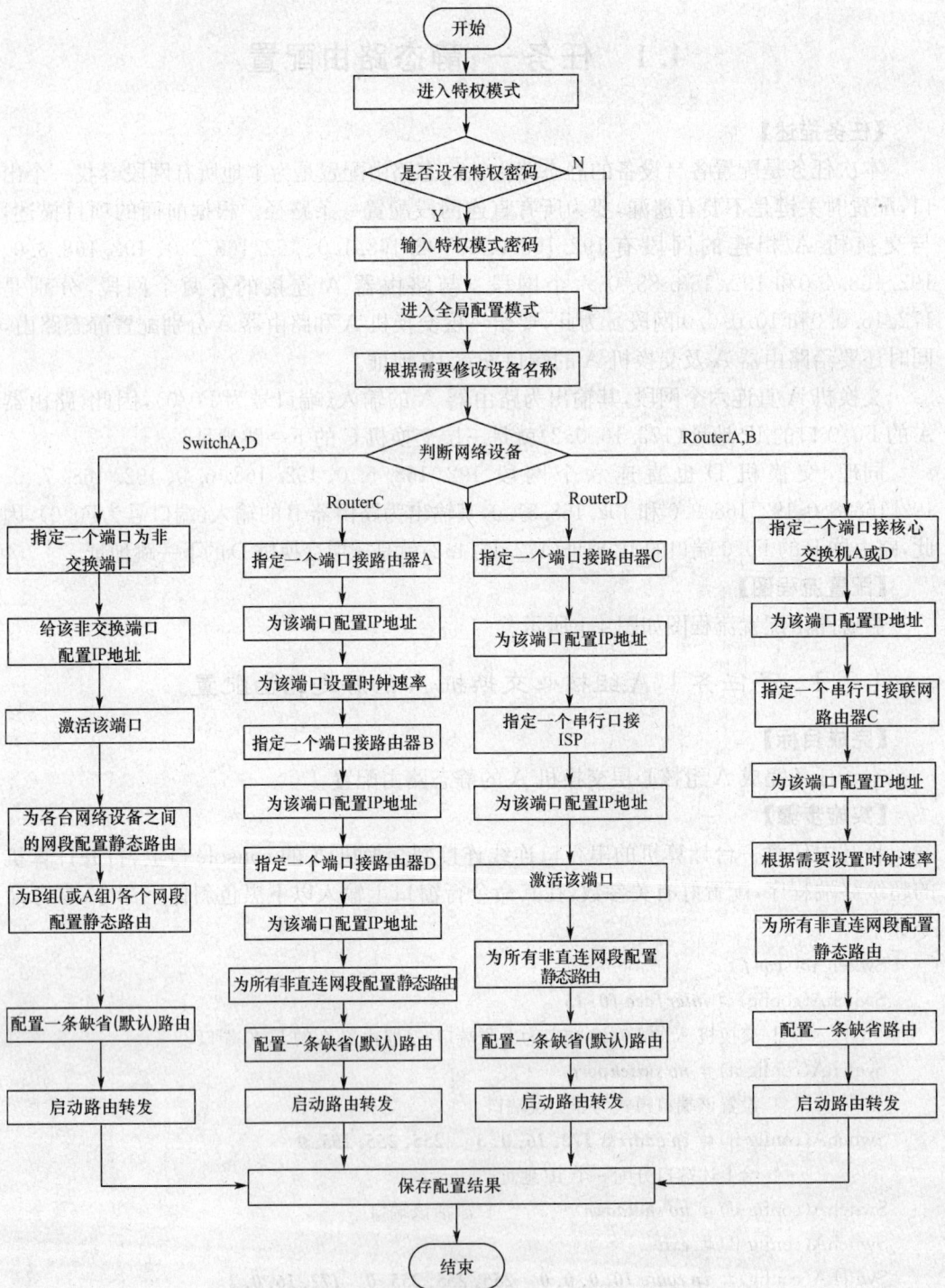

图 4-1   静态路由配置流程图

！给路由器 B 与路由器 C 之间的网段配置静态路由。配置静态路由仅需指明目的网络

！及下一跳地址

SwitchA(config)# *ip route 10.0.2.0 255.255.255.0 172.16.0.2*

！给路由器 C 与路由器 D 之间的网段配置静态路由

SwitchA(config)# *ip route 172.16.1.0 255.255.255.0 172.16.0.2*

！给路由器 B 与交换机 D 之间的网段配置静态路由

SwitchA(config)# *ip route 192.168.5.0 255.255.255.0 172.16.0.2*

！给 B 组财务部网段配置静态路由

SwitchA(config)# *ip route 192.168.6.0 255.255.255.0 172.16.0.2*

！给 B 组销售部网段配置静态路由

SwitchA(config)# *ip route 192.168.7.0 255.255.255.0 172.16.0.2*

！给 B 组技术部网段配置静态路由

SwitchA(config)# *ip route 192.168.8.0 255.255.255.0 172.16.0.2*

！给 B 组办公室网段配置静态路由

SwitchA(config)# *ip route 192.168.9.0 255.255.255.0 172.16.0.2*

！给 B 组服务器网段配置静态路由

SwitchA(config)# *ip route 192.168.87.0 255.255.255.0 172.16.0.2*

！给 B 组语音网段配置静态路由。

SwitchA(config)# *ip route 0.0.0.0 0.0.0.0 172.16.0.2* ！配置一条缺省路由

SwitchA(config)# *ip routing* ！启动路由转发功能

SwitchA(config)# *exit*

SwitchA# *write memory*

配置完毕后,输入以下命令查询交换机 A 的路由配置:

SwitchA# *show ip route*

交换机 A 的静态路由表应该如下述所示:

❀**注意**:由于用户的实验环境不同,参考提示中有些参数可能会不同,但上述配置的静态路由应该全部出现在其中,否则就是配置错误。其他交换机路由器的查询结果都有可能出现部分参数不同的现象,关注主要参数字段即可。

```
SwitchA# show ip route
Codes: C - connected, S - static, R - RIP, B - BGP
    O - OSPF, IA - OSPF inter area
    N1 - OSPF NSSA external type 1, N2 - OSPF NSSA external type 2
    E1 - OSPF external type 1, E2 - OSPF external type 2
    i - IS-IS, su - IS-IS summary, L1 - IS-IS level-1, L2 - IS-IS level-2
    ia - IS-IS inter area, * - candidate default
    Gateway of last resort is 172.16.0.2 to network 0.0.0.0
S*    0.0.0.0/0 [1/0] via 172.16.0.2
```

```
S    10.0.0.0/24 [1/0] via 172.16.0.2
S    10.0.1.0/24 [1/0] via 172.16.0.2
S    10.0.2.0/24 [1/0] via 172.16.0.2
C    172.16.0.0/24 is directly connected, FastEthernet 0/15
C    172.16.0.3/32 is local host.
S    172.16.1.0/24 [1/0] via 172.16.0.2
C    192.168.0.0/24 is directly connected, VLAN 2
C    192.168.0.1/32 is local host.
C    192.168.1.0/24 is directly connected, VLAN 3
C    192.168.1.1/32 is local host.
C    192.168.2.0/24 is directly connected, VLAN 4
C    192.168.2.1/32 is local host.
C    192.168.3.0/24 is directly connected, VLAN 5
C    192.168.3.1/32 is local host.
C    192.168.4.0/24 is directly connected, VLAN 6
C    192.168.4.1/32 is local host.
C    192.168.88.0/24 is directly connected, VLAN 1
C    192.168.88.1/32 is local host.
S    192.168.5.0/24 [1/0] via 172.16.0.2
S    192.168.6.0/24 [1/0] via 172.16.0.2
S    192.168.7.0/24 [1/0] via 172.16.0.2
S    192.168.8.0/24 [1/0] via 172.16.0.2
S    192.168.9.0/24 [1/0] via 172.16.0.2
S    192.168.87.0/24 [1/0] via 172.16.0.2
SwitchA#
```

4.1.2　子任务2：B组核心交换机D的静态路由配置

【完成目标】

本子任务完成B组核心层交换机D的静态路由配置。

【实施步骤】

将其中任意一台计算机的串行口连线连接到交换机D的console口上，打开计算机的超级终端程序，配置好有关参数，在其命令行窗口上输入以下黑色斜体字命令，参考命令如下：

SwitchD# *conf t*

SwitchD(config)# *interface f0/15*

! 交换机 D 的 F0/15 端口为上联端口,接路由器 B 的 F0/0 端口

SwitchD(config-if)# *no switchport*　　　! 设置该端口模式为非交换端口

SwitchD(config-if)# *ip address 172. 16. 1. 3　255. 255. 255. 0*　　　! 给该端口分配一个 IP 地址

SwitchD(config-if)# *no shutdown*　　! 激活端口

SwitchD(config-if)# *exit*

SwitchD(config)# *ip route 10. 0. 0. 0　255. 255. 255. 0　172. 16. 1. 2*

　　　　! 给路由器 A 与路由器 D 之间的网段配置静态路由

SwitchD(config)# *ip route 10. 0. 1. 0　255. 255. 255. 0　172. 16. 1. 2*

　　　! 给路由器 B 与路由器 D 之间的网段配置静态路由

SwitchD(config)# *ip route 10. 0. 2. 0　255. 255. 255. 0　172. 16. 1. 2*

　　　! 给路由器 D 与路由器 C 之间的网段配置静态路由

SwitchD(config)# *ip route 172. 16. 0. 0　255. 255. 255. 0　172. 16. 1. 2*

　　　! 给路由器 A 与交换机 D 之间的网段配置静态路由

SwitchD(config)# *ip route 192. 168. 0. 0　255. 255. 255. 0　172. 16. 1. 2*

　　　! 给 A 组财务部网段配置静态路由

SwitchD(config)# *ip route 192. 168. 1. 0　255. 255. 255. 0　172. 16. 1. 2*

　　　! 给 A 组销售部网段配置静态路由

SwitchD(config)# *ip route 192. 168. 2. 0　255. 255. 255. 0　172. 16. 1. 2*

　　　! 给 A 组技术部网段配置静态路由

SwitchD(config)# *ip route 192. 168. 3. 0　255. 255. 255. 0　172. 16. 1. 2*

　　　! 给 A 组办公室网段配置静态路由

SwitchD(config)# *ip route 192. 168. 4. 0　255. 255. 255. 0　172. 16. 1. 2*

　　　! 给 A 组的服务器网段配置静态路由

SwitchD(config)# *ip route 192. 168. 88. 0　255. 255. 255. 0　172. 16. 1. 2*

　　　! 给 A 组的语音网段配置静态路由

SwitchD(config)# *ip route 0. 0. 0. 0　0. 0. 0. 0　172. 16. 1. 2*

　　　! 为 B 组各网段配置一条默认路由

SwitchD(config)# *ip routing*　　　　　　　　　! 启动路由转发

SwitchD(config)# *exit*

SwitchD# *write memory*

配置完毕后,输入以下命令查询交换机 D 的静态路由配置:

SwitchD# *show ip route*

查询结果如下所示:

```
SwitchD# show ip route
Codes：C - connected，S - static，  R - RIP B - BGP
      O - OSPF，IA - OSPF inter area
      N1 - OSPF NSSA external type 1，N2 - OSPF NSSA external type 2
      E1 - OSPF external type 1，E2 - OSPF external type 2
      i - IS-IS, L1 - IS-IS level-1，L2 - IS-IS level-2, ia - IS-IS inter area
      * - candidate default
Gateway of last resort is 172. 16. 1. 2 to network 0. 0. 0. 0
S *   0. 0. 0. 0/0 [1/0] via 172. 16. 1. 2
S     10. 0. 0. 0/24 [1/0] via 172. 16. 1. 2
S     10. 0. 1. 0/24 [1/0] via 172. 16. 1. 2
S     10. 0. 2. 0/24 [1/0] via 172. 16. 1. 2
S     172. 16. 0. 0/24 [1/0] via 172. 16. 1. 2
C     172. 16. 1. 0/24 is directly connected，FastEthernet 0/5
C     172. 16. 1. 3/32 is local host.
S     192. 168. 0. 0/24 [1/0] via 172. 16. 1. 2
S     192. 168. 1. 0/24 [1/0] via 172. 16. 1. 2
S     192. 168. 2. 0/24 [1/0] via 172. 16. 1. 2
S     192. 168. 3. 0/24 [1/0] via 172. 16. 1. 2
S     192. 168. 4. 0/24 [1/0] via 172. 16. 1. 2
S     192. 168. 88. 0/24 [1/0] via 172. 16. 1. 2
C     192. 168. 5. 0/24 is directly connected，VLAN 7
C     192. 168. 5. 1/32 is local host.
C     192. 168. 6. 0/24 is directly connected，VLAN 8
C     192. 168. 6. 1/32 is local host.
C     192. 168. 7. 0/24 is directly connected，VLAN 9
C     192. 168. 7. 1/32 is local host.
C     192. 168. 8. 0/24 is directly connected，VLAN 10
C     192. 168. 8. 1/32 is local host.
C     192. 168. 9. 0/24 is directly connected，VLAN 11
C     192. 168. 9. 1/32 is local host.
C     192. 168. 88. 0/24 is directly connected，VLAN 1
C     192. 168. 88. 1/32 is local host.
SwitchD#
```

4.1.3 子任务 3：A 组路由器 A 的静态路由配置

在本模块中我们以锐捷的路由器为例来介绍路由器的配置。

【完成目标】

本子任务完成 A 组路由器 A 的静态路由设置。在本模块中，我们以锐捷公司的 RG-2600系列路由器为例来介绍路由器的配置，配置中用到的一些命令见本任务后的"配置命令总结"。

【实施步骤】

路由器 A 一边接交换机 A，另一边接联网路由器 C，本身直连两个网段，而非直连网段有 14 个(含 A 组和 B 组所有网段)，这些非直连网段都要配置静态路由。用任意一台计算机的串行口连线接入路由器 A 的 console 口上，具体配置命令参考如下：

Router＞*enable*

Password：

Router＃ *conf t*

Router(config)＃ *hostname RouterA*

RouterA(config)＃ *interface f0/0*　　　！路由器以太网端口 F0/0

RouterA(config-if)＃ *ip address 172.16.0.2　255.255.255.0*
　　　　　　　　　　　　　　　！给路由器 A 的 F0/0 端口分配 IP 地址

RouterA(config-if)＃ *no shutdown*　　！激活端口

RouterA(config-if)＃ *exit*

RouterA(config)＃ *interface s1/2*　　　！路由器的串行端口 S1/2

RouterA(config-if)＃ *ip address 10.0.0.2　255.255.255.0*　　！给串行口分配 IP 地址

RouterA(config-if)＃ *no shutdown*

RouterA(config-if)＃ *exit*

RouterA(config)＃ *ip route 10.0.1.0　255.255.255.0　10.0.0.1*
　　　　　　　　　　　　　　　！以下为所有非直连网段配置静态路由

RouterA(config)＃ *ip route 10.0.2.0　255.255.255.0　10.0.0.1*

RouterA(config)＃ *ip route 172.16.1.0　255.255.255.0　10.0.0.1*

RouterA(config)＃ *ip route 192.168.5.0　255.255.255.0　10.0.0.1*

RouterA(config)＃ *ip route 192.168.6.0　255.255.255.0　10.0.0.1*

RouterA(config)＃ *ip route 192.168.7.0　255.255.255.0　10.0.0.1*

RouterA(config)＃ *ip route 192.168.8.0　255.255.255.0　10.0.0.1*

RouterA(config)＃ *ip route 192.168.9.0　255.255.255.0　10.0.0.1*

RouterA(config)＃ *ip route 192.168.87.0　255.255.255.0　10.0.0.1*

RouterA(config)＃ *ip route 192.168.0.0　255.255.255.0　172.16.0.3*

RouterA(config)＃ *ip route 192.168.1.0　255.255.255.0　172.16.0.3*

RouterA(config)＃ *ip route 192.168.2.0　255.255.255.0　172.16.0.3*

RouterA(config)＃ *ip route 192.168.3.0　255.255.255.0　172.16.0.3*

RouterA(config)＃ *ip route 192.168.4.0　255.255.255.0　172.16.0.3*

RouterA(config)＃ *ip route 192.168.88.0　255.255.255.0　172.16.0.3*

RouterA(config)＃ *ip route 0.0.0.0　0.0.0.0　10.0.0.1*　！设置一条缺省路由

RouterA(config)＃ *ip routing*

RouterA(config)＃ *exit*

RouterA＃ *write memory*

配置完毕后,输入以下命令查询路由器 A 的静态路由配置:

RouterA# *show ip route*

路由器 A 的静态路由表如下所示:

```
RouterA#  show ip route
Codes: C - connected, S - static, R - RIP, B - BGP
       O - OSPF, IA - OSPF inter area
       N1 - OSPF NSSA external type 1, N2 - OSPF NSSA external type 2
       E1 - OSPF external type 1, E2 - OSPF external type 2
       i - IS-IS, su - IS-IS summary, L1 - IS-IS level-1, L2 - IS-IS level-2
       ia - IS-IS inter area, * - candidate default
       Gateway of last resort is 10.0.0.1 to network 0.0.0.0
S*      0.0.0.0/0 [1/0] via 10.0.0.1
C       10.0.0.0/24 is directly connected, Serial 2/0
C       10.0.0.2/32 is local host.
S       10.0.1.0/24 [1/0] via 10.0.0.1
S       10.0.2.0/24 [1/0] via 10.0.0.1
C       172.16.0.0/24 is directly connected, FastEthernet 0/0
C       172.16.0.2/32 is local host.
S       172.16.1.0/24 [1/0] via 10.0.0.1
S       192.168.0.0/24 [1/0] via 172.16.0.3
S       192.168.1.0/24 [1/0] via 172.16.0.3
S       192.168.2.0/24 [1/0] via 172.16.0.3
S       192.168.3.0/24 [1/0] via 172.16.0.3
S       192.168.4.0/24 [1/0] via 172.16.0.3
S       192.168.88.0/24 [1/0] via 172.16.0.3
S       192.168.5.0/24 [1/0] via 10.0.0.1
S       192.168.6.0/24 [1/0] via 10.0.0.1
S       192.168.7.0/24 [1/0] via 10.0.0.1
S       192.168.8.0/24 [1/0] via 10.0.0.1
S       192.168.9.0/24 [1/0] via 10.0.0.1
S       192.168.87.0/24 [1/0] via 10.0.0.1
RouterA#
```

4.1.4 子任务 4: B 组路由器 B 的静态路由配置

【完成目标】

本子任务完成 B 组路由器 B 的静态路由配置。

【实施步骤】

路由器 B 的静态路由配置与路由器 A 的配置方法基本相同。用任意一台计算机的串行口连线接入路由器 B 的 console 口上,参考配置命令如下所示:

Router>*enable*

Password:

```
Router# conf t
Router(config)# hostname RouterB
RouterB(config)# interface f0/0
RouterB(config-if)# ip address 172.16.1.2   255.255.255.0
RouterB(config-if)# no shutdown
RouterB(config-if)# exit
RouterB(config)# interface s1/2
RouterB(config-if)# ip address 10.0.1.2   255.255.255.0
RouterB(config-if)# clock rate 64000            ! 设置时钟速率(DCE端口)
RouterB(config-if)# no shutdown
RouterB(config-if)# exit
RouterB(config)# ip route 10.0.0.0   255.255.255.0   10.0.1.1
                                               ! 为所有非直连网段配置静态路由
RouterB(config)# ip route 10.0.2.0   255.255.255.0   10.0.1.1
RouterB(config)# ip route 172.16.0.0   255.255.255.0   10.0.1.1
RouterB(config)# ip route 192.168.0.0   255.255.255.0   10.0.1.1
RouterB(config)# ip route 192.168.1.0   255.255.255.0   10.0.1.1
RouterB(config)# ip route 192.168.2.0   255.255.255.0   10.0.1.1
RouterB(config)# ip route 192.168.3.0   255.255.255.0   10.0.1.1
RouterB(config)# ip route 192.168.4.0   255.255.255.0   10.0.1.1
RouterB(config)# ip route 192.168.88.0   255.255.255.0   10.0.1.1
RouterB(config)# ip route 192.168.5.0   255.255.255.0   172.16.1.3
RouterB(config)# ip route 192.168.6.0   255.255.255.0   172.16.1.3
RouterB(config)# ip route 192.168.7.0   255.255.255.0   172.16.1.3
RouterB(config)# ip route 192.168.8.0   255.255.255.0   172.16.1.3
RouterB(config)# ip route 192.168.9.0   255.255.255.0   172.16.1.3
RouterB(config)# ip route 192.168.87.0   255.255.255.0   172.16.1.3
RouterB(config)# ip route 0.0.0.0   0.0.0.0   10.0.1.1            ! 配置缺省路由
RouterB(config)# ip routing
RouterB(config)# exit
RouterB# write memory
```

配置完毕后,输入以下命令查询路由器 B 的静态路由配置:

```
RouterB# show ip route
```

路由器 B 的静态路由表如下所示:

```
RouterB# show ip route
Codes: C - connected, S - static, R - RIP, B - BGP
    O - OSPF, IA - OSPF inter area
    N1 - OSPF NSSA external type 1, N2 - OSPF NSSA external type 2
    E1 - OSPF external type 1, E2 - OSPF external type 2
    i - IS-IS, su - IS-IS summary, L1 - IS-IS level-1, L2 - IS-IS level-2
    ia - IS-IS inter area, * - candidate default
    Gateway of last resort is 10.0.1.1 to network 0.0.0.0
S*   0.0.0.0/0 [1/0] via 10.0.1.1
S    10.0.0.0/24 [1/0] via 10.0.1.1
```

```
C     10.0.1.0/24 is directly connected，Serial 2/0
C     10.0.1.2/32 is local host.
S     10.0.2.0/24 [1/0] via 10.0.1.1
S     172.16.0.0/24 [1/0] via 10.0.1.1
C     172.16.1.0/24 is directly connected，FastEthernet 0/0
C     172.16.1.2/32 is local host.
S     192.168.0.0/24 [1/0] via 10.0.1.1
S     192.168.1.0/24 [1/0] via 10.0.1.1
S     192.168.2.0/24 [1/0] via 10.0.1.1
S     192.168.3.0/24 [1/0] via 10.0.1.1
S     192.168.4.0/24 [1/0] via 10.0.1.1
S     192.168.88.0/24 [1/0] via 10.0.1.1
S     192.168.5.0/24 [1/0] via 172.16.1.3
S     192.168.6.0/24 [1/0] via 172.16.1.3
S     192.168.7.0/24 [1/0] via 172.16.1.3
S     192.168.8.0/24 [1/0] via 172.16.1.3
S     192.168.9.0/24 [1/0] via 172.16.1.3
S     192.168.87.0/24 [1/0] via 172.16.1.3
RouterB#
```

4.1.5 子任务 5：联网路由器 C 的配置

【完成目标】

本子任务完成联网路由器 C 的静态路由设置。路由器 C 本身连接两个网段 10.0.0.0/24 和 10.0.1.0/24，这两个网段不需要提供静态路由，除此以外的所有网段都需要提供静态路由，否则，数据包就不可能正确到达目的地。

【实施步骤】

用于连接两个网络的路由器 C 的静态路由与其他两个路由器的设置方法基本相同。用任意一台计算机的串行口连线接入路由器 C 的 console 口上，参考命令如下：

```
Router>enable
Password：
Router# conf t
Router(config)# hostname RouterC
RouterC(config)# interface s1/2        ! 接路由器 A
RouterC(config-if)# ip address 10.0.0.1   255.255.255.0
RouterC(config-if)# clock rate 64000   ! 定义为 DCE 端口，故需设置时钟速率
RouterC(config-if)# no shutdown
RouterC(config-if)# exit
RouterC(config)# interface s1/3        ! 定义为 DTE 端口，不需设置时钟速率
RouterC(config-if)# ip address 10.0.1.1   255.255.255.0   ! 接路由器 B
RouterC(config-if)# no shutdown
RouterC(config-if)# exit
```

RouterC(config)# *interface f0/0* ! 接路由器 D
RouterC(config-if)# *ip address 10.0.2.1 255.255.255.0*
RouterC(config-if)# *no shutdown*
RouterC(config-if)# *exit*
RouterC(config)# *ip route 172.16.0.0 255.255.255.0 10.0.0.2*

! 以下为所有非直连网段配置静态路由

RouterC(config)# *ip route 192.168.0.0 255.255.255.0 10.0.0.2*
RouterC(config)# *ip route 192.168.1.0 255.255.255.0 10.0.0.2*
RouterC(config)# *ip route 192.168.2.0 255.255.255.0 10.0.0.2*
RouterC(config)# *ip route 192.168.3.0 255.255.255.0 10.0.0.2*
RouterC(config)# *ip route 192.168.4.0 255.255.255.0 10.0.0.2*
RouterC(config)# *ip route 192.168.88.0 255.255.255.0 10.0.0.2*
RouterC(config)# *ip route 172.16.1.0 255.255.255.0 10.0.1.2*
RouterC(config)# *ip route 192.168.5.0 255.255.255.0 10.0.1.2*
RouterC(config)# *ip route 192.168.6.0 255.255.255.0 10.0.1.2*
RouterC(config)# *ip route 192.168.7.0 255.255.255.0 10.0.1.2*
RouterC(config)# *ip route 192.168.8.0 255.255.255.0 10.0.1.2*
RouterC(config)# *ip route 192.168.9.0 255.255.255.0 10.0.1.2*
RouterC(config)# *ip route 192.168.87.0 255.255.255.0 10.0.1.2*
RouterC(config)# *ip route 0.0.0.0 0.0.0.0 10.0.2.2* ! 默认路由
RouterC(config)# *ip routing*
RouterC(config)# *exit*
RouterC# *write memory*

查看静态路由是否配置正确，在超级终端程序的特权模式下输入以下命令：

RouterC# *show ip route*

查看结果如下所示：

```
RouterC# show ip route
Codes: C - connected, S - static, R - RIP, B - BGP
       O - OSPF, IA - OSPF inter area
       N1 - OSPF NSSA external type 1, N2 - OSPF NSSA external type 2
       E1 - OSPF external type 1, E2 - OSPF external type 2
       i - IS-IS, su - IS-IS summary, L1 - IS-IS level-1, L2 - IS-IS level-2
       ia - IS-IS inter area, * - candidate default
       Gateway of last resort is 10.0.2.2 to network 0.0.0.0
S*     0.0.0.0/0 [1/0] via 10.0.2.2
C      10.0.0.0/24 is directly connected, Serial 2/0
C      10.0.0.1/32 is local host.
C      10.0.1.0/24 is directly connected, Serial 3/0
C      10.0.1.1/32 is local host.
C      10.0.2.0/24 is directly connected, FastEthernet 0/0
C      10.0.2.1/32 is local host.
S      172.16.0.0/24 [1/0] via 10.0.0.2
```

```
S    172. 16. 1. 0/24 [1/0] via 10. 0. 1. 2
S    192. 168. 0. 0/24 [1/0] via 10. 0. 0. 2
S    192. 168. 1. 0/24 [1/0] via 10. 0. 0. 2
S    192. 168. 2. 0/24 [1/0] via 10. 0. 0. 2
S    192. 168. 3. 0/24 [1/0] via 10. 0. 0. 2
S    192. 168. 4. 0/24 [1/0] via 10. 0. 0. 2
S    192. 168. 88. 0/24 [1/0] via 10. 0. 0. 2
S    192. 168. 5. 0/24 [1/0] via 10. 0. 1. 2
S    192. 168. 6. 0/24 [1/0] via 10. 0. 1. 2
S    192. 168. 7. 0/24 [1/0] via 10. 0. 1. 2
S    192. 168. 8. 0/24 [1/0] via 10. 0. 1. 2
S    192. 168. 9. 0/24 [1/0] via 10. 0. 1. 2
S    192. 168. 87. 0/24 [1/0] via 10. 0. 1. 2
RouterC#
```

4.1.6 子任务 6：路由器 D 的配置

【完成目标】

本子任务完成路由器 D 的静态路由配置。路由器 D 为处于网络最外边的边界路由器，直接与 ISP 相连，其静态路由配置与其他几台路由器的配置方法基本相同。

【实施步骤】

用任意一台计算机的串行口线接入路由器 D 的 console 口上，使用超级终端程序，在其命令行窗口下输入以下黑色斜体字命令。参考配置命令如下：

```
Router>enable
Password：
Router# conf t
Router(config)# hostname RouterD
RouterD(config)# interface f0/0          ! 接路由器 C
RouterD(config-if)# ip address 10. 0. 2. 2   255. 255. 255. 0
RouterD(config-if)# no shutdown
RouterD(config-if)# exit
RouterD(config)# interface s1/2          ! 接 ISP
RouterD(config-if)# ip address 210. 30. 108. 1   255. 255. 255. 0       ! 由 ISP 分配 IP 地址
RouterD(config-if)# no shutdown
RouterD(config-if)# exit
RouterD(config)# ip route 10. 0. 0. 0   255. 255. 255. 0   10. 0. 2. 1
                                          ! 以下为所有非直连网段配置静态路由
RouterD(config)# ip route 10. 0. 1. 0   255. 255. 255. 0   10. 0. 2. 1
RouterD(config)# ip route 172. 16. 0. 0   255. 255. 255. 0   10. 0. 2. 1
RouterD(config)# ip route 172. 16. 1. 0   255. 255. 255. 0   10. 0. 2. 1
RouterD(config)# ip route 192. 168. 0. 0   255. 255. 255. 0   10. 0. 2. 1
RouterD(config)# ip route 192. 168. 1. 0   255. 255. 255. 0   10. 0. 2. 1
```

RouterD(config)＃ *ip route 192.168.2.0   255.255.255.0   10.0.2.1*

RouterD(config)＃ *ip route 192.168.3.0   255.255.255.0   10.0.2.1*

RouterD(config)＃ *ip route 192.168.4.0   255.255.255.0   10.0.2.1*

RouterD(config)＃ *ip route 192.168.5.0   255.255.255.0   10.0.2.1*

RouterD(config)＃ *ip route 192.168.6.0   255.255.255.0   10.0.2.1*

RouterD(config)＃ *ip route 192.168.7.0   255.255.255.0   10.0.2.1*

RouterD(config)＃ *ip route 192.168.8.0   255.255.255.0   10.0.2.1*

RouterD(config)＃ *ip route 192.168.9.0   255.255.255.0   10.0.2.1*

RouterD(config)＃ *ip route 192.168.87.0   255.255.255.0   10.0.2.1*

RouterD(config)＃ *ip route 192.168.88.0   255.255.255.0   10.0.2.1*

RouterD(config)＃ *ip route 0.0.0.0   0.0.0.0   s1/2*   ！缺省路由指向外网

RouterD(config)＃ *ip routing*

RouterD(config)＃ *exit*

RouterD＃ *write memory*

配置完毕后,输入以下命令查询路由器 D 的静态路由配置:

RouterD＃ *show ip route*

路由器 D 的静态路由表如下所示:

```
RouterD＃ show ip route
Codes： C - connected, S - static, R - RIP, B - BGP
        O - OSPF, IA - OSPF inter area
        N1 - OSPF NSSA external type 1, N2 - OSPF NSSA external type 2
        E1 - OSPF external type 1, E2 - OSPF external type 2
        i - IS-IS, su - IS-IS summary, L1 - IS-IS level-1, L2 - IS-IS level-2
        ia - IS-IS inter area, * - candidate default
        Gateway of last resort is 0.0.0.0 to network 0.0.0.0
S*   0.0.0.0/0 is directly connected, Serial 2/0
S    10.0.0.0/24 [1/0] via 10.0.2.1
S    10.0.1.0/24 [1/0] via 10.0.2.1
C    10.0.2.0/24 is directly connected, FastEthernet 0/0
C    10.0.2.2/32 is local host.
S    172.16.0.0/24 [1/0] via 10.0.2.1
S    172.16.1.0/24 [1/0] via 10.0.2.1
S    192.168.0.0/24 [1/0] via 10.0.2.1
S    192.168.1.0/24 [1/0] via 10.0.2.1
S    192.168.2.0/24 [1/0] via 10.0.2.1
S    192.168.3.0/24 [1/0] via 10.0.2.1
S    192.168.4.0/24 [1/0] via 10.0.2.1
S    192.168.5.0/24 [1/0] via 10.0.2.1
S    192.168.6.0/24 [1/0] via 10.0.2.1
S    192.168.7.0/24 [1/0] via 10.0.2.1
S    192.168.8.0/24 [1/0] via 10.0.2.1
```

```
S      192.168.9.0/24 [1/0] via 10.0.2.1
S      192.168.87.0/24 [1/0] via 10.0.2.1
S      192.168.88.0/24 [1/0] via 10.0.2.1
C      210.30.108.0/24 is directly connected, Serial 2/0
C      210.30.108.1/32 is local host.
RouterD#
```

【配置命令总结】

1. 配置静态路由仅需一条命令：ip route

该命令要在全局模式下使用，如：

Switch(config)# ip route 192.168.1.0   255.255.255.0   172.16.10.2

上述命令中，ip route 为关键字，用来定义路由。后面的网络号 192.168.1.0 和子网掩码 255.255.255.0 表示目的网络，也就是该条路由去往的网络。最后一个 IP 地址表示下一跳地址。所谓"下一跳"，就是数据包从本路由器输出，沿着某一条线路，进入到下一个路由器的输入端口，该输入路由器就称为"下一跳"路由器，其入口 IP 地址就是"下一跳"地址。

2. 在本任务中，核心交换机为三层交换机，每台交换机需要一个三层端口与每组各自的边界路由器相连，需要启动端口的三层功能。三层交换机端口默认为二层口，如果需要启用三层功能就需要在此端口输入 no switchport 命令，该命令要在接口模式下使用，如：

Switch(config)# interface f0/2

Switch(config-if)# no switchport

上述命令中，关键字 interface 指定交换机某一端口，关键字 no switchport 表示关闭其二层功能，同时启动其三层功能，这样就可以给该端口分配 IP 地址了。二层端口是不能分配 IP 地址的。

在本次任务中，我们在每台路由设备中都加入了一条默认路由，也叫缺省路由。如果路由表中没有匹配的路由条目，那么就按照缺省路由找到下一条地址。默认路由的网络号和子网掩码都是全 0。

3. 为路由器的串行口配置时钟速率。两台路由器之间的连线，一端为 DTE(数据终端设备)，一端为 DCE(数据通信设备)。DTE 通常表示客户端，而 DCE 通常表示电信端，一般都是在电信端设置时钟速率。设置命令需要在接口模式下使用，如：

Router(config)# interface s1/2

Router(config-if)# clock rate 64000

表示时钟速率为 64k，DTE 端会根据这个速率自动进行调整。

4. 启动路由转发，该命令在全局模式下使用，如：

Router(config)# ip routing

不同厂家的出厂设置可能不同，对于 CISCO 设备，缺省情况下，路由功能是关闭的，因而，需要 ip routing 命令来打开。而锐捷网络设备缺省情况下是打开的，因而，上述命令在配置中可以省略。为安全起见，我们都打开一遍，以防路由功能处于关闭状态。

5. 给路由器端口分配 IP 地址，该命令在接口模式下使用，如：

Router(config)# interface s1/2

Router(config-if)# ip address 192.168.1.10   255.255.255.0

Router(config-if)♯　interface f0/1

Router(config-if)♯　ip address 172.16.4.10　　255.255.255.0

6.查询路由表命令:show ip route,该命令需要在特权模式下使用,如:

Router♯　show ip route

4.2　任务二:动态路由配置

【任务描述】

本任务主要是为项目中的各台网络设备配置动态路由协议。在上述静态路由配置中,需要根据网络拓扑结构,为每个网段配置一条静态路由。如果网络拓扑发生变化,路由表需要手工重新更改,比较麻烦。如果管理员疏忽,就有可能导致网络不通。因此,为了更好地适应网络的拓扑变化,最好配置动态路由协议,如 OSPF 动态路由协议,可以很好地适应网络拓扑的变化。在上述静态路由配置中,我们都是用 write memory 命令保存配置数据。如果进行动态路由配置,则需要删除上述静态路由配置信息,具体删除方法可以参考网络设备手册。在以下的叙述中,假定网络设备保存缺省配置信息,而没有任何静态路由配置信息。各台网络设备的各端口 IP 地址与前述静态路由配置时相同,这里不再配置,如有需要可以参考上述静态路由配置中有关 IP 地址的配置命令。

【配置流程图】

动态路由配置流程图如图 4-2 所示。

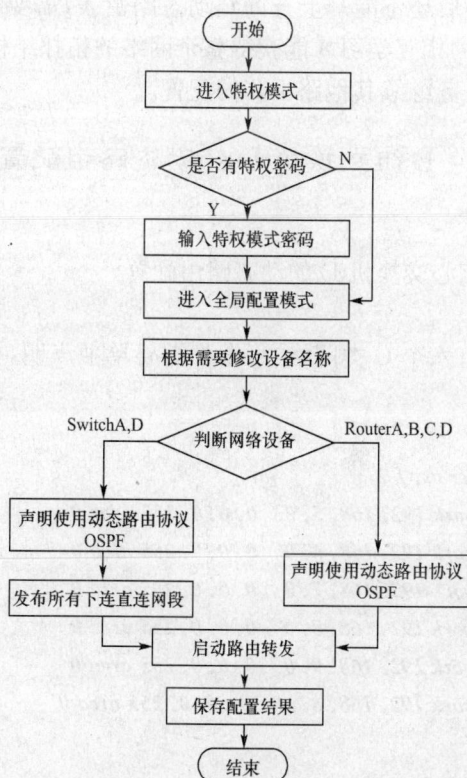

图 4-2　动态路由配置流程图

4.2.1　子任务 1：A 组交换机 A 的动态路由配置

【完成目标】

本子任务完成 A 组核心交换机 A 的动态路由配置。

【实施步骤】

交换机 A 直接连有六个 C 类网络，每个都需要单独进行网络信息发布，另外一个直接与路由器 A 相连的 B 类网络，不需要声明。参考命令如下：

SwitchA# *conf t*

SwitchA(config)# *router ospf 1*　　　! 使用 ospf 动态路由协议，进程号为 1。

SwitchA(config)# *network 192.168.0.0　0.0.0.255 area 0*

　! 发布一个 C 类网络 192.168.0.0/24，区域号 0，0.0.0.255 为通配符，是子网掩码的反码。

SwitchA(config)# *network 192.168.1.0　0.0.0.255 area 0*

SwitchA(config)# *network 192.168.2.0　0.0.0.255 area 0*

SwitchA(config)# *network 192.168.3.0　0.0.0.255 area 0*

SwitchA(config)# *network 192.168.4.0　0.0.0.255 area 0*

SwitchA(config)# *network 192.168.88.0　0.0.0.255 area 0*

SwitchA(config)# *exit*

SwitchA# *write memory*

单台路由器配置完毕后还不能马上查询到动态路由表，需要网络内全部路由器都配置完毕后，经过一段时间的相互学习才能获得整个网络的拓扑结构，这时查询动态路由表才是正确的。下面各子任务继续其他路由器的配置。

4.2.2　子任务 2：B 组交换机 D 的动态路由配置

【完成目标】

本子任务完成 B 组核心交换机 D 的动态路由配置。

【实施步骤】

交换机 D 也直接连有六个 C 类网络，每个都需要单独声明，其中一个 B 类网络不需要声明，参考命令如下：

SwitchD# *conf t*

SwitchD(config)# *router ospf 2*

SwitchD(config)# *network 192.168.5.0　0.0.0.255 area 0*

SwitchD(config)# *network 192.168.6.0　0.0.0.255 area 0*

SwitchD(config)# *network 192.168.7.0　0.0.0.255 area 0*

SwitchD(config)# *network 192.168.8.0　0.0.0.255 area 0*

SwitchD(config)# *network 192.168.9.0　0.0.0.255 area 0*

SwitchD(config)# *network 192.168.87.0　0.0.0.255 area 0*

SwitchD(config)# *exit*

SwitchD# *write memory*

4.2.3 子任务 3：A 组路由器 A 的动态路由配置

【完成目标】

本子任务完成 A 组边界路由器 A 的动态路由配置。

【实施步骤】

路由器 A 直连两个网段，其中一个网段与路由器 C 相连，一个网段与交换机 A 相连，都不需要声明，参考命令如下：

RouterA # *conf t*

RouterA(config) # *router ospf 3*

RouterA(config) # *network 172.16.0.0   0.0.0.255 area 0*

RouterA(config) # *exit*

4.2.4 子任务 4：B 组路由器 B 的动态路由配置

【完成目标】

本子任务完成 B 组核心路由器 B 的动态路由配置。

【实施步骤】

路由器 B 直连两个网段，其中一个网段与路由器 C 相连，一个网段与交换机 D 相连，都不需要声明，参考命令如下：

RouterB # *conf t*

RouterB(config) # *router ospf 4*

RouterB(config) # *exit*

4.2.5 子任务 5：路由器 C 的动态路由配置

【完成目标】

本子任务完成联网路由器 C 的动态路由配置。

【实施步骤】

路由器 C 直连两个网段，两个网段都与路由器相连，不需要声明，所以，路由器 C 仅需指明使用 OSPF 动态路由协议，参考命令如下：

RouterC # *conf t*

RouterC(config) # *router ospf 5*

RouterC(config) # *exit*

4.2.6 子任务 6：路由器 D 的动态路由配置

【完成目标】

本子任务完成边界路由器 D 的动态路由配置。

【实施步骤】

路由器 D 直连两个网段，两个网段都与路由器相连，不需要声明，所以，路由器 D 仅

需指明使用 OSPF 动态路由协议,参考命令如下:

RouterD # *conf t*

RouterD(config) # *router ospf 6*

RouterD(config) # *exit*

4.2.7　子任务 7:各台路由器的配置验证测试

【完成目标】

本子任务完成各台路由器的动态路由配置验证工作。当所有网络设备均配置完毕后,经适当时间,各台网络设备之间相互学习,最后形成各自的路由表。

【实施步骤】

要查看各台网络设备的路由表,使用任意一台计算机,将其串行口线插入需要查询的交换机或路由器的 console 口上,在计算机的超级终端程序的特权模式下输入查询命令。

如:要查询交换机 A 的路由表,就输入以下命令:

SwitchA # *show ip route*

各台网络设备的动态路由表分别如下所示:

交换机 A 的路由表如下:

```
SwitchA # show ip route
Codes: C - connected, S - static, R - RIP, B - BGP
    O - OSPF, IA - OSPF inter area
    N1 - OSPF NSSA external type 1, N2 - OSPF NSSA external type 2
    E1 - OSPF external type 1, E2 - OSPF external type 2
    i - IS-IS, su - IS-IS summary, L1 - IS-IS level-1, L2 - IS-IS level-2
    ia - IS-IS inter area, * - candidate default
    Gateway of last resort is 172.16.0.2 to network 0.0.0.0
O*  E2 0.0.0.0/0 [110/1] via 172.16.0.2, 00:35:22, FastEthernet 0/15
O   10.0.0.0/24 [110/51] via 172.16.0.2, 00:11:49, FastEthernet 0/15
O   10.0.1.0/24 [110/101] via 172.16.0.2, 00:10:41, FastEthernet 0/15
O   10.0.2.0/24 [110/52] via 172.16.0.2, 03:17:14, FastEthernet 0/15
C   172.16.0.0/24 is directly connected, FastEthernet 0/15
C   172.16.0.3/32 is local host.
O   172.16.1.0/24 [110/102] via 172.16.0.2, 0   0:10:41, FastEthernet 0/15
C   192.168.0.0/24 is directly connected, VLAN 2
C   192.168.0.1/32 is local host.
C   192.168.1.0/24 is directly connected, VLAN 3
C   192.168.1.1/32 is local host.
C   192.168.2.0/24 is directly connected, VLAN 4
C   192.168.2.1/32 is local host.
C   192.168.3.0/24 is directly connected, VLAN 5
```

```
C    192.168.3.1/32 is local host.
C    192.168.4.0/24 is directly connected, VLAN 6
C    192.168.4.1/32 is local host.
C    192.168.88.0/24 is directly connected, VLAN 1
C    192.168.88.1/32 is local host.
O    192.168.5.0/24 [110/103] via 172.16.0.2, 00:10:41, FastEthernet 0/15
O    192.168.6.0/24 [110/103] via 172.16.0.2, 00:10:41, FastEthernet 0/15
O    192.168.7.0/24 [110/103] via 172.16.0.2, 00:10:41, FastEthernet 0/15
O    192.168.8.0/24 [110/103] via 172.16.0.2, 00:10:41, FastEthernet 0/15
O    192.168.9.0/24 [110/103] via 172.16.0.2, 00:10:41, FastEthernet 0/15
O    192.168.87.0/24 [110/103] via 172.16.0.2, 00:10:41, FastEthernet 0/15
SwitchA#
```

交换机 D 的路由表如下：

```
SwitchD# show ip route
Codes: C - connected, S - static, R - RIP B - BGP
    O - OSPF, IA - OSPF inter area
    N1 - OSPF NSSA external type 1, N2 - OSPF NSSA external type 2
    E1 - OSPF external type 1, E2 - OSPF external type 2
    i  IS IS, L1 - IS-IS level-1, L2 - IS-IS level-2, ia - IS-IS inter area
    * - candidate default
Gateway of last resort is 172.16.1.2 to network 0.0.0.0
O*   E2 0.0.0.0/0 [110/1] via 172.16.1.2, 00:36:50, FastEthernet 0/15
O    10.0.0.0/24 [110/101] via 172.16.1.2, 00:09:10, FastEthernet 0/15
O    10.0.1.0/24 [110/51] via 172.16.1.2, 00:10:07, FastEthernet 0/15
O    10.0.2.0/24 [110/52] via 172.16.1.2, 03:20:30, FastEthernet 0/15
O    172.16.0.0/24 [110/102] via 172.16.1.2, 00:09:00, FastEthernet 0/15
C    172.16.1.0/24 is directly connected, FastEthernet 0/5
C    172.16.1.3/32 is local host.
O    192.168.0.0/24 [110/103] via 172.16.1.2, 00:09:00, FastEthernet 0/15
O    192.168.1.0/24 [110/103] via 172.16.1.2, 00:09:00, FastEthernet 0/15
O    192.168.2.0/24 [110/103] via 172.16.1.2, 00:09:00, FastEthernet 0/15
O    192.168.3.0/24 [110/103] via 172.16.1.2, 00:09:00, FastEthernet 0/15
O    192.168.4.0/24 [110/103] via 172.16.1.2, 00:09:00, FastEthernet 0/15
O    192.168.88.0/24 [110/103] via 172.16.1.2, 00:09:00, FastEthernet 0/15
C    192.168.5.0/24 is directly connected, VLAN 7
C    192.168.5.1/32 is local host.
C    192.168.6.0/24 is directly connected, VLAN 8
C    192.168.6.1/32 is local host.
C    192.168.7.0/24 is directly connected, VLAN 9
C    192.168.7.1/32 is local host.
```

```
C      192.168.8.0/24 is directly connected，VLAN 10
C      192.168.8.1/32 is local host.
C      192.168.9.0/24 is directly connected，VLAN 11
C      192.168.9.1/32 is local host.
C      192.168.87.0/24 is directly connected，VLAN 1
C      192.168.87.1/32 is local host.
SwitchD#
```

路由器 A 的动态路由表如下：

```
RouterA# show ip route
Codes：C - connected，S - static，R - RIP，B - BGP
       O - OSPF，IA - OSPF inter area
       N1 - OSPF NSSA external type 1，N2 - OSPF NSSA external type 2
       E1 - OSPF external type 1，E2 - OSPF external type 2
       i - IS-IS，su - IS-IS summary，L1 - IS-IS level-1，L2 - IS-IS level-2
       ia - IS-IS inter area，* - candidate default
       Gateway of last resort is 10.0.0.1 to network 0.0.0.0
O*     E2 0.0.0.0/0 [110/1] via 10.0.0.1，00:39:10，Serial 2/0
C      10.0.0.0/24 is directly connected，Serial 2/0
C      10.0.0.2/32 is local host.
O      10.0.1.0/24 [110/100] via 10.0.0.1，00:13:14，Serial 2/0
O      10.0.2.0/24 [110/51] via 10.0.0.1，03:22:49，Serial 2/0
C      172.16.0.0/24 is directly connected，FastEthernet 0/0
C      172.16.0.2/32 is local host.
O      172.16.1.0/24 [110/101] via 10.0.0.1，00:13:14，Serial 2/0
O      192.168.0.0/24 [110/2] via 172.16.0.3，00:19:51，FastEthernet 0/0
O      192.168.1.0/24 [110/2] via 172.16.0.3，00:19:51，FastEthernet 0/0
O      192.168.2.0/24 [110/2] via 172.16.0.3，00:19:51，FastEthernet 0/0
O      192.168.3.0/24 [110/2] via 172.16.0.3，00:19:51，FastEthernet 0/0
O      192.168.4.0/24 [110/2] via 172.16.0.3，00:19:51，FastEthernet 0/0
O      192.168.88.0/24 [110/2] via 172.16.0.3，00:19:51，FastEthernet 0/0
O      192.168.5.0/24 [110/102] via 10.0.0.1，00:13:14，Serial 2/0
O      192.168.6.0/24 [110/102] via 10.0.0.1，00:13:14，Serial 2/0
O      192.168.7.0/24 [110/102] via 10.0.0.1，00:13:14，Serial 2/0
O      192.168.8.0/24 [110/102] via 10.0.0.1，00:13:14，Serial 2/0
O      192.168.9.0/24 [110/102] via 10.0.0.1，00:13:14，Serial 2/0
O      192.168.87.0/24 [110/102] via 10.0.0.1，00:13:14，Serial 2/0
RouterA#
```

路由器 B 的动态路由表如下：

```
RouterB# show ip route
Codes：C - connected，S - static，R - RIP，B - BGP
       O - OSPF，IA - OSPF inter area
```

N1 - OSPF NSSA external type 1，N2 - OSPF NSSA external type 2

E1 - OSPF external type 1，E2 - OSPF external type 2

i - IS-IS，su - IS-IS summary，L1 - IS-IS level-1，L2 - IS-IS level-2

ia - IS-IS inter area，* - candidate default

Gateway of last resort is 10.0.1.1 to network 0.0.0.0

O* E2 0.0.0.0/0 [110/1] via 10.0.1.1, 00:40:54, Serial 2/0

O   10.0.0.0/24 [110/100] via 10.0.1.1, 00:14:38, Serial 2/0

C   10.0.1.0/24 is directly connected, Serial 2/0

C   10.0.1.2/32 is local host.

O   10.0.2.0/24 [110/51] via 10.0.1.1, 03:24:35, Serial 2/0

O   172.16.0.0/24 [110/101] via 10.0.1.1, 00:14:27, Serial 2/0

C   172.16.1.0/24 is directly connected, FastEthernet 0/0

C   172.16.1.2/32 is local host.

O   192.168.0.0/24 [110/102] via 10.0.1.1, 00:14:27, Serial 2/0

O   192.168.1.0/24 [110/102] via 10.0.1.1, 00:14:27, Serial 2/0

O   192.168.2.0/24 [110/102] via 10.0.1.1, 00:14:27, Serial 2/0

O   192.168.3.0/24 [110/102] via 10.0.1.1, 00:14:27, Serial 2/0

O   192.168.4.0/24 [110/102] via 10.0.1.1, 00:14:27, Serial 2/0

O   192.168.88.0/24 [110/102] via 10.0.1.1, 00:14:27, Serial 2/0

O   192.168.5.0/24 [110/2] via 172.16.1.3, 00:19:39, FastEthernet 0/0

O   192.168.6.0/24 [110/2] via 172.16.1.3, 00:19:39, FastEthernet 0/0

O   192.168.7.0/24 [110/2] via 172.16.1.3, 00:19:39, FastEthernet 0/0

O   192.168.8.0/24 [110/2] via 172.16.1.3, 00:19:39, FastEthernet 0/0

O   192.168.9.0/24 [110/2] via 172.16.1.3, 00:19:39, FastEthernet 0/0

O   192.168.87.0/24 [110/2] via 172.16.1.3, 00:19:39, FastEthernet 0/0

RouterB#

路由器 C 的动态路由表如下：

RouterC# show ip route

Codes：C - connected，S - static，R - RIP，B - BGP

O - OSPF，IA - OSPF inter area

N1 - OSPF NSSA external type 1，N2 - OSPF NSSA external type 2

E1 - OSPF external type 1，E2 - OSPF external type 2

i - IS-IS，su - IS-IS summary，L1 - IS-IS level-1，L2 - IS-IS level-2

ia - IS-IS inter area，* - candidate default

Gateway of last resort is 10.0.2.2 to network 0.0.0.0

O* E2 0.0.0.0/0 [110/1] via 10.0.2.2, 00:41:52, FastEthernet 0/0

C   10.0.0.0/24 is directly connected, Serial 2/0

C   10.0.0.1/32 is local host.

C   10.0.1.0/24 is directly connected, Serial 3/0

C   10.0.1.1/32 is local host.

```
C      10.0.2.0/24 is directly connected，FastEthernet 0/0
C      10.0.2.1/32 is local host.
O      172.16.0.0/24 [110/51] via 10.0.0.2，17:29:10，Serial 2/0
O      172.16.1.0/24 [110/51] via 10.0.1.2，17:29:10，Serial 3/0
O      192.168.0.0/24 [110/52] via 10.0.0.2，17:29:10，Serial 2/0
O      192.168.1.0/24 [110/52] via 10.0.0.2，17:29:10，Serial 2/0
O      192.168.2.0/24 [110/52] via 10.0.0.2，17:29:10，Serial 2/0
O      192.168.3.0/24 [110/52] via 10.0.0.2，17:29:10，Serial 2/0
O      192.168.4.0/24 [110/52] via 10.0.0.2，17:29:10，Serial 2/0
O      192.168.88.0/24 [110/52] via 10.0.0.2，17:29:10，Serial 2/0
O      192.168.5.0/24 [110/52] via 10.0.1.2，17:29:10，Serial 3/0
O      192.168.6.0/24 [110/52] via 10.0.1.2，17:29:10，Serial 3/0
O      192.168.7.0/24 [110/52] via 10.0.1.2，17:29:10，Serial 3/0
O      192.168.8.0/24 [110/52] via 10.0.1.2，17:29:10，Serial 3/0
O      192.168.9.0/24 [110/52] via 10.0.1.2，17:29:10，Serial 3/0
O      192.168.87.0/24 [110/52] via 10.0.1.2，17:29:10，Serial 3/0
RouterC#
```

路由器 D 的动态路由表如下：

```
RouterD# show ip route
Codes：C - connected，S - static，R - RIP，B - BGP
       O - OSPF，IA - OSPF inter area
       N1 - OSPF NSSA external type 1，N2 - OSPF NSSA external type 2
       E1 - OSPF external type 1，E2 - OSPF external type 2
       i - IS-IS，su - IS-IS summary，L1 - IS-IS level-1，L2 - IS-IS level-2
       ia - IS-IS inter area，* - candidate default
       Gateway of last resort is 0.0.0.0 to network 0.0.0.0
S*     0.0.0.0/0 is directly connected，Serial 2/0
O      10.0.0.0/24 [110/51] via 10.0.2.1，00:55:55，FastEthernet 0/0
O      10.0.1.0/24 [110/51] via 10.0.2.1，00:55:55，FastEthernet 0/0
C      10.0.2.0/24 is directly connected，FastEthernet 0/0
C      10.0.2.2/32 is local host.
O      172.16.0.0/24 [110/52] via 10.0.2.1，00:55:55，FastEthernet 0/0
O      172.16.1.0/24 [110/52] via 10.0.2.1，00:55:55，FastEthernet 0/0
O      192.168.0.0/24 [110/53] via 10.0.2.1，00:55:55，FastEthernet 0/0
O      192.168.1.0/24 [110/53] via 10.0.2.1，00:55:55，FastEthernet 0/0
O      192.168.2.0/24 [110/53] via 10.0.2.1，00:55:55，FastEthernet 0/0
O      192.168.3.0/24 [110/53] via 10.0.2.1，00:55:55，FastEthernet 0/0
O      192.168.4.0/24 [110/53] via 10.0.2.1，00:55:55，FastEthernet 0/0
O      192.168.5.0/24 [110/53] via 10.0.2.1，00:55:55，FastEthernet 0/0
O      192.168.6.0/24 [110/53] via 10.0.2.1，00:55:55，FastEthernet 0/0
O      192.168.7.0/24 [110/53] via 10.0.2.1，00:55:55，FastEthernet 0/0
```

O　　**192.168.8.0/24** [110/53] via 10.0.2.1, 00:55:55, FastEthernet 0/0

O　　**192.168.9.0/24** [110/53] via 10.0.2.1, 00:55:55, FastEthernet 0/0

O　　**192.168.87.0/24** [110/53] via 10.0.2.1, 00:55:55, FastEthernet 0/0

O　　**192.168.88.0/24** [110/53] via 10.0.2.1, 00:55:55, FastEthernet 0/0

C　　210.30.108.0/24 is directly connected, Serial 2/0

C　　210.30.108.1/32 is local host.

RouterD#

【配置命令总结】

配置动态路由一般需要两条命令:一条用于选择路由协议;另一条用来发布直连网段。该命令要在全局模式下使用,如:

Router(config)# router ospf 100

Router(config)# network 192.168.1.0　　0.0.0.255 area 0

Router(config)# network 172.16.12.0　　0.0.0.255 area 0

上述命令中,关键字 router,用来指定路由协议,如:rip,ospf,eigp 等。参数 100 用来表示动态路由协议的进程号,仅在本地路由器内部有效。关键字 network 用来发布路由器的直连网段。所谓直连网段是指路由器(或三层交换机)内网一侧的所有网段,路由器能够直接认识到,查询路由表时,该条目的左边会以字母 C 来表示。路由设备之间的网段是不需要发布的。也就是说,网络中,每台路由器仅发布与自己单独相连的网络,如果没有这样的网络则什么都不需要发布,仅需指定使用何种路由协议即可。

4.3　任务三:NAT 的配置

【任务描述】

本任务是在边界路由器 D 上部署 NAT。

在局域网中,内网 IP 地址往往采用私有 IP,为了使内网的计算机都能访问外网,通常采用网络地址转换(NAT)的方式来达到私有 IP 和公网 IP 的转换。同时可以让少量外网地址复用,以满足内网计算机上网的需要。采用 NAT 技术一般分为静态和动态转换两种方式。静态方式是用一个外网地址对应一个内网地址,这个外网地址就被内网设备专用,其他的设备不能共享。而动态方式,就是外网地址可以被内网多台设备共享,最常用的就是所谓的端口转换方式 PNAT(Port-Level NAT)。

在本实训项目中,我们使用 PNAT 端口复用技术来实现内网主机通过一个外网 IP 访问互联网,同时使用静态方式将一个外网地址固定映射到内网服务器上,供外网访问。

【配置流程图】

网络地址转换(NAT)配置流程图如图 4-3 所示。

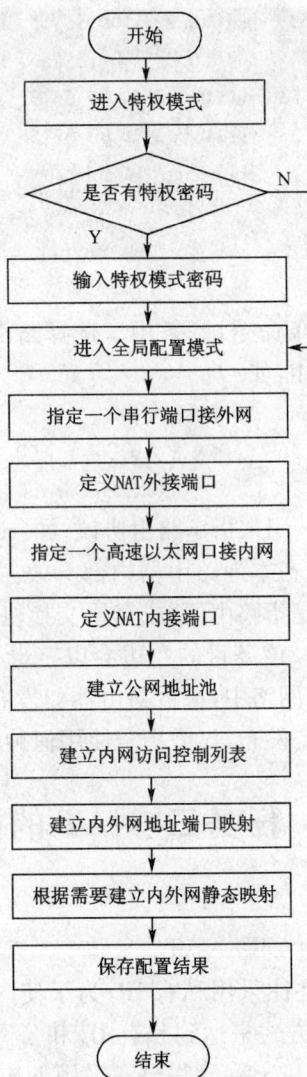

图 4-3　NAT 配置流程图

4.3.1　子任务 1：动态 NET 配置

【完成目标】

本子任务先建立公网地址池及访问控制列表,定义公网地址池为 210.30.108.1～210.30.108.1(本例中我们只有一个外网地址),这个地址池就是内网所有计算机共享的外网地址,接着建立访问控制列表,最后配置动态地址转换。

【实施步骤】

1. 建立地址池

地址池的配置参考如下:

```
RouterD# conf t
RouterD(config)# int s2/0        ！指定路由器 D 的串行口 s2/0 为外部连接口,连接 ISP
```

RouterD(config-if)♯ *ip nat outside*   ！指明 NAT 的外接端口

RouterD(config-if)♯ *no shutdown*

RouterD(config-if)♯ *exit*

RouterD(config)♯ *int f0/0*   ！指定路由器 D 的以太网口 F0/0 为内部连接口,连接内网

RouterD(config-if)♯ *ip nat inside*   ！指明 NAT 的内网端口

RouterD(config-if)♯ *no shutdown*

RouterD(config-if)♯ *exit*

RouterD(config)♯ *ip nat pool wl 210.30.108.1   210.30.108.1 netmask 255.255.255.0*

！建立地址池,名称为 wl,地址范围是:210.30.108.1/24～210.30.108.1/24(本例中我们只有一个外网地址)

2. 建立访问控制列表,用来确定内网可以访问外网的 IP 地址范围。参考配置如下:

RouterD(config)♯ *access-list 10 permit 192.168.0.0   0.0.0.255*

！建立访问控制列表,指定允许访问外网的网络号

RouterD(config)♯ *access-list 10 permit 192.168.1.0   0.0.0.255*

RouterD(config)♯ *access-list 10 permit 192.168.2.0   0.0.0.255*

RouterD(config)♯ *access-list 10 permit 192.168.3.0   0.0.0.255*

RouterD(config)♯ *access-list 10 permit 192.168.4.0   0.0.0.255*

RouterD(config)♯ *access-list 10 permit 192.168.5.0   0.0.0.255*

RouterD(config)♯ *access-list 10 permit 192.168.6.0   0.0.0.255*

RouterD(config)♯ *access-list 10 permit 192.168.7.0   0.0.0.255*

RouterD(config)♯ *access-list 10 permit 192.168.8.0   0.0.0.255*

RouterD(config)♯ *access-list 10 permit 192.168.9.0   0.0.0.255*

RouterD(config)♯ *access-list 10 permit 192.168.87.0   0.0.0.255*

RouterD(config)♯ *access-list 10 permit 192.168.88.0   0.0.0.255*

3. 建立内外网地址转换,操作如下:

RouterD(config)♯ *ip nat inside source list 10 pool wl overload*

！关键字 overload 表示 PNAT,即端口映射方式复用同一个外网地址

4.3.2 子任务 2:静态 NAT 配置

【完成目标】

本子任务用来建立静态地址映射。在本实训项目中,A 组和 B 组都各有一台服务器,这两台服务器都需要一个固定的外网 IP 地址,供外网访问。为此我们申请两个外网 IP 地址:210.30.108.11/24 和 210.30.108.12/24,供两台服务器使用。下面的配置步骤就是完成两台服务器的静态地址映射。

【实施步骤】

静态 NAT 转换配置命令如下:

RouterD(config)♯ *ip nat inside source static 192.168.4.2   210.30.108.11*

！将外网地址 *210.30.108.11* 静态映射成内网地址 *192.168.4.2*

RouterD(config)♯ *ip nat inside source static 192.168.9.2   210.30.108.12*

！将外网地址 *210.30.108.12* 静态映射成内网地址 *192.168.9.2*

配置完毕后,可用下述命令查询配置:

RouterD# *show run*

查询结果如下所示(有省略):

```
RouterD# sh run
ip access-list standard 10
10 permit 192.168.0.0    0.0.0.255
20 permit 192.168.1.0    0.0.0.255
30 permit 192.168.2.0    0.0.0.255
40 permit 192.168.3.0    0.0.0.255
50 permit 192.168.4.0    0.0.0.255
60 permit 192.168.5.0    0.0.0.255
70 permit 192.168.6.0    0.0.0.255
80 permit 192.168.7.0    0.0.0.255
90 permit 192.168.8.0    0.0.0.255
100 permit 192.168.9.0    0.0.0.255
110 permit 192.168.87.0    0.0.0.255
120 permit 192.168.88.0    0.0.0.255
interface Serial 2/0
    ip nat outside
    ip address 210.30.108.1    255.255.255.0
    clock rate 64000
interface FastEthernet 0/0
    ip nat inside
    ip address 10.0.2.2    255.255.255.0
    duplex auto
    speed auto
ip nat pool wl 210.30.108.1    210.30.108.1 netmask 255.255.255.0
ip nat inside source static 192.168.9.2    210.30.108.12
ip nat inside source static 192.168.4.2    210.30.108.11
ip nat inside source list 10 pool wl overload
RouterD#
```

【配置命令总结】

网络地址转换 NAT 配置,一般配置步骤是:先指定内外端口,用于内外映射,然后建立外网地址池,用于动态选择外网地址;紧接着建立内网访问控制列表,用来限制内网允许访问外网的 IP 地址范围;最后,用一条命令建立内网地址映射。具体包括以下几个命令:

1.定义外网端口命令:ip nat outside ,该命令在接口模式下使用,如:

Router(config)# int s1/2

Router(config-if)# ip nat outside

2.定义内网端口命令:ip nat inside ,该命令在接口模式下使用,如:

Router(config)# int f0/1

Router(config-if)# ip nat inside

3.定义公网地址池命令:ip nat pool ,该命令要在全局模式下使用,如:

Router(config)# ip nat pool pool-name 201.10.11.1   210.10.11.10 netmask 255.255.255.0

上述命令中,ip nat pool 为定义公网地址池的关键字,pool-name 为该地址池的名称,可以任意设定,201.10.11.1 为可用的第一个外网 IP 地址,201.10.11.10 为连续编号的最后一个可用的 IP 地址,中间的 IP 地址可忽略不写。netmask 后面表示对应该外网地址的子网掩码。

4. 建立内外网地址映射命令:

Router(config)# ip nat inside source list access-list-no pool pool_name overload

上述命令中,access-list-no 和 pool_name 分别为访问控制列表的编号及外网地址池的名称,是用户自己设立的,其余都为命令关键字。关键字 overload 表示端口映射,即同一个外网地址,可以同时为多个内网 IP 地址服务,每个内网 IP 将被分配一个不同的端口号,路由器将根据 IP 地址和端口号建立映射表,以保证数据能正确传送到目的地。

模块五

服务器配置

【模块导读】

Windows Server 2003 是微软公司在 2003 年发布的新一代网络和服务器操作系统。该操作系统延续微软的经典视窗界面,同时作为网络操作系统和服务器操作系统,力求高性能、高可靠性和高安全性,尤其针对日趋复杂的企业应用和 Internet 应用对其提出的更高要求。微软的企业级操作系统中,如果说 Windows 2000 全面继承了 NT 技术,那么 Windows Server 2003 则是依据.NET 架构对 NT 技术作了重要发展和实质性改进,凝聚了微软多年来的技术积累,并部分实现了.NET 战略,或者说构筑了.NET 战略中最基础的一环。

Foxmail Server 是一款功能强大的邮件服务器系统,它可以在美观、亲切、易用的全中文 Web 浏览器界面上登录处理邮件。管理员也可以基于 Web 页面进行简单轻松的管理维护,同时还可以进行 SSL 加密认证,此外,系统安装设置也很简便。

在实训任务中使用 Helix Server 作为流媒体服务器。Helix Server 既支持微软的流数据,同时也支持 Real 公司的流数据,也就是说它除了支持 AVI、WMV 格式外还支持当前比较流行的 RMVB、RM、FLV 等格式,同时它又提供了强大的流控制功能。

本实训所完成的网络项目要求能够满足用户在这样的通信系统上实现无纸化办公、业务数据共享、网络公告、多媒体信息服务等网络应用。

【模块要点】

这部分是根据上述实训项目规划,以 Windows Server 2003 为操作平台,完成 Web、FTP、E-mail、流媒体等服务的操作。因此需要在每组服务器上以 Windows Server 2003 操作系统为平台,实现 Web、FTP、E-mail、流媒体等多种服务的操作。另外可以设置 DNS 服务器,实现用户通过域名访问 Web 服务器。

5.1 任务一:Web、FTP 与 DNS 等服务器配置

【任务描述】

根据模块一中对系统服务的规划,需要在这台服务器上使用微软的 Windows Server 2003 自带的 IIS 组件建立一个 Web 站点和一个 FTP 站点,并开启 DNS 服务,为 Web 服务提供域名解析服务。

5.1.1 子任务 1:Web 站点的创建

【完成目标】

利用 IIS 组件配置 Web 服务器和设置虚拟目录并利用 Web 服务器在网上进行发布。要求两个组在自己的服务器上配置 Web 服务器,配置完成后可以在本机和其他不受策略限制的计算机上访问。

【实施步骤】

1. IIS 组件安装

(1)打开"控制面板",选择"添加或删除程序",弹出"添加或删除程序"窗口。

(2)单击窗口中的"添加/删除 Windows 组件"图标,弹出"Windows 组件向导"对话框,如图 5-1 所示。

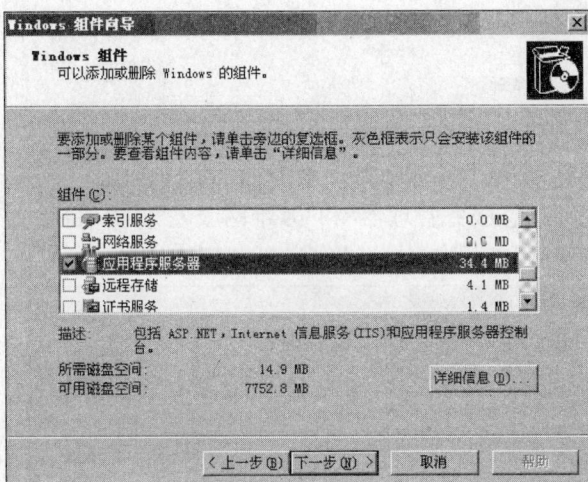

图 5-1 "Windows 组件向导"对话框

(3)选中"Windows 组件向导"中的"应用程序服务器"复选框。单击"详细信息"按钮,弹出"应用程序服务器"对话框,如图 5-2 所示。

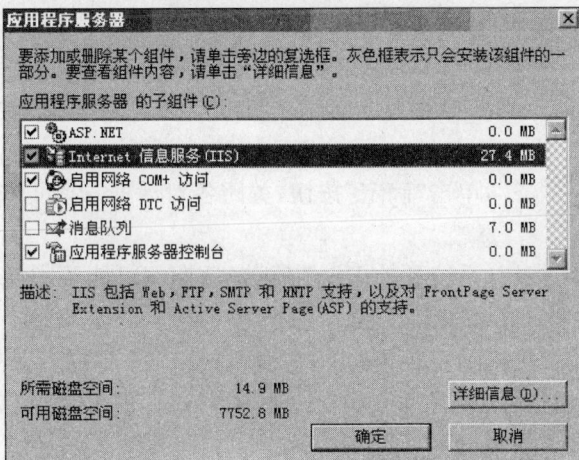

图 5-2 "应用程序服务器"对话框

（4）选择需要的组件，其中"Internet 信息服务（IIS）"和"应用程序服务器控制台"是必须选中的。选中"Internet 信息服务（IIS）"后，再单击"详细信息"按钮，弹出"Internet 信息服务（IIS）"对话框，如图 5-3 所示。

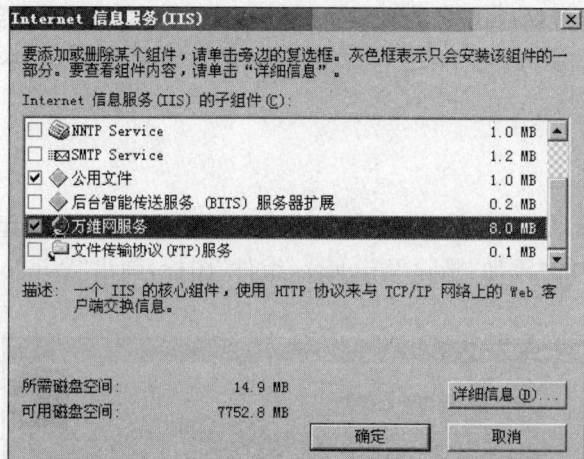

图 5-3　"Internet 信息服务（IIS）"对话框

（5）选中"Internet 信息服务管理器"和"万维网服务"。并在选中"万维网服务"后，再单击"详细信息"按钮，弹出"万维网服务"对话框，如图 5-4 所示。

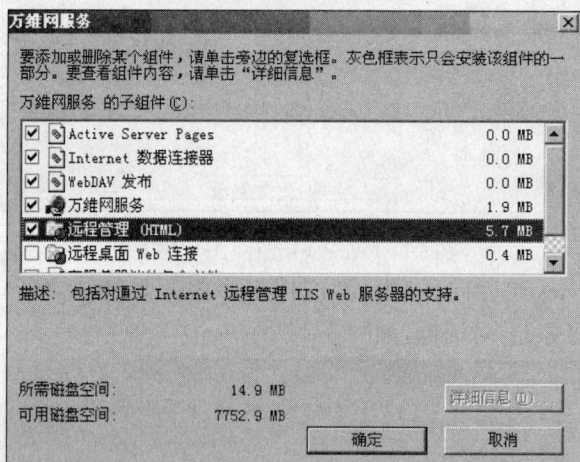

图 5-4　"万维网服务"对话框

（6）选择"万维网服务"，单击"确定"按钮，关闭各对话框，返回"Windows 组件向导"对话框。

（7）单击"下一步"按钮，系统开始 IIS 的安装，这期间可能要求插入 Windows Server 2003 安装盘，系统会自动进行安装工作。

（8）安装完成后，弹出提示安装成功的对话框，单击"完成"按钮就完成了 IIS 的安装。

安装完成后，我们也可以选择"开始"→"程序"→"管理工具"，在其中找到"Internet 信息服务（IIS）管理器"。

2. 在 IIS 中创建 Web 站点

通过选择"开始"→"程序"→"管理工具"→"Internet 信息服务(IIS)管理器"可以启动 IIS 程序。

(1)打开"Internet 信息服务(IIS)管理器"对话框,在目录树的"网站"上单击右键,在快捷菜单中选择"新建"→"网站"命令,弹出"网站创建向导"对话框,如图 5-5 所示。

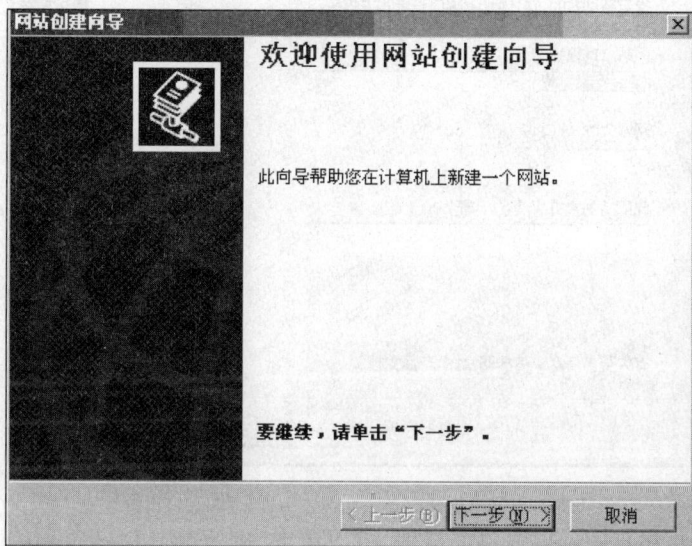

图 5-5 "网站创建向导"对话框

(2)单击"下一步"按钮,输入站点名字,为了方便管理员管理各个站点,请输入比较有意义的名字,然后单击"下一步",如图 5-6 所示。

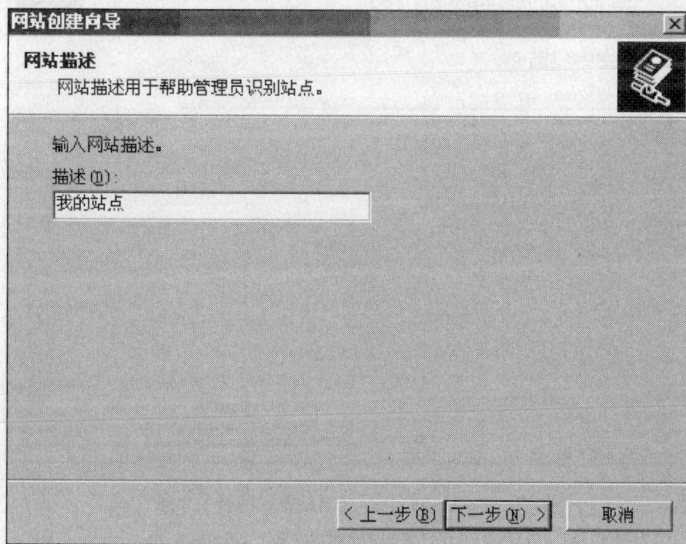

图 5-6 "网站创建向导"对话框-"网站描述"

(3)网站 IP 地址如果选择"全部未分配",则服务器会将本机所有 IP 地址绑定在该网站上,这个选项适合于服务器中只有这一个网站的情况。也可以从下拉式列表框中选择一个 IP 地址(根据实训项目规划,A 组 Web 服务器的 IP 地址为 192.168.4.2,B 组 Web 服务器的 IP 地址为 192.168.9.2),TCP 端口一般使用默认的端口号 80,如果该站点已经有域名,可以在主机头中输入域名,然后单击"下一步",如图 5-7 所示。

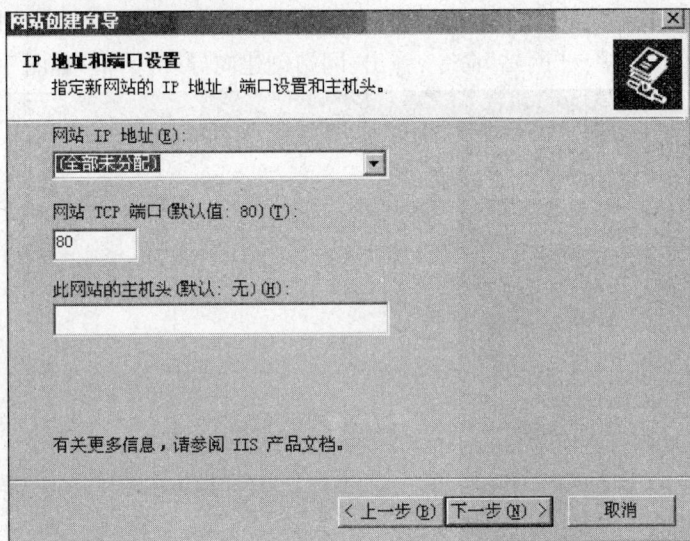

图 5-7   "网站创建向导"对话框-"IP 地址和端口设置"

(4)主目录路径是网站根目录的位置,可以单击"浏览"按钮选择一个文件夹作为网站的主目录,如图 5-8 所示,选择完毕后单击"下一步"。

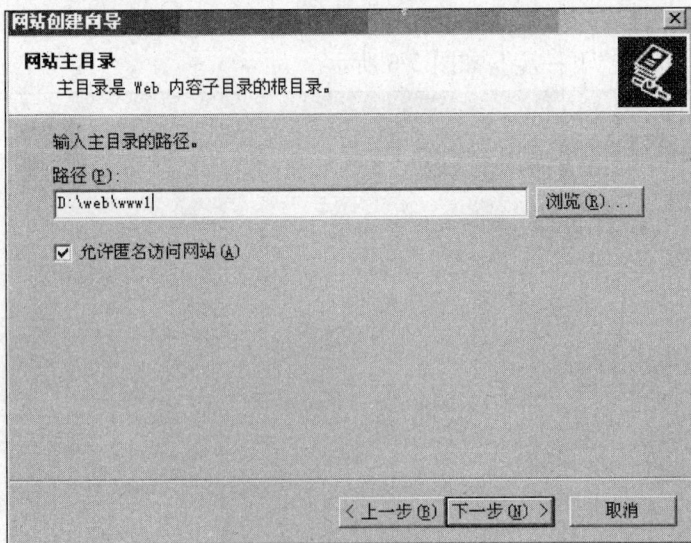

图 5-8   "网站创建向导"对话框-"网站主目录"

(5)网站访问权限是限定用户访问网站时的权限,必须选择"读取"和"运行脚本",可以让站点支持 ASP,其他权限可根据需要设置,如图 5-9 所示,设置完毕后单击"下一步"。

(6)弹出"完成向导"对话框,就完成了新网站的创建过程,在 IIS 中可以看到新建的网站。把做好的网页和相关文件复制到主目录中,通常就可以访问这个网站了。

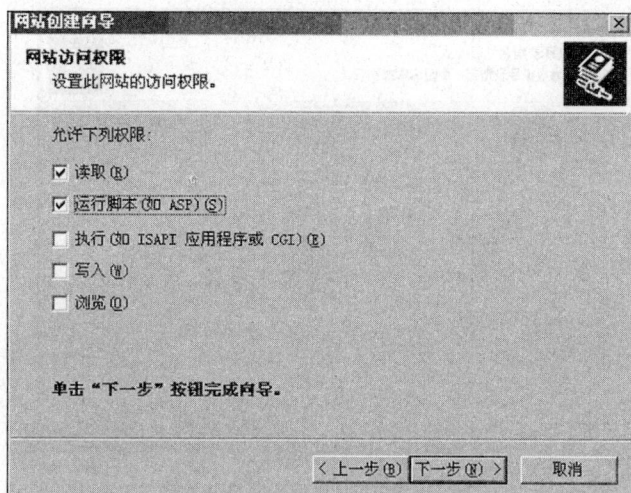

图 5-9　"网站创建向导"对话框-"网站访问权限"

（7）如果需要修改网站的参数,可以在"网站名字"上单击右键,在右键菜单中选择"属性",可以打开"网站"对话框,如图 5-10 所示。

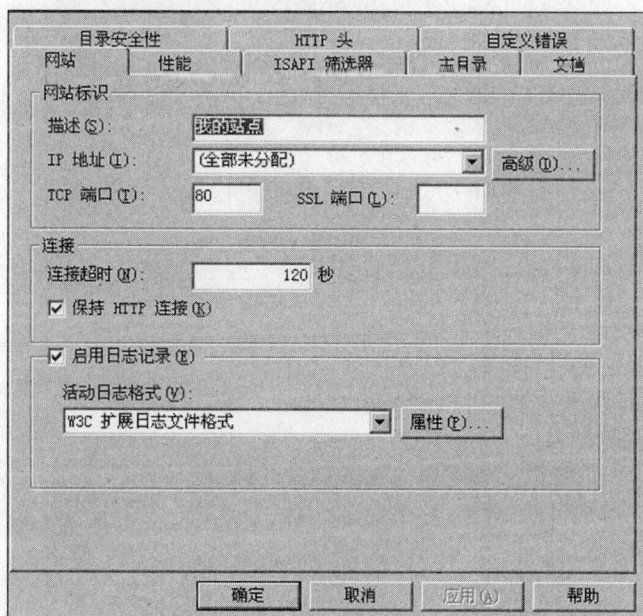

图 5-10　"网站"对话框

3.创建虚拟目录

（1）选择"开始"→"程序"→"管理工具",打开"Internet 信息服务（IIS）管理器"窗口,在想要创建虚拟目录的 Web 站点上单击右键,选择"新建"→"虚拟目录"。弹出"虚拟目录创建向导"对话框,单击"下一步",输入一个别名,如图 5-11 所示,然后单击"下一步",进入路径选择对话框。

（2）路径是指服务器上的真实路径名,即虚拟目录的实际位置,通过"浏览"按钮选择"myimage",如图 5-12 所示,然后单击"下一步",进入创建权限对话框。

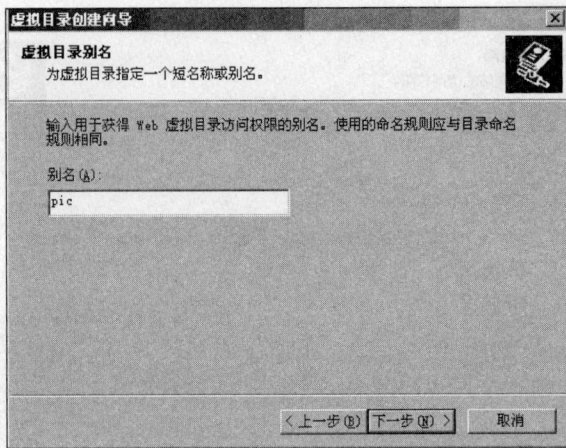

图 5-11　"虚拟目录创建向导"对话框

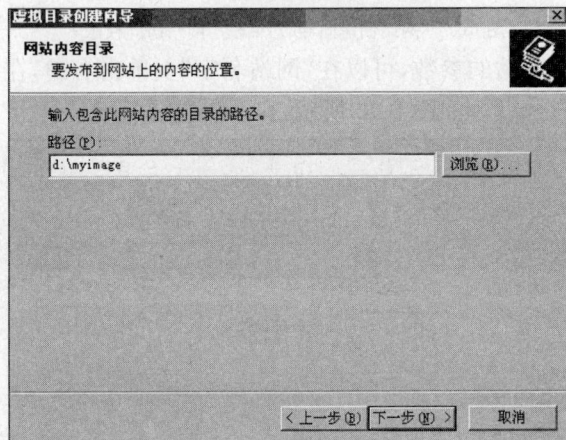

图 5-12　"虚拟目录创建向导"对话框-"网站内容目录"

(3)访问权限是指客户对该目录的访问权限,一般选择"读取"和"运行脚本",还有"浏览"等,如图 5-13 所示。

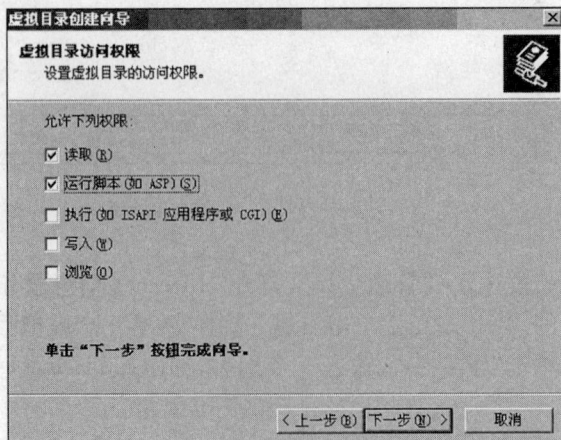

图 5-13　"虚拟目录创建向导"对话框-"虚拟目录访问权限"

(4)单击"下一步"按钮,弹出"完成向导"对话框,虚拟目录就建立成功了。把相关文件复制到虚拟目录中,用户就可以按照虚拟的树形结构访问到指定文件了。

5.1.2 子任务2:FTP站点创建

【完成目标】

本子任务利用IIS组件配置FTP服务器,配置完成后可以在本机和其他不受策略限制的计算机进行上进行访问。

【实施步骤】

1.安装FTP服务

(1)打开"控制面板"→"添加或删除程序",弹出"添加或删除程序"对话框。

(2)单击窗口中的"添加/删除Windows组件"图标,弹出"Windows组件向导"对话框,如图5-14所示。

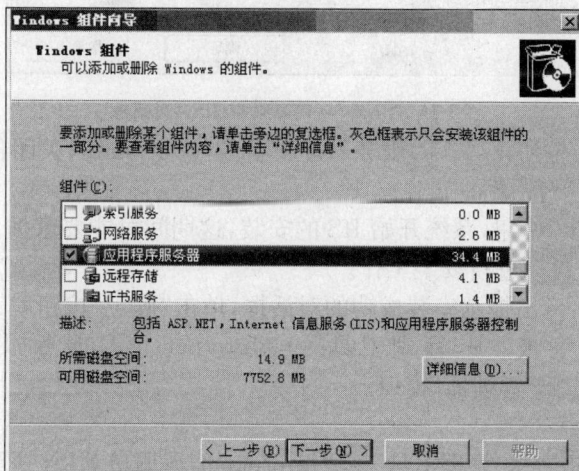

图5-14 "Windows组件向导"对话框

(3)选中"Windows组件向导"中的"应用程序服务器"复选框,单击"详细信息"按钮,弹出"应用程序服务器"对话框,如图5-15所示。

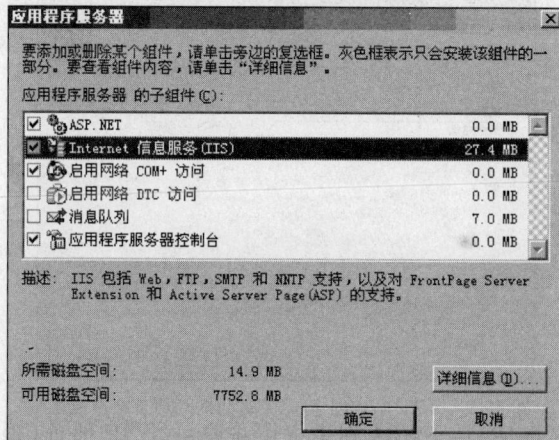

图5-15 "应用程序服务器"对话框

　　(4)选择需要的组件,其中"Internet 信息服务(IIS)"和"应用程序服务器控制台"是必须选中的。选中"Internet 信息服务(IIS)"后,再单击"详细信息"按钮,弹出"Internet 信息服务(IIS)"对话框,如图 5-16 所示。

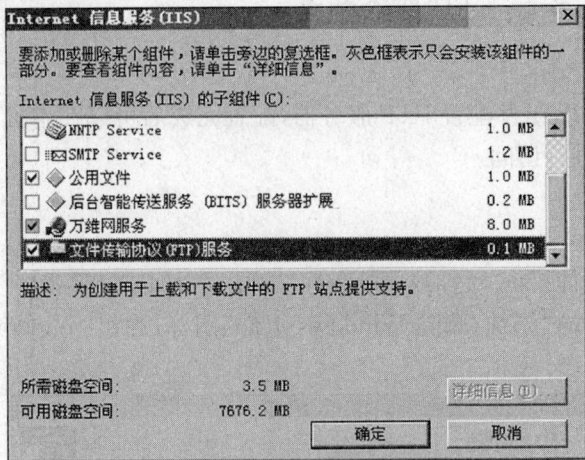

图 5-16　"Internet 信息服务(IIS)"对话框

　　(5)选中"文件传输协议(FTP)服务",逐个单击"确定"按钮,关闭各对话框,直到返回"Windows 组件向导"对话框。

　　(6) 单击"下一步"按钮,系统开始 IIS 的安装,这期间可能要求插入 Windows Server 2003 安装盘,系统会自动进行安装工作。

　　(7)安装完成后,弹出提示安装成功的对话框,单击"确定"按钮就完成了 IIS 的安装。

　　(8)打开"控制面板"→"管理工具"→"Internet 信息服务(IIS)管理器",弹出"Internet 信息服务(IIS)管理器"窗口。

　　2. 创建 FTP 站点

　　(1) 从"控制面板"→"管理工具"→"Internet 信息服务(IIS)管理器"打开"Internet 信息服务(IIS)管理器"窗口,在 FTP 站点上单击右键,在右键菜单中选择"新建"→"FTP 站点",弹出"FTP 站点创建向导"对话框,如图 5-17 所示。

　　(2)单击"下一步"按钮,给该站点命名。

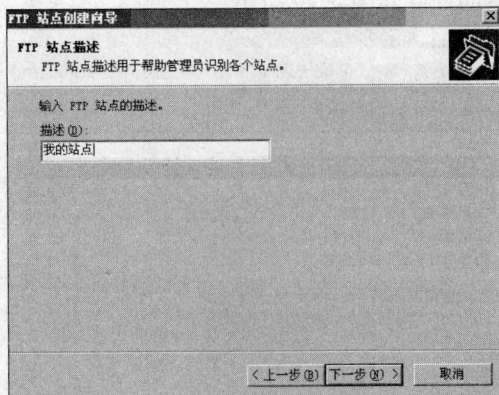

图 5-17　"FTP 站点创建向导"对话框-"FTP 站点描述"

　　(3)单击"下一步"按钮,从下拉式列表框中选择一个 IP 地址(根据实训项目规划,A

组 Web 服务器的 IP 地址为 192.168.4.2,B 组 Web 服务器的 IP 地址为 192.168.9.2),
TCP 端口一般使用默认的端口号 21,如果改为其他值,则用户在访问该站点时必须在地址中加入端口号,如图 5-18 所示。

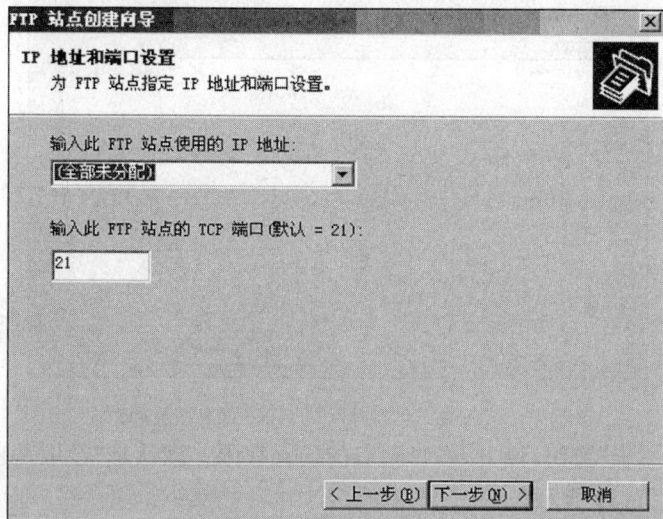

图 5-18　"FTP 站点创建向导"对话框-"IP 地址和端口设置"

(4)单击"下一步"按钮,FTP 用户隔离是为了提高站点的安全性,如果设置了隔离,则用户只能访问用户自己的主目录,而不能访问其他用户的主目录,请选择"不隔离用户",如图 5-19 所示。

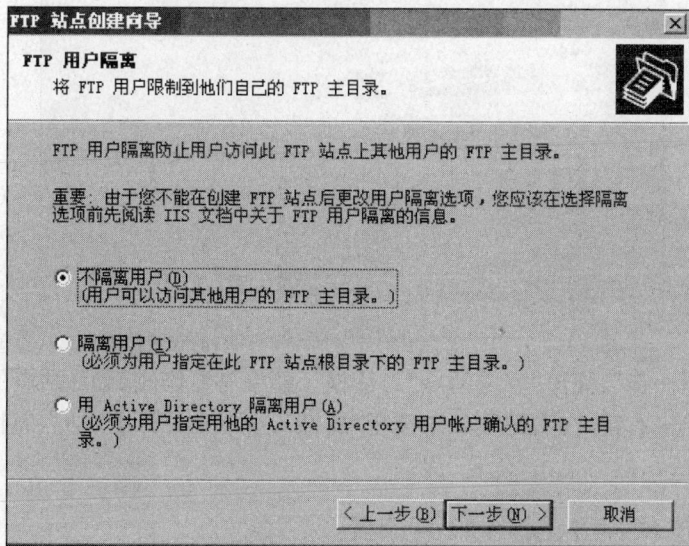

图 5-19　"FTP 站点创建向导"对话框"-"FTP 用户隔离"

(5)单击"下一步"按钮,设置站点的主目录位置,单击"浏览"按钮进行设置,如图5-20所示。

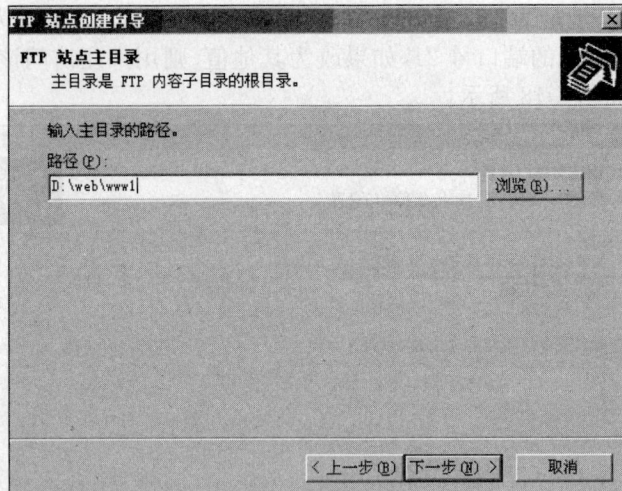

图 5-20 "FTP 站点创建向导"对话框-"FTP 站点主目录"

（6）单击"下一步"按钮，设置 FTP 站点的访问权限。默认是"读取"，也可以根据需要
选择"写入"，如图 5-21 所示。

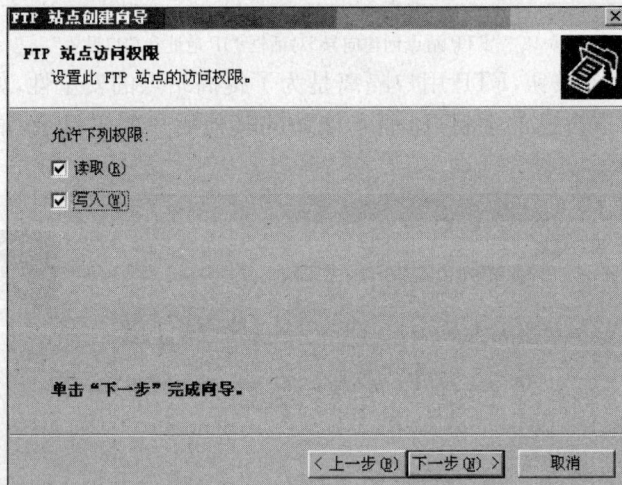

图 5-21 "FTP 站点创建向导"对话框-"FTP 站点访问权限"

（7）单击"下一步"，弹出"完成向导"对话框。如果需要修改 FTP 站点的参数，可以在
"站点名字"上单击右键，在右键菜单中选择"属性"，可以在打开的"站点属性"对话框中对
各种参数进行修改，然后单击"确定"保存。

5.1.3 子任务 3：DNS 服务设置

【完成目标】

安装和设置 DNS 服务器端和客户端，创建正向解析区域并在 DNS 服务器上创建主
机记录。

【实施步骤】

1. 安装 DNS 服务器

(1)依次打开"控制面板"→"添加或删除程序"→"添加/删除 Windows 组件",选中其中的"网络服务"复选框,如图 5-22 所示,然后单击"详细信息"按钮。

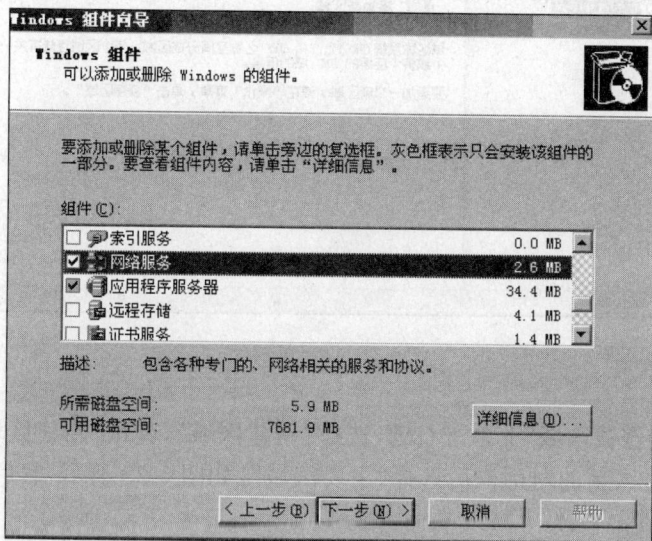

图 5-22　"Windows 组件向导"对话框

(2)在图 5-23 中选中其中的"域名系统(DNS)",单击"确定"关闭此对话框。

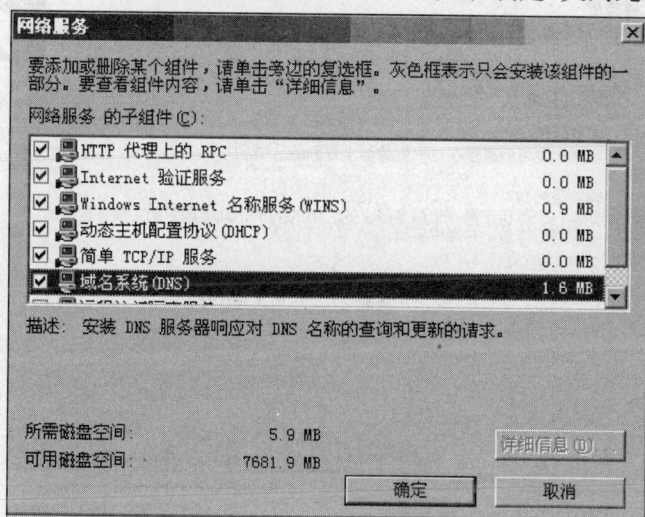

图 5-23　"网络服务"对话框

(3)回到"网络服务"对话框,单击"下一步"按钮,系统就开始安装 DNS 服务了。在安装过程中可能会要求插入系统盘,安装完成后,弹出提示安装成功的对话框,单击"确定"按钮就完成了 DNS 服务的安装。

2. 新建区域

(1) 依次选择"控制面板"→"管理工具"→"DNS",打开 DNS 控制台,如图 5-24 所示。

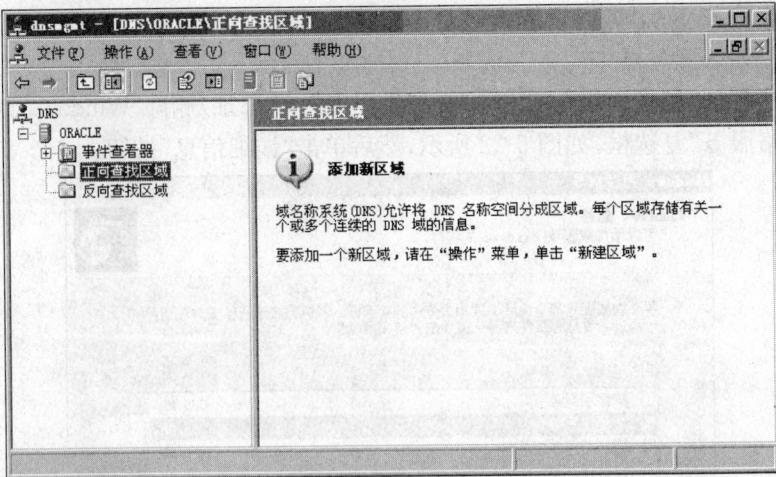

图 5-24　DNS 控制台

(2) 在"正向查找区域"上单击右键,选择"新建区域",弹出"新建区域向导"对话框,单击"下一步",进入新的对话框后选择"主要区域",如图 5-25 所示,然后单击"下一步",进入区域名称设定。

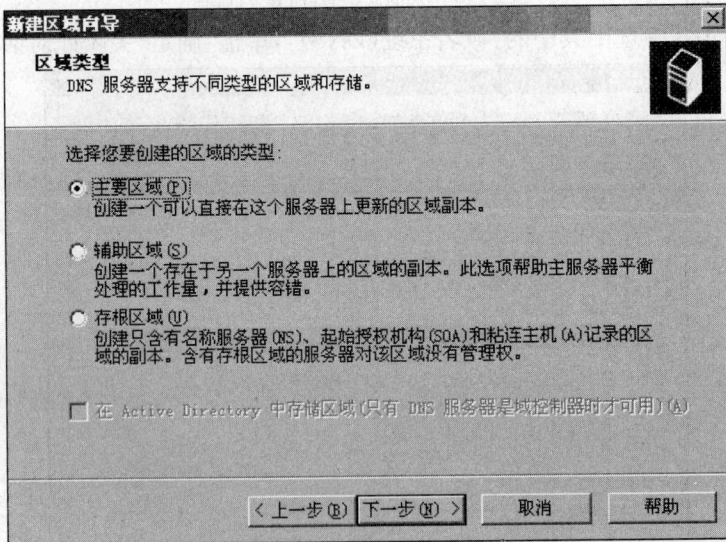

图 5-25　"新建区域向导"对话框-"区域类型"

(3) 区域名称是该服务器所管理的域名,如果是一个内部区域,可使用自己定义的域名,如果是一个对外的区域,应使用一个注册过的合法域名。这里使用"xyz. cn"(A 组)或"abc. cn"(B 组)。这个名字将是本域中所有域名的后缀,如图 5-26 所示,然后单击"下一步"按钮,进入区域文件创建。

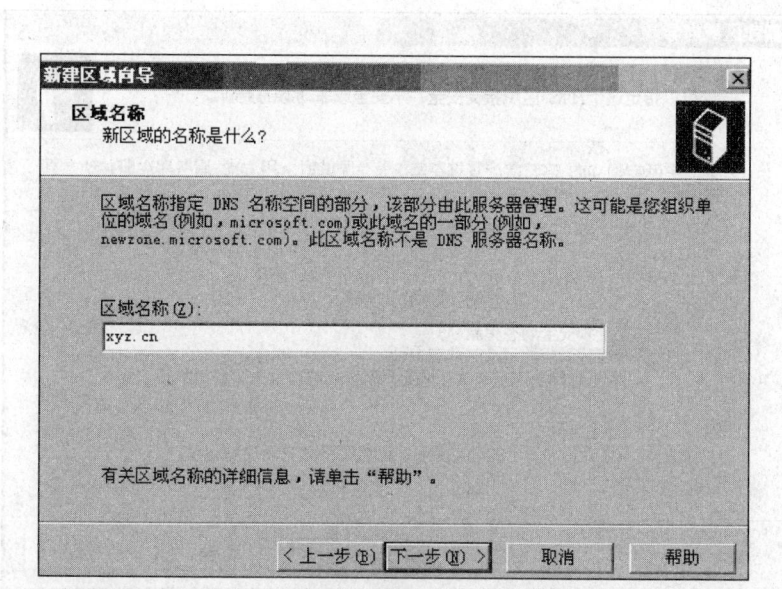

图 5-26　"新建区域向导"对话框-"区域名称"

（4）区域文件就是域名库文件，一般使用系统设置的默认名字，如图 5-27 所示，然后单击"下一步"按钮。

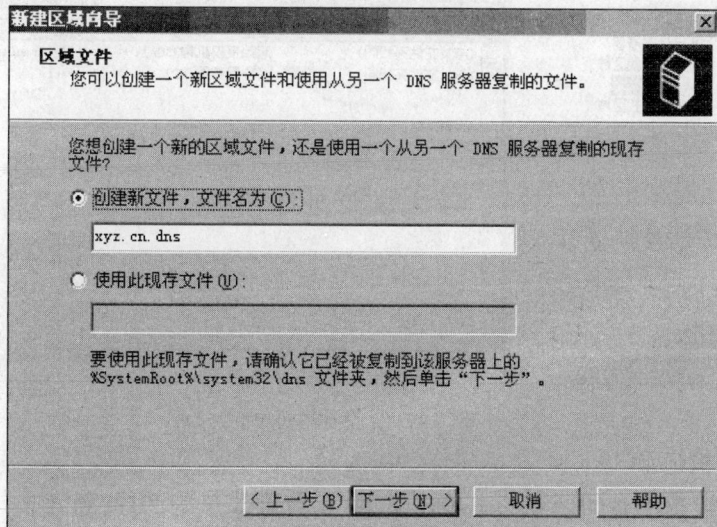

图 5-27　"新建区域向导"对话框-"区域文件"

（5）在如图 5-28 所示的动态更新页面上选择"不允许动态更新"。单击"下一步"，弹出"完成向导"对话框，就完成了主要区域服务器的创建，如图 5-29 所示。

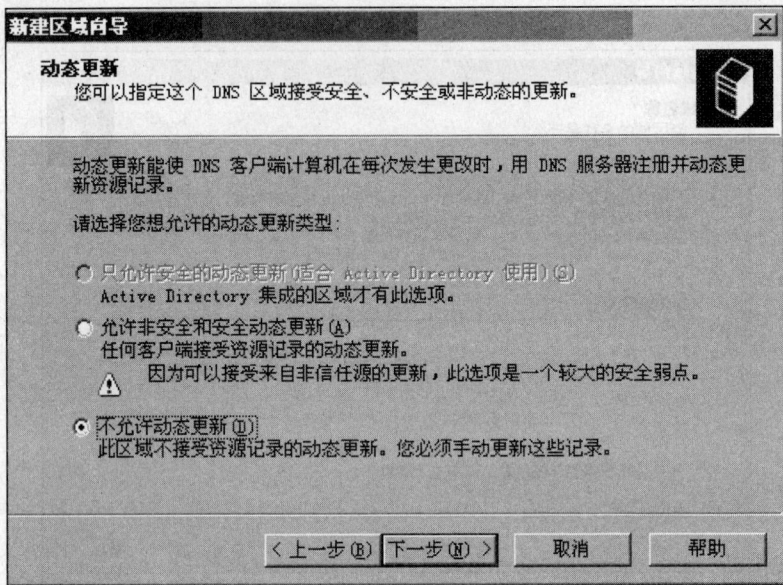

图 5-28 "新建区域向导"对话框-"动态更新"

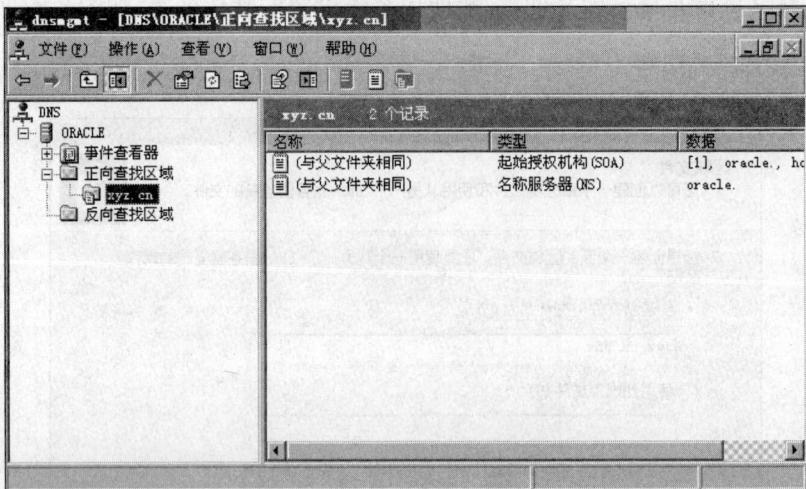

图 5-29 完成 DNS 设置

3. 新建主机记录

(1)在 DNS 控制台的区域名上单击右键,在右键菜单中选择"新建主机",如图 5-30 所示。

(2) 在"名称"栏中添入主机名,"IP 地址"栏中添入主机的 IP 地址,DNS 服务器以后会将上面的域名解析成该 IP 地址(A 组为 192.168.4.2,B 组为 192.168.9.2),如图 5-31 所示。设置好后,单击"添加主机"按钮,就完成了一条主机记录的添加。之后还可继续添加其他主机。

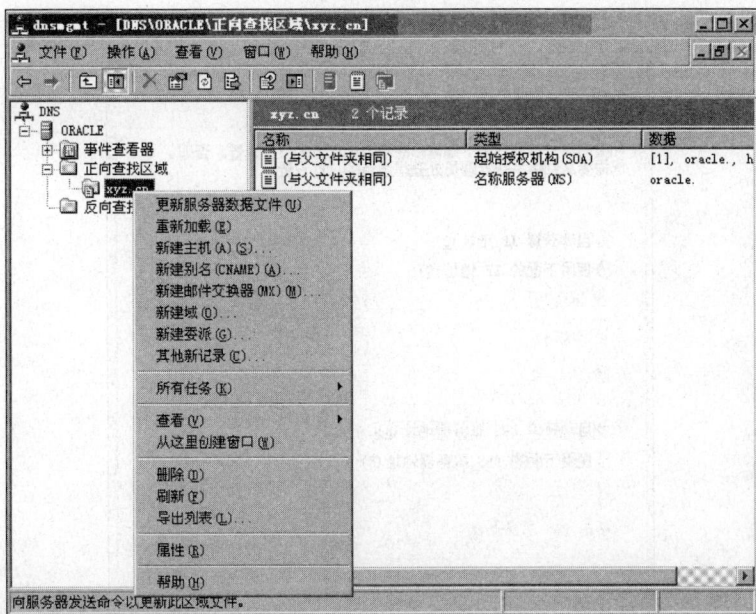

图 5-30　新建主机记录(一)

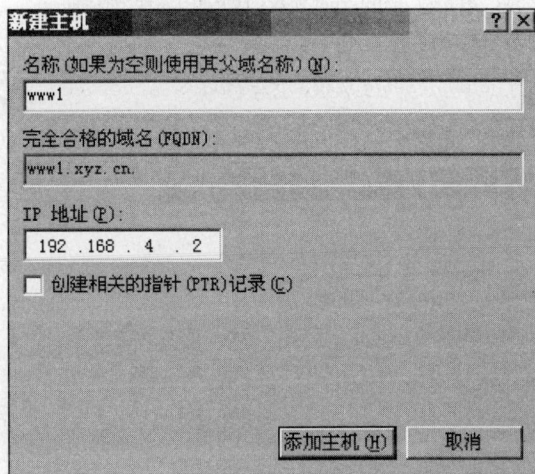

图 5-31　新建主机记录(二)

4. 配置客户端

(1) 本操作以 A 组 IP 地址为 192.168.1.2 这台 PC 机为例,其他 PC 机同理。在"网上邻居"上单击右键,选择"属性",打开"网络连接"窗口;在"网络连接"的图标上单击右键,选择"属性",打开"网络连接属性"对话框,打开"Internet 协议(TCP/IP)属性"对话框,如图 5-32 所示。

(2) 手工设置 DNS 服务器地址,如图 5-33 所示。

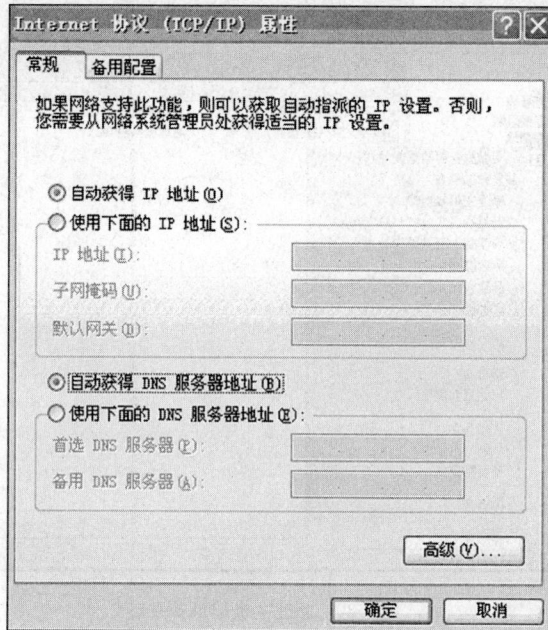

图 5-32　"Internet 协议(TCP/IP)属性"对话框

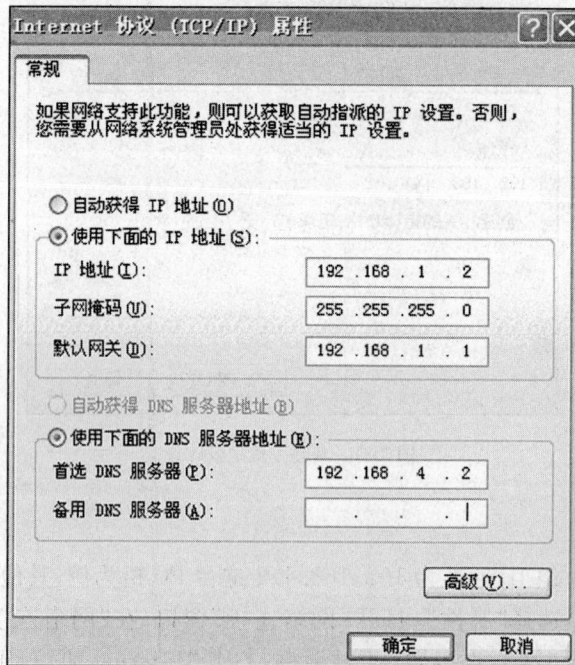

图 5-33　设置 DNS 服务器地址

5.2 任务二:邮件服务器配置

【任务描述】

在网络中可能要发送一些离线文件,就需要架设邮件服务器,在本实训中每个组需要在各自的服务器上使用 Foxmail Server 创建自己的邮件服务器,用户连接到邮件服务器的申请或登录页面。

5.2.1 子任务 1:Foxmail Server 安装配置

【完成目标】

在 A 组和 B 组的服务器上完成 Foxmail Server 的安装,为进一步实现电子邮件应用服务做准备。

【实施步骤】

1. 安装 Foxmail Server

运行 Foxmail Server 邮件服务器的安装程序,单击"是"按钮即可开始安装。接下来会出现填写产品编号、用户序列号输入框,单击"确定"按钮继续,单击"下一步"按钮,再打开"选择安装文件夹"窗口,选定后安装即可。

2. 配置 Foxmail Server

(1)安装 Foxmail Server 邮件服务器完成后,系统会弹出让我们设置 Foxmail Server 邮件服务器的窗口,直接单击"下一步"按钮进行设置,先输入系统默认的域名(A 组为 xyz. cn, B 组为 abc. cn),再输入 Foxmail Server 系统管理员口令,如 881209,输入 Foxmail Server域管理员口令,如 881209,单击"下一步"按钮继续设置过程,如图 5-34 所示。

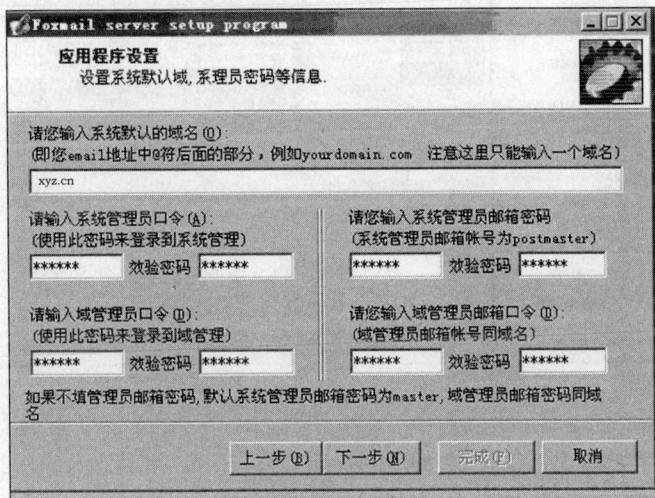

图 5-34 Foxmail Server 应用程序设置

(2)设置 DNS 服务器 IP 地址和默认 POP3、SMTP 服务器端口的窗口,在 DNS 服务器中输入你的域名解析器的 IP 地址,POP3、SMTP 服务器端口保持默认值,单击"下一步"按钮,进入设置 IIS 的页面。

(3)设置 WebMail 的路径和虚拟目录的名称,同时,安装程序也会在您的计算机上建立两个 IIS 虚拟目录:WebMail 和 WebUser,用来指向 WebMail 页面所在的目录和 WebUser 目录,如图 5-35 所示。

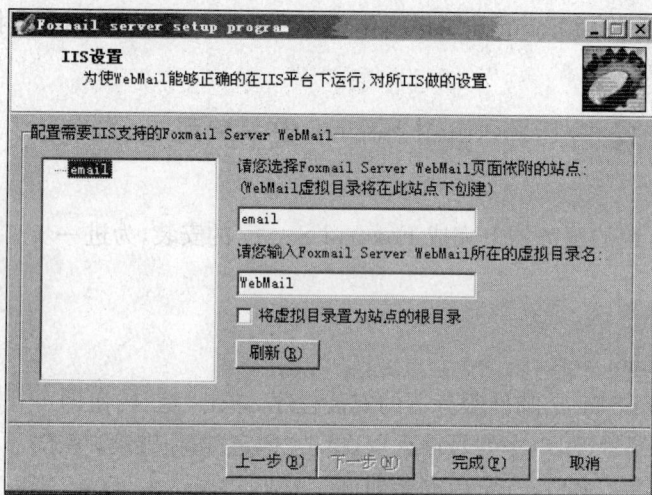

图 5-35　Foxmail Server 的 IIS 设置

(4)单击"完成"按钮,完成 Foxmail Server 的安装。完成 Foxmail Server 邮件服务器的安装后,单击"计算机管理",选择"允许"Web 服务扩展,如图 5-36 所示。

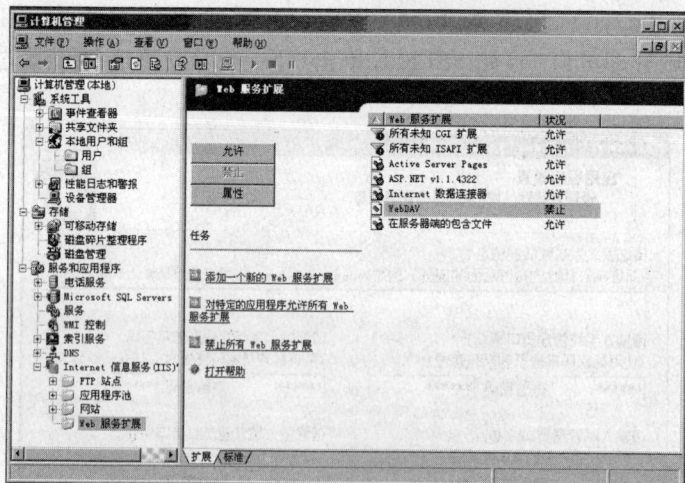

图 5-36　Web 服务扩展

5.2.2　子任务 2:多域名邮件收发

【完成目标】

在 A 组和 B 组的服务器上利用 Foxmail Server 软件实现多域名邮件的收发等操作。

【实施步骤】

1. 登录域信息维护页面

如果要使 Foxmail 邮件服务器实现域名间的邮件收发，A 组和 B 组成员按照 5.2.1 节内容分别创建 xyz.cn 和 abc.cn 域名。创建多个域名需要登录 Foxmail 邮件服务器的系统管理员界面（https://192.168.4.2/sysadmin，密码为 881209），单击"域信息维护"，如图 5-37 所示。

2. 配置域参数

接下来可以对域进行创建、修改、删除、设置密码和设置默认域等操作，单击"新建域"，填写域名、密码等信息，完成新域创建后，单击"提交"按钮，完成多域名的创建，如图 5-38 所示。

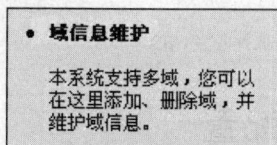

● **域信息维护**

本系统支持多域，您可以在这里添加、删除域，并维护域信息。

图 5-37 多域名邮件收发（一）

图 5-38 多域名邮件收发（二）

3. 注册新用户

登录 Foxmail 邮件服务器的用户界面（https://192.168.4.2），单击"新用户注册"按钮，打开"新用户注册"页面，分别填写"姓名"、"帐号"和"密码"等信息，并单击"提交"按钮，如图 5-39 所示。

4. 验证新建的域用户

Foxmail Server 邮件服务器在系统管理员验证后，用户的注册才可以通过。

5. 域用户验证

管理员可以通过登录域管理员界面（https://192.168.4.2/admin，密码为 881209），单击"待审批用户帐号维护"，如图 5-40 所示。

6. 审批域用户

打开"待审批用户帐号维护"界面后，单击需要审批的用户帐号，单击"批准"按钮，待弹出用户审批成功界面后，单击"返回"即可。B 组成员操作参看 A 组操作内容。

7. 新用户登录

注册的用户可登录到 Foxmail。成功登录邮箱页面后，用户可以进行收取邮件、撰写

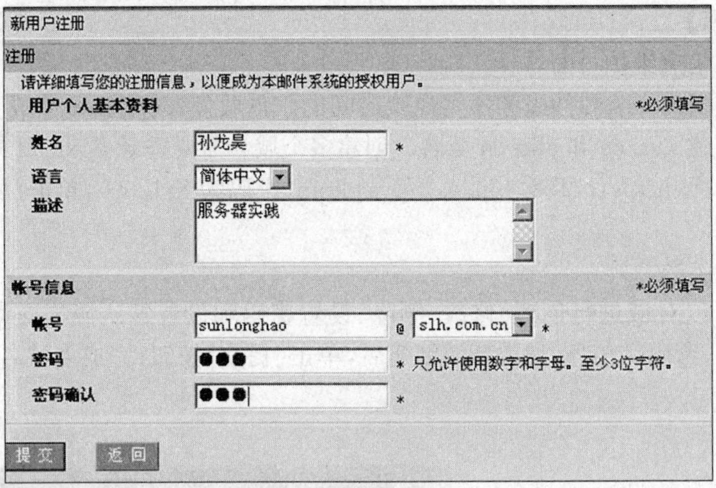

图 5-39　多域名邮件收发(三)

邮件和发送域内或域间邮件等操作。操作方法与 Internet 上的邮箱使用方法完全相同，如图 5-41 所示。

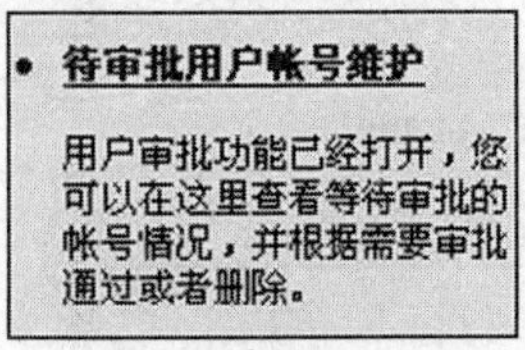

图 5-40　多域名邮件收发(四)

图 5-41　多域名邮件收发(五)

5.3　任务三：流媒体服务配置

【任务描述】

根据系统规划，需要视频点播的应用服务，既可以发布一些宣传资料，也可以丰富员工的生活，可利用时下比较流行的 Helix Server 服务器软件组建一个 VOD 视频点播系统。通过网站来发布自己的视频资料，通过 Web 网站以及 FTP 来更新点播页面。

5.3.1　子任务 1：Helix Server 的安装与配置

【完成目标】

在 A 组和 B 组的服务器上完成 Helix Server 的安装，为进一步实现视频点播的应用服务做准备。

【实施步骤】

1．打开安装包

双击 Helix Server 的安装包程序，按提示进行操作，按如图 5-42 设置安装路径。

2．设置管理员帐号

设置管理员帐号密码，如图 5-43 所示。

图 5-42　流媒体服务安装(一)

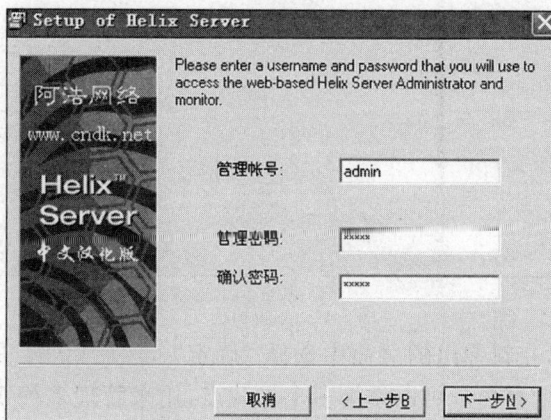

图 5-43　流媒体服务安装(二)

3.端口设置

设置端口,如:Rtsp:554 为 real 格式流的访问端口,http:8089 为管理员登录页面的访问端口,mms:1755 为微软格式流的访问端口,管理端口为 21016。

4.配置确认

单击"完成",至此 Helix Server 的安装与配置就已经结束。

5.3.2　子任务 2:编辑加载点

【完成目标】

在 A 组和 B 组的服务器上利用 Helix Server 软件加载视频文件。

【实施步骤】

1.登录管理员页面

打开 Helix Server 图标,使服务器处于运行状态,然后打开管理员页面,输入管理员帐号密码进入,单击"服务器设置"→"加载点"→"＋",如图 5-44 所示。

2.编辑参数

在添加的新加载点里面输入"编辑描述"、"加载点"、"基本路径"与"基于路径位置",

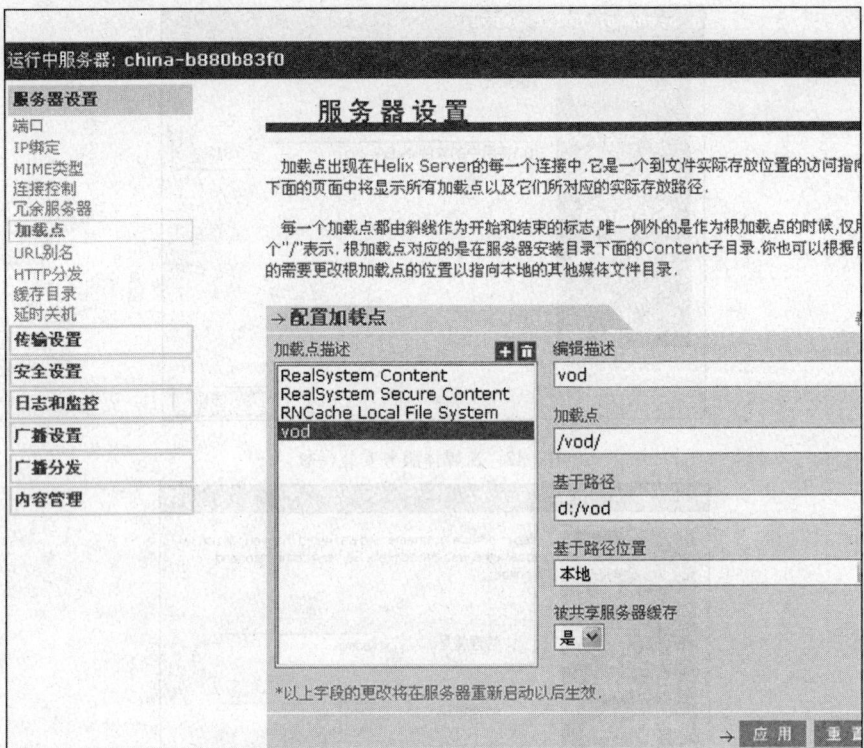

图 5-44   编辑加载点

最后单击"应用"按钮,在新弹出的页面中选择"确定",然后单击"重启服务器",等待大概 20 秒,就又回到当前页面。可以添加多个加载点,用来管理多种媒体资源。如果不再需要某个加载点,我们可以选择那个加载点,直接单击"删除"。至此加载点的编辑就介绍结束。

5.4   任务四:NTFS 用户管理

【任务描述】

在各组的服务器上创建访问系统资源的账户和口令,并为这些账户设置访问服务器上共享资源的 NTFS 权限。

5.4.1   子任务 1:用户账户管理

【完成目标】

完成账户和口令的创建和属性设置,并根据账户属性的不同,将其加入到不同的用户组当中。

【实施步骤】

1. 创建新的用户账户

(1)用 Administrator 账户登录 A 组或 B 组服务器操作系统。

(2)依次打开"开始"→"管理工具"→"计算机管理",可以打开"计算机管理"窗口。

（3）展开"本地用户和组"，在"用户"上单击右键，选择"新用户"命令，如图 5-45 所示。

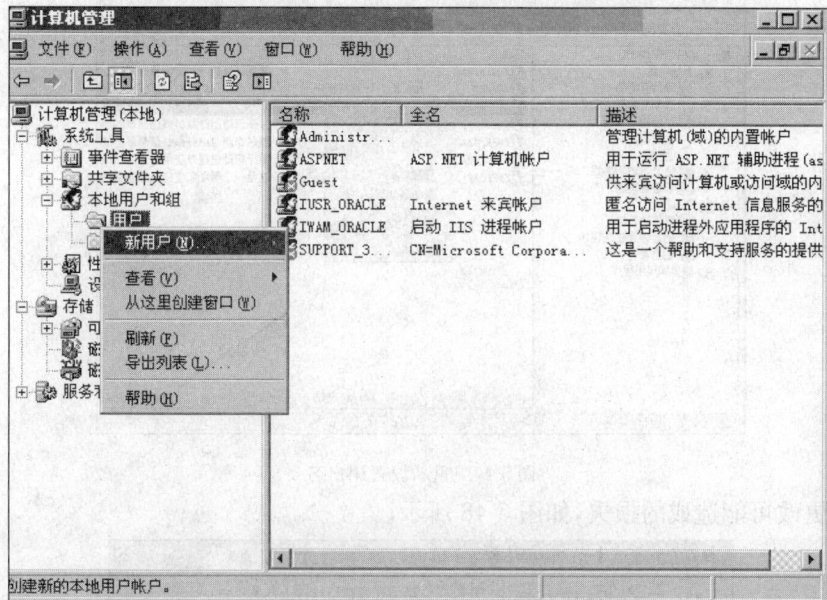

图 5-45 创建新用户（一）

（4）在弹出的新用户对话框中填入新建用户账户的参数，如图 5-46 所示。

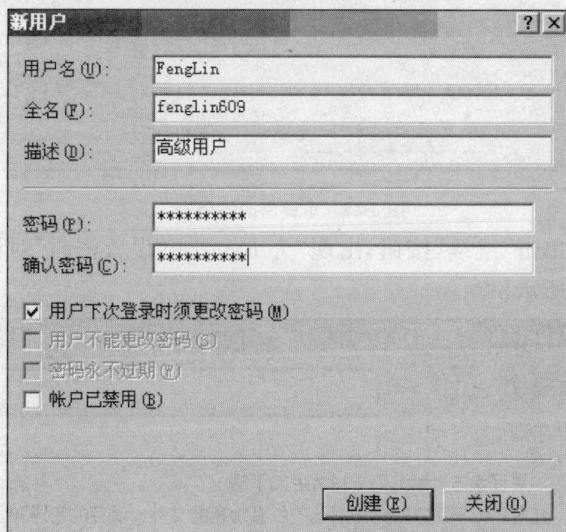

图 5-46 创建新用户（二）

2. 修改用户账户密码

（1）展开"本地用户和组"，在右边用户窗口中选择要改名的账户，单击右键，选择"重命名"命令，如图 5-47 所示，也可以在用户的名字双击鼠标，进入编辑状态，输入新名字即可。

（2）打开"开始"→"管理工具"→"计算机管理"，展开"本地用户和组"，选中"用户"目录，在右边用户窗口的用户名称上单击右键，选择"设置密码"。此时会弹出一个警告框，

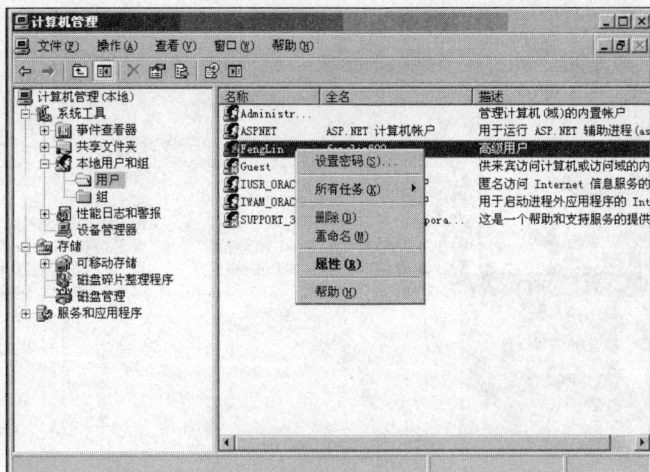

图 5-47　重新设置用户名

说明这种更改可能造成的损失，如图 5-48 所示。

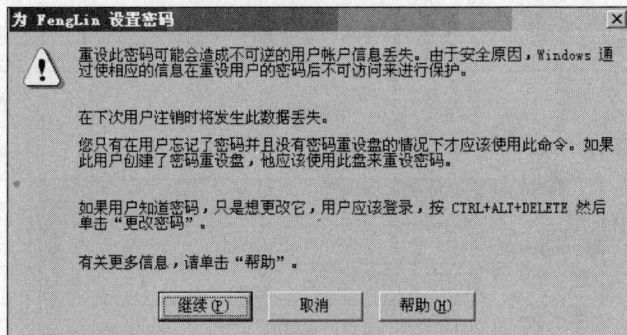

图 5-48　重设密码的警告

（3）在图 5-48 中单击"继续"按钮，出现"为 FengLin 设置密码"对话框，就可以重新设置密码了，如图 5-49 所示。

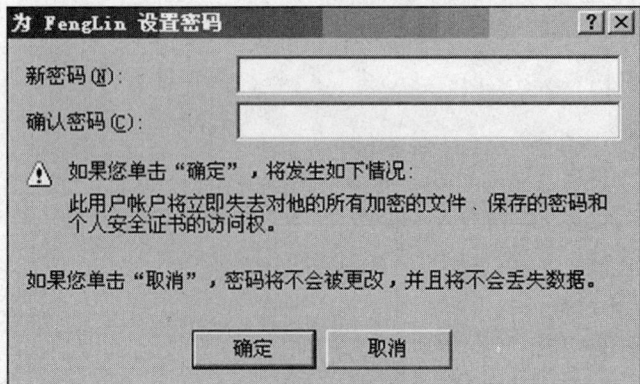

图 5-49　"为 FengLin 设置密码"对话框

3.创建本地组

(1)展开"本地用户和组",在"组"目录上单击右键,选择"新建组"命令,如图 5-50 所示;

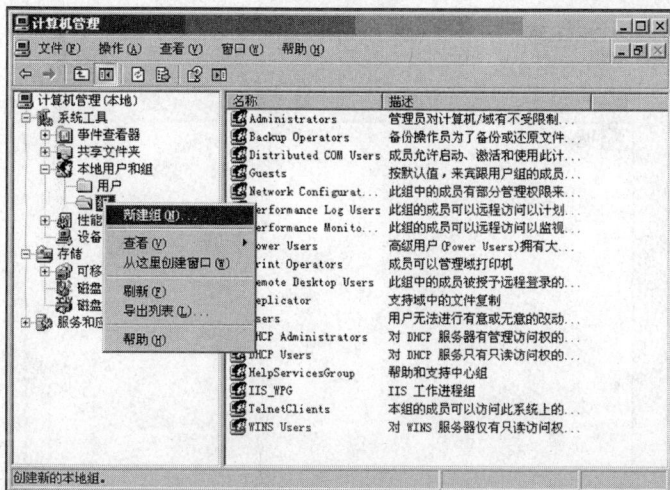

图 5-50　创建本地组(一)

(2) 在弹出的"新建组"对话框中填入"组名"和"描述",如图 5-51 所示,然后单击"创建"按钮就可以创建一个新组了。

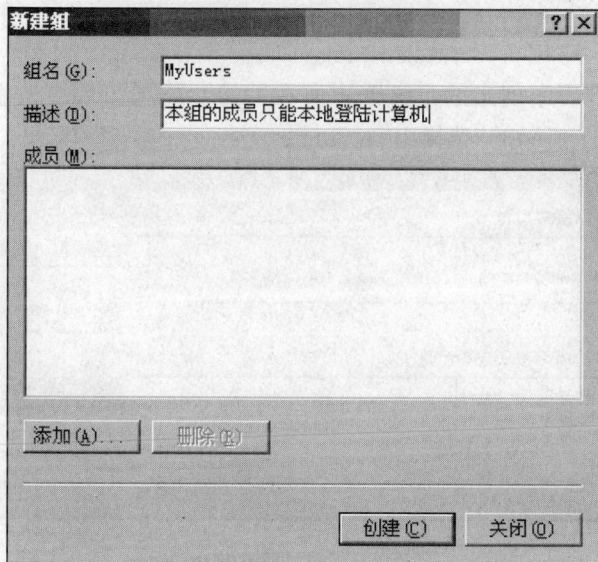

图 5-51　创建本地组(二)

4.修改用户账户隶属的组

(1)单击用户名,单击右键,选择"属性",在打开的账户属性对话框中,选择"隶属于"选项卡,可以看到该账户所在的组,如图 5-52 所示。

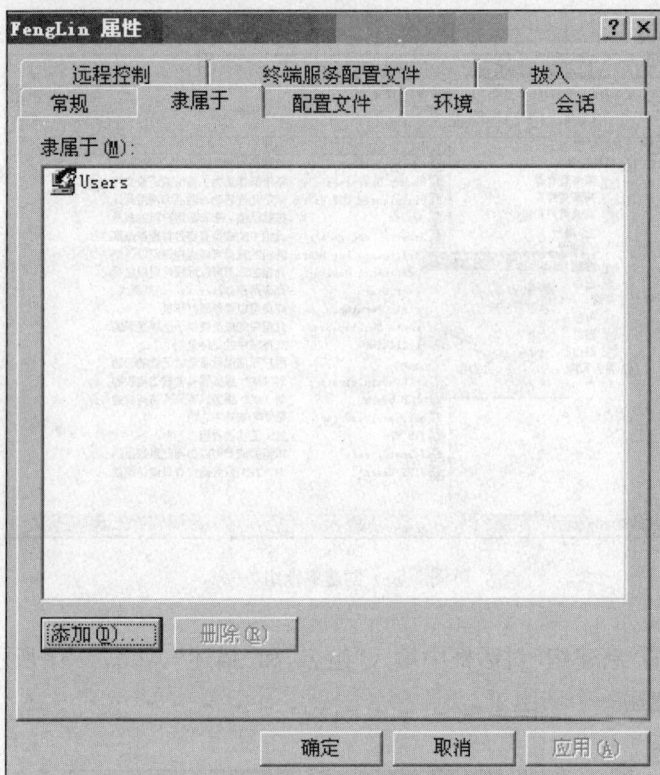

图 5-52　"FengLin 属性"对话框

(2)"隶属于"列表中列出的是该账户所在的组。如果需要更改组设置,可单击"添加"按钮,进入图 5-53 所示的"选择组"对话框。

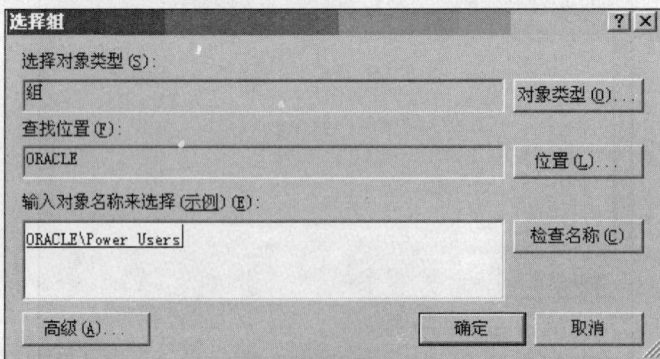

图 5-53　"选择组"对话框(一)

(3)在选择组界面中单击"高级"按钮,在弹出的界面中单击"立即查找",会出现可选的组列表,然后就可以选择组了,如图 5-54 所示。

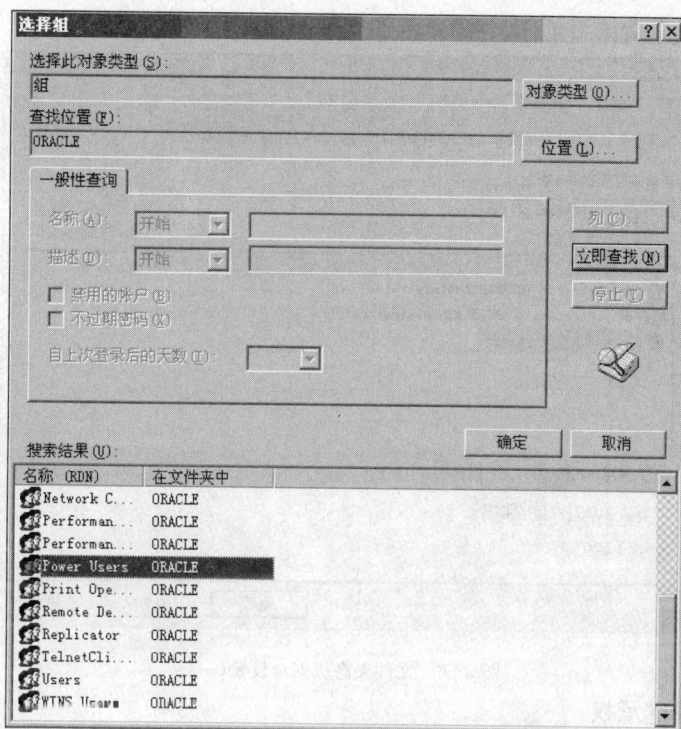

图 5-54 "选择组"对话框(二)

5.4.2 子任务 2:NTFS 权限设置

【完成目标】

在服务器上建立一个可以共享的文件
夹,在该文件夹的属性中配置不同的账户对
该文件夹的 NTFS 访问权限及相关操作。

【实施步骤】

1.创建用户组

创建用户 zhang、User1 组和 User2 组,
创建方法如 5.4.1 节部分。

2.创建文件夹

在硬盘 C:\上新建一个文件夹(Files),并
在文件夹上单击右键,选择"属性"。

3.设置文件夹权限

在图 5-55 中单击"高级"按钮,选择"所有
者"选项卡;单击"其他用户或组",把用户
zhang 添加到列表中;选中用户 zhang 并选中
"替换子容器及对象的所有者"复选框,单击
"确定"按钮。这样就把 Files 文件夹及其内

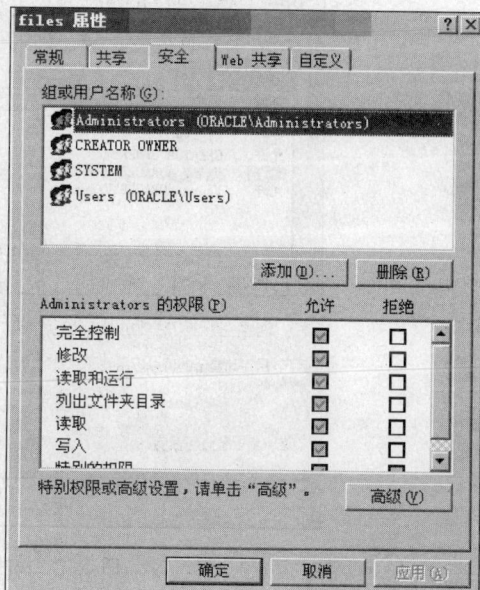

图 5-55 文件夹属性对话框

部对象的所有权都指派给了用户 zhang,如图 5-56 所示。

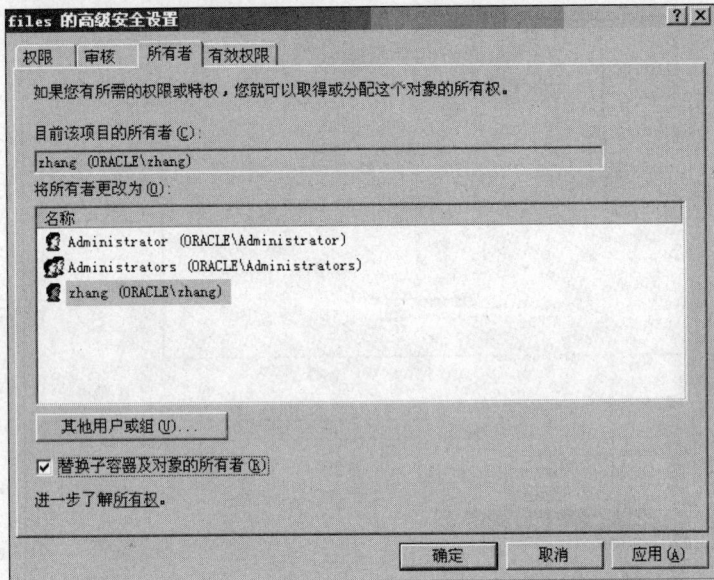

图 5-56　文件夹高级安全设置(一)

4. 删除文件继承权

选择"高级"对话框中的"权限"选项卡,如果有继承的权限,则去除"允许父项的继承权限传播到该对象和所有子对象。包括那些在此明确定义的项目"复选框,单击"确定",在提示中选择"删除"。这样所有继承的权限就都删除了,如图 5-57 所示。

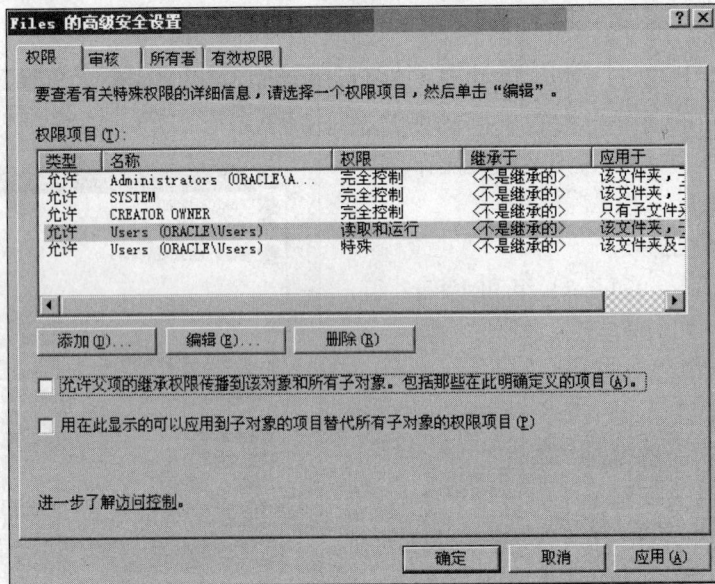

图 5-57　文件夹高级安全设置(二)

5. 给文件夹添加用户组

把 Files 文件夹的访问权限指派给 User1 组和 User2 组,在图 5-55 中,选择"安全"

选项卡,把"安全"选项卡中上半部分的框里所有无关的用户和组都删除,单击"添加"按钮将 User1 和 User2 添加到列表中,如图 5-58 所示。

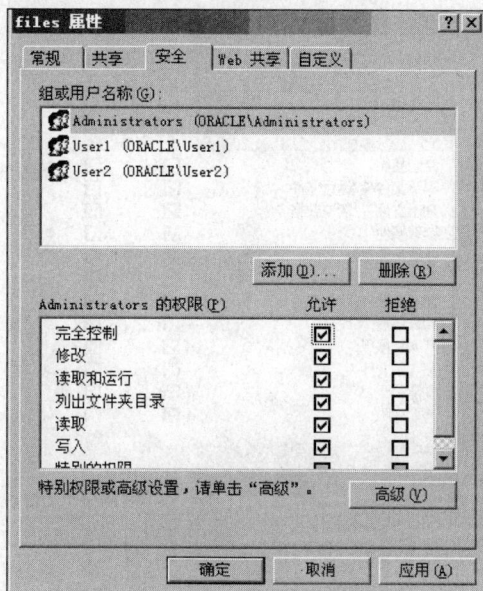

图 5-58　文件夹属性(一)

6. 为用户组设定权限

为 User1 组指派权限,在图 5-58 中,选择"安全"选项卡中的"User1",把权限设置为"读取和运行"、"列出文件夹目录"、"读取"和"写入",如图 5-59 所示。

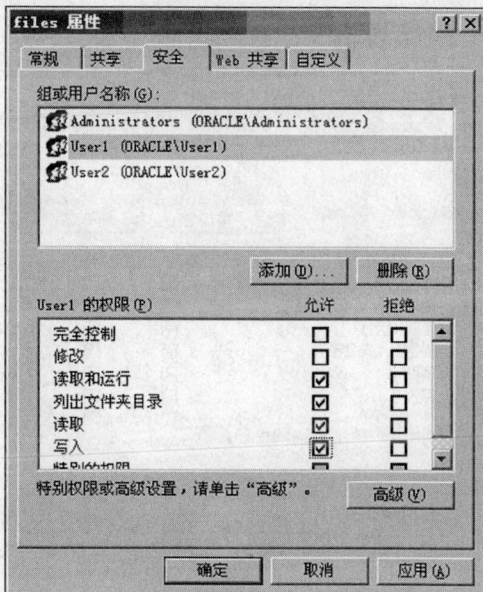

图 5-59　文件夹属性(二)

7. 修改用户组权限

单击"高级"按钮,选中其中的 User1 组,单击"编辑"按钮,打开 User1 的特别权限设置,把其中的"写入属性"权限去除,如图 5-60 所示,然后单击"确定"退出。

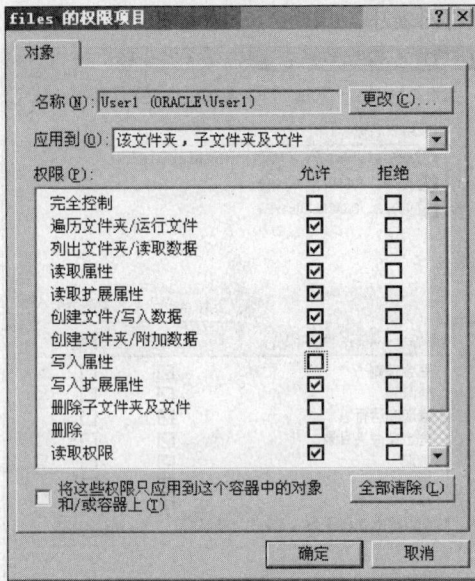

图 5-60　文件夹权限项目对话框

8. 修改另一个用户组权限

　　User2 组指派权限,在图 5-58 中选择"安全"选项卡中的 User2,把权限设置为"读取和运行"、"列出文件夹目录"、"读取",如图 5-61 所示。

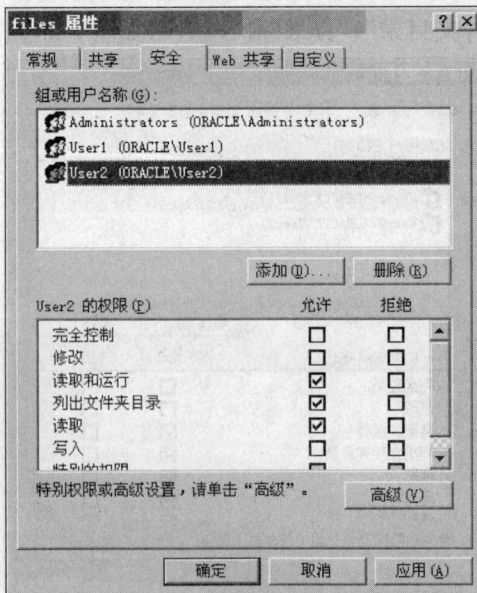

图 5-61　文件夹属性

9. 编辑权限继承

　　将权限应用到 Files 文件夹中所有的对象中,在图 5-57 中,选中"用在此显示的可以应用到子对象的项目替代所有子对象的权限项目"复选框,这样 Files 文件夹内部已有的对象均按照 Files 的权限继承,不需要逐个修改了,如图 5-62 所示。

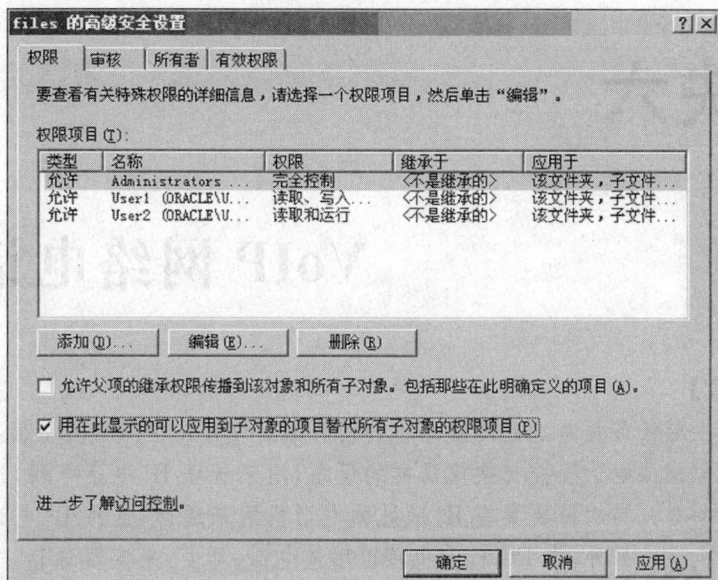

图 5-62 文件夹高级安全设置

10. 配置验证

分别以 User1 组和 User2 组中的用户登录操作系统访问该文件夹,验证实验效果。

模块六

VoIP 网络电话配置

【模块导读】

本模块的主要任务是熟悉并配置基本的语音通信设备。在局域网上部署 IP 电话,首先需要一台类似模拟电话程控交换机那样的设备,用来管理 IP 电话号码,这种设备通常称为软交换服务器。其次需要具有 IP 地址的电话机用来通话,这种 IP 电话机可以直接接到网络交换机上。另外,在 PC 机上也可以用软电话(耳麦)来实现通话。此外,为了能与普通模拟电话机通话,网络中还要配置一种设备,用来将 IP 电话的数字信号转换成普通电话能接收的模拟信号,这种设备通常称为语音网关。在项目中 A 组和 B 组均配有一台软交换服务器、一台语音网关和四部 IP 电话机。如果是局域网内的 IP 电话机之间通话,不需要语音网关,只要将 IP 电话机注册到软交换服务器上,并获得号码就行。局域网内的 IP 电话机如果需要拨市话,就需要语音网关,而且语音网关还需要有连接市话网的外线。配置时,需要在软交换服务器与语音网关之间配置中继、路由及拨号规则。A、B 两组语音系统配备相同的语音网络设备,相互之间需要拨打 IP 电话时,需要在两台软交换服务器之间配置中继、路由及拨号规则。

在以下的配置中,我们先熟悉一下语音网络设备,了解其接口情况及基本配置。然后我们再来构造简单的 IP 电话系统及其落地服务。有关语音网络设备的进一步应用在本模块中没有涉及到,有兴趣的读者可以查阅相关资料进一步学习。

【模块要点】

在任务一及任务二的叙述中,无论是 A 组还是 B 组,所有语音设备的功能和配置方法都基本相同。因而,我们不具体指是 A 组的设备还是 B 组的设备。到具体为局域网部署网络语音电话系统时我们再具体指出是配置哪一组的哪一台设备。在具体的配置中,一定要理解好中继、路由与拨号规则的概念。另外就是端口号的概念,端口号属于每一台网络设备,仅在设备内部起作用,设备之间不需要保持端口号统一。

6.1 任务一:VoIP 通信设备认识及基本配置

【任务描述】

在本次任务中,我们的主要工作是认识语音网络设备的基本情况及基本配置方法。常用的语音网络设备包括软交换服务器、语音网关、网络 IP 电话机等。为了说明问题方便,我们需要具体的网络设备,为此,我们选用了锐捷公司的产品。如果选用其他公司的产品,同样可以达到项目所需的功能,仅是配置方法不同。如果读者使用的是其他公司的产品,可以参照该公司的产品使用手册,采用本书提供的操作思路和配置步骤,应该同样可以达到所要求的功能。

6.1.1　子任务 1:认识常用的 VoIP 网络电话设备

【完成目标】

以锐捷公司的软交换服务器 RG-VX9050E、语音网关 RG-VG6116E 和 IP 电话机 RG-VP3000E 为例来说明这几种网络电话设备的作用、接口类型、连接方式等。

【实施步骤】

常用 VoIP 网络语音设备在局域网内的连接方式如图 6-1 所示。下面我们分别介绍各种设备的情况。

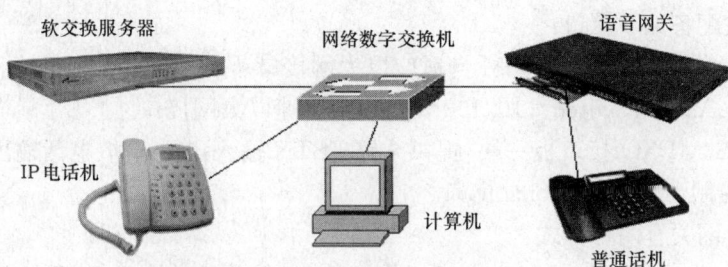

图 6-1　常用 VoIP 设备连接拓扑图

1. 软交换服务器 RG-VX9050E

软交换服务器,也叫软交换核心控制器,其作用类似于固定电话的程控交换机。能提供灵活的号码管理机制、智能路由管理、详细呼叫记录和费用控制、电话会议、三方通话、多种语音编解码支持以及简单易用的配置管理界面等功能。其端口配备如下:

(1)4 个 10/100M 以太网口。

(2)1 个控制台口,RS-232 或 Console 口。

四个以太网口中,缺省情况下只有第一个以太网口(eth0)处于激活状态,并配有缺省的 IP 地址 192.168.88.90,子网掩码为 255.255.255.0。当用户以 Web 方式登录该服务器的时候,必须将网线接入第一个以太网口(eth0),并在浏览器的地址栏中输入系统缺省的 IP 地址,如下所示:

http://192.168.88.90

系统缺省的登录名为 admin,缺省密码为 admin。登录成功后就可以配置一些基本参数了。

实际工作中,第一个以太网口的 IP 地址尽量不要改变,保持出厂时的默认值(192.168.88.90),便于管理。其余三个网口可以根据需要来配置,四个网口地位平等,功能相同。IP 可以静态(static)分配,也可以动态(DHCP)获取,建议尽量静态分配,动态分配不确定,不便于管理。网络接口配置页面如图 6-2 所示。

单击"系统管理"页面的"网络接口配置",可以出现图 6-2 所示界面。第一个网络接

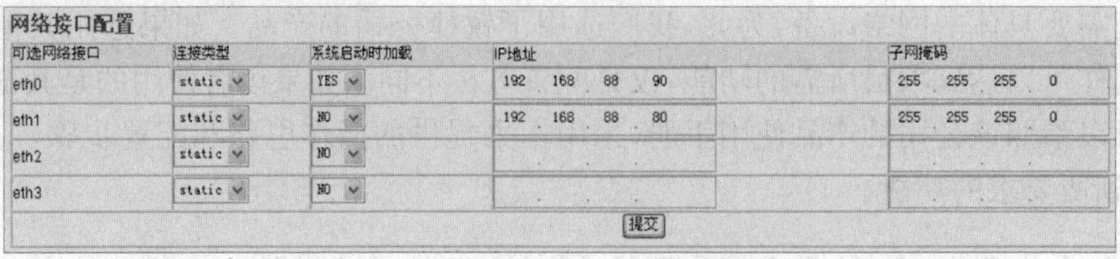

网络接口配置				
可选网络接口	连接类型	系统启动时加载	IP地址	子网掩码
eth0	static ∨	YES ∨	192 . 168 . 88 . 90	255 . 255 . 255 . 0
eth1	static ∨	NO ∨	192 . 168 . 88 . 80	255 . 255 . 255 . 0
eth2	static ∨	NO ∨		
eth3	static ∨	NO ∨		

提交

图 6-2　软交换服务器网络接口配置页面

口(eth0)已经有 IP 地址,为系统缺省配置,尽量不要改动。其余的网口可根据需要改动。

2. 语音网关 RG-VG6116E

语音网关主要是为外线电话及普通话机连入 IP 网络配备的。也就是说,局域网内的数字电话需要拨打外线模拟电话的时候,必须经过语音网关将数字语音信号转化成模拟信号,这样才能通过 PSTN 线路接通普通话机。同样,普通话机如果需要拨打局域网内的 IP 电话的时候,也需要语音网关将模拟信号转换成数字信号,传给 IP 电话机。

语音网关配备如下接口:

(1)1 个 WAN 口,为 10/100M 自适应以太网接口。

(2)4 个 LAN 口(Switch),10/100M 自适应快速以太网接口。

(3)4 FXS+4FXO 接口板一块,提供 4 路 PSTN 输入,4 路模拟电话输出。

(4)1 个控制台端口,即 console 口。

配置语音网关有两种方式:

(1)串行口方式:使用 PC 机上的超级终端软件,软件波特率为 115200,无硬件校验,并使用随机附带的串行口线缆连接。登录到语音网关后,在超级终端软件输入界面上输入用户名 admin、密码 admin,即可成功登录语音网关。在超级终端软件的命令行画面上输入 show if 可以查询所有网口的 IP 地址。如下所示:

```
User:admin
Password:
SVG> show if
LAN0:c0a85810:ffffff00,c0a85810,192.168.88.16
WAN0:c0a81e10:ffffff00,c0a81e10,192.168.30.16
Sys gateway:192.168.88.1
cpmac (unit number 0):
    Flags:(0x8163)UP BROADCAST MULTICAST PROMISCUOUS ARP RUNNING
    Type:ETHERNET_CSMACD
    Internet address:192.168.88.16
    Broadcast address:192.168.88.255
    Netmask 0xffffff00 Subnetmask 0xffffff00
    Ethernet address is 00:1a:a9:31:e2:15
    Metric is 0
SVG>
```

(2)Web 登录方式：通过 console 口方式，可以查询到语音网关的 WAN 口及 LAN 口的 IP 地址，知道 IP 地址后，就可以在浏览器的地址栏中输入该地址，然后以浏览器的方式登录语音网关了。用浏览器登录之前，先要用一条正向网络跳线将语音网关连入局域网交换机，语音网关上接任意一个 LAN 口均可。语音网关的 LAN0 口出厂默认设置为 192.168.88.16，出厂时默认的 Web 用户名和密码都是 admin。登录前需要将计算机接局域网，同时要配置好本地主机的 IP 地址，必须与语音网关在同一个局域网内，如：配置本地计算机的 IP 地址为 192.168.88.100。登录成功后界面如图 6-3 所示。

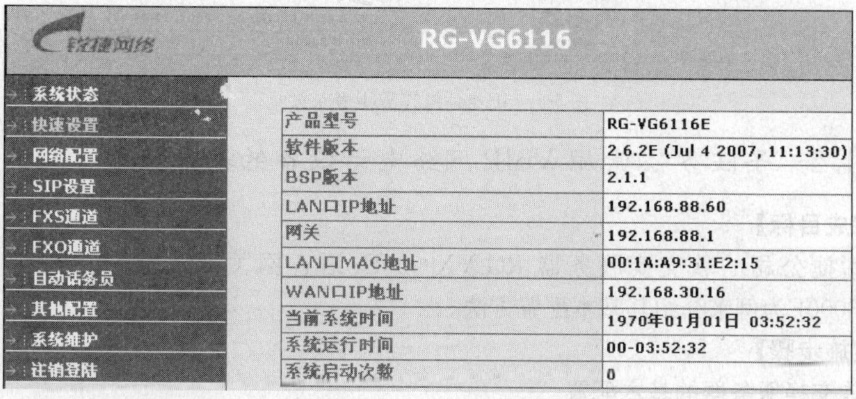
RG-VG6116
系统状态
快速设置
网络配置
SIP设置
FXS通道
FXO通道
自动话务员
其他配置
系统维护
注销登陆
产品型号　RG-VG6116E
软件版本　2.6.2E (Jul 4 2007, 11:13:30)
BSP版本　2.1.1
LAN口IP地址　192.168.88.60
网关　192.168.88.1
LAN口MAC地址　00:1A:A9:31:E2:15
WAN口IP地址　192.168.30.16
当前系统时间　1970年01月01日 03:52:32
系统运行时间　00-03:52:32
系统启动次数　0

图 6-3　语音网关的 Web 登录页面

注意：同一时刻只允许一台计算机登录语音网关，如果设定完毕，请使用退出或注销功能，否则，其他计算机仍然无法登录，除非重新开机。

单击“网络配置”→“静态 IP”，可以输入 LAN 口 IP 地址、LAN 口子网掩码、网关等参数，输入完毕后单击“提交”按钮，重新开机后设定生效。

3. IP 电话 RG-VP3000E

RG-VP3000E 网络电话机遵循 SIP 通信协议，能够与兼容 SIP 协议标准的其他终端或设备通信。话机内置两个 10/100M 正反接自适应以太网交换端口，一个端口接局域网交换机，另一个端口接 PC 机，就好像 IP 电话机串接在 PC 机与局域网交换机之间，IP 电话机与 PC 机都可以同时工作。IP 电话机也可以单独接到网络交换机上，单独使用。IP 电话机支持静态 IP、DHCP、PPPoE 等多种接入协议，全面适用于 ADSL、LAN 等网络接入方式。其端口配置如下所示：

(1)1 个 LAN 口，连接局域网交换机。

(2)1 个 PC 口，连接计算机。

(3)两个网口均支持交叉/直连网线。

按上述要求接入局域网后，可以采用 Web 方式登录并配置 IP 电话机。IP 电话机出厂时默认的 IP 地址是 192.168.88.30。该地址可以通过 IP 电话机面板上的 IP 键查询。出厂时默认的登录名及密码均为 admin，登录成功后会出现以下画面，如图 6-4 所示。

单击“网络配置”→“IP 配置”，可以配置 IP 地址、子网掩码、网关及 DNS 等参数。

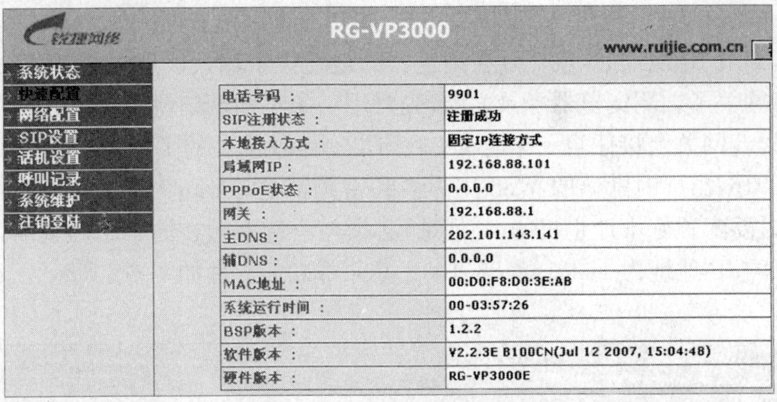

图 6-4　IP 电话机的 Web 登录页面

6.1.2　子任务 2：常用 VoIP 网络电话设备的基本配置

【完成目标】

以锐捷公司的软交换服务器 RG-VX9050E、语音网关 RG-VG6116E、IP 电话机 RG-VP3000E 为例来介绍其基本配置方法。

【实施步骤】

1. 软交换服务器的基本配置

（1）登录软交换服务器

注意： 在下面的叙述中，我们仅配置 A 组的语音网络设备。

软交换服务器 RG-VX9050E 提供四个以太网口，缺省情况下只有第一个以太网口（eth0）处于激活状态，并且配置有缺省的 IP 地址 192.168.88.90，子网掩码为 255.255.255.0。把本地计算机网卡的 IP 地址设置成 192.168.88.100，子网掩码为 255.255.255.0，在浏览器的地址栏中输入 http://192.168.88.90，回车后即可弹出登录页面，输入缺省的登录名为 admin、登录密码为 admin，就可以进入 Web 配置页面了。

（2）配置网络接口 IP

用鼠标单击"系统管理"→"网络接口配置"菜单条，即可配置四个 LAN 口的 IP 地址等信息。四个 LAN 口相当于四块网卡，可接四个不同的网段。原则上，建议不要更改 eth0 口的 IP 地址，以便于按缺省方式登录服务器。其余 LAN 口可以根据需要配置，如图 6-5 所示，修改完成后请单击"提交"按钮，系统重启后设置生效。

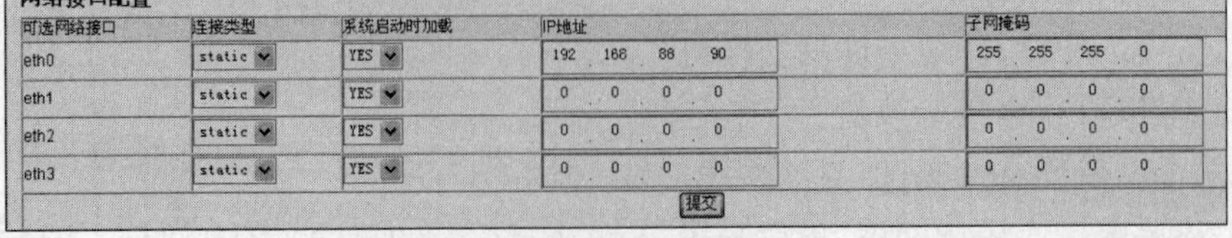

图 6-5　配置软交换服务器网络接口

（3）SIP 信息配置

主要是为 SIP 通信协议设置端口号，为其他客户端注册电话号码做准备。单击"系统管理"→"设置 SIP 信息",将"SIP 监听端口"修改为 6060(其默认设置为 5060),如图 6-6 所示。以后所有向这台服务器注册的客户端设置 SIP Server 时,其端口号都需要设置成 6060,否则,将无法注册成功。

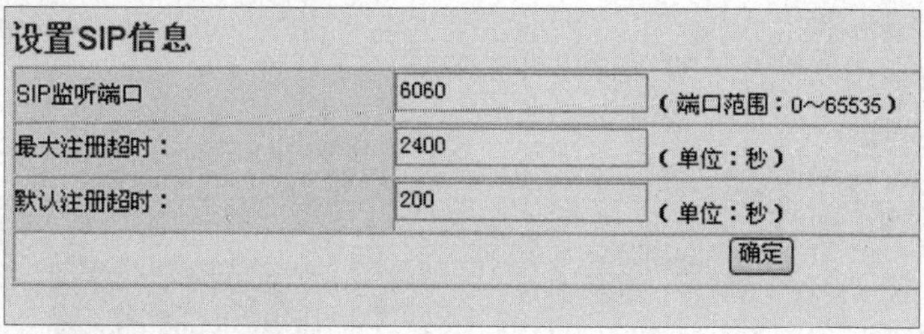

图 6-6　SIP 信息设置

(4)添加分机号码

分机号码可以一个一个地手工添加,如果号码是连续的,也可以批量添加。添加号码的步骤如下:单击"号码管理"→"添加号码",进入号码添加界面,输入分机号码及密码,"呼叫规则"默认选择"rule_default",表示只允许拨打内线电话,如果需要拨打外线电话,请参照以后的相关实验。

"密码":是与用户号码对应的,一般可以不设。

"是否在 NAT 之后":若此号码对应的 VoIP 终端(例如 IP Phone)与 RG-VX9000 不在同一层 NAT 下,则选择"YES",若在同一层 NAT 下,则选择"NO"。

"是否发送保活报文":此号码对应的 VoIP 终端在 NAT 或防火墙后,则选择"YES",否则选择"NO"。

"使用权限":选择"自由模式",表示不加控制地使用号码。设置完毕后,单击"添加号码"按钮,添加内线号码成功,如图 6-7 所示。

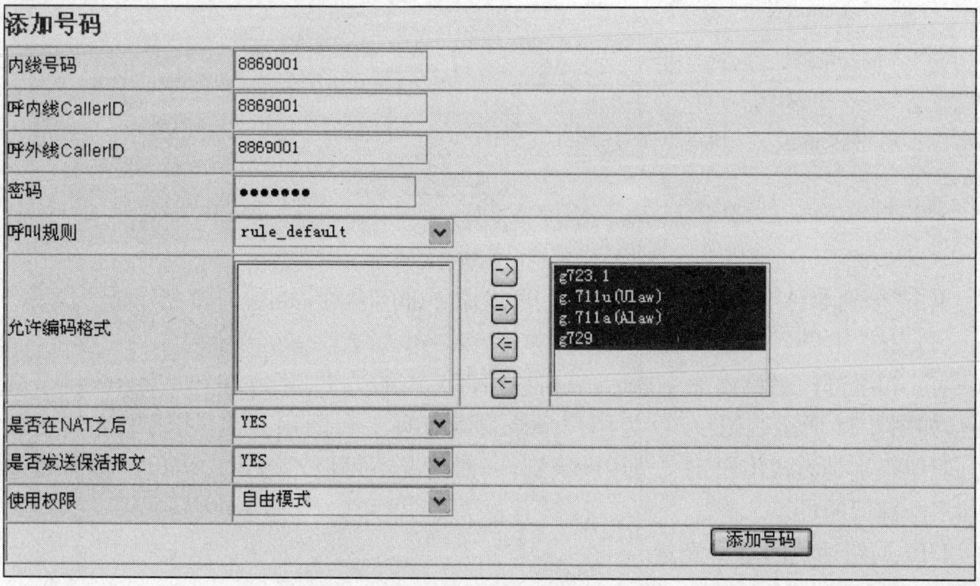

图 6-7　添加号码

如果是批量添加号码,则单击"号码管理"→"批量添加号码",在弹出的窗口中输入开始和结束号码。缺省情况下,密码与号码相同,如果选择"NO",则密码为空。其他的设置同上,如图6-8所示。

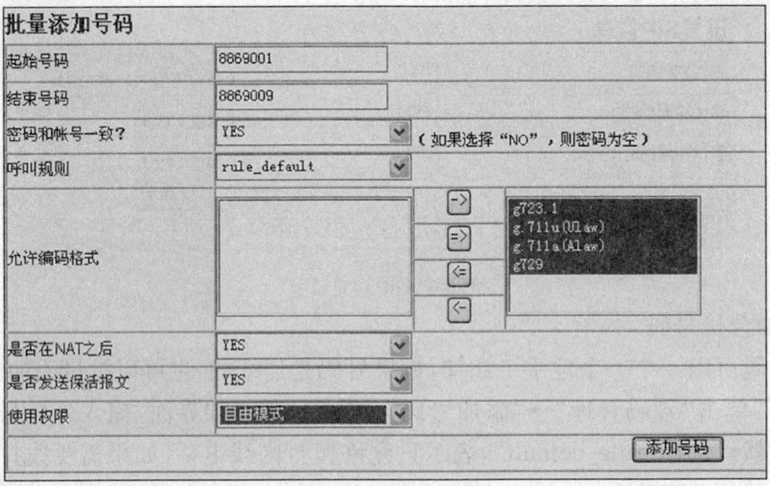

图6-8　批量添加号码

(5)添加公司及部门

在企业中部署网络电话,为了便于对电话号码进行管理,需要对员工按部门进行归类。为此,需要在服务器中建立公司及部门名称,然后再向各部门添加员工,并给各位员工分配号码。操作步骤为:单击"企业管理"→"添加公司",添加公司的名称。公司名称添加成功后可以在"公司列表"中查询到,然后单击"公司名称",就可以在该公司名称下添加部门名称,如图6-9所示:

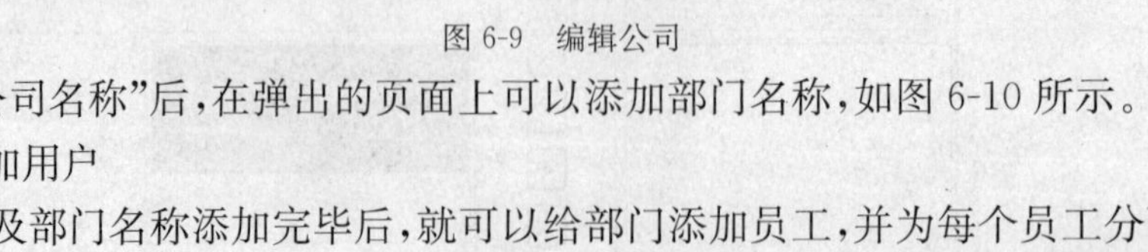

图6-9　编辑公司

单击"公司名称"后,在弹出的页面上可以添加部门名称,如图6-10所示。

(6)添加用户

当公司及部门名称添加完毕后,就可以给部门添加员工,并为每个员工分配一个电话号码,如图6-11所示。用户ID为用户登录自身管理平台的用户名,密码即为其登录密码。职位级别是为该用户定义费用的级别,一般情况下可以不考虑。可以根据需要连续添加多个部门的员工。

2.IP网络话机的基本配置

(1)配置静态IP地址

首先,利用网络电话机IP上的IP键查询本机的IP地址(出厂默认值为192.168.88.

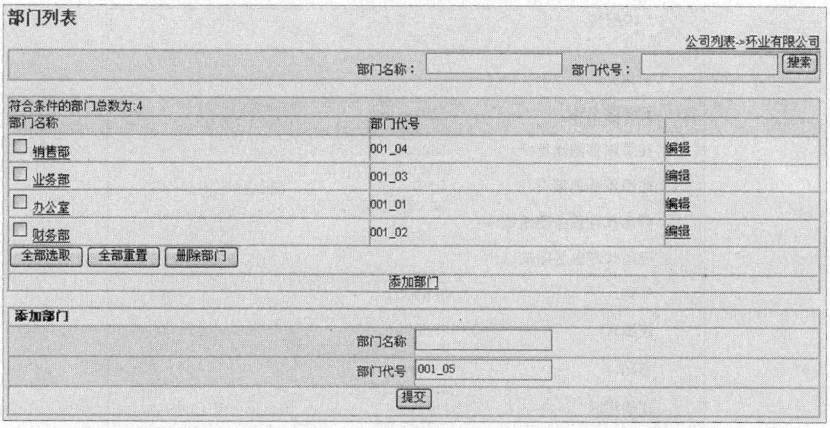

图 6-10　部门列表

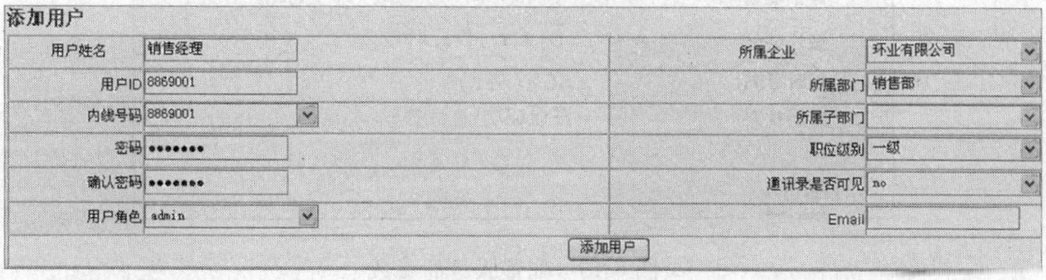

图 6-11　添加用户

30)，然后在浏览器上输入该 IP 地址，如：http://192.168.88.30，登录 RG-VP3000E 网络电话机，缺省的登录名称和密码都是 admin。在主菜单中单击"网络配置"→"IP 配置"，配置 IP 地址后单击"应用"，如图 6-12 所示。

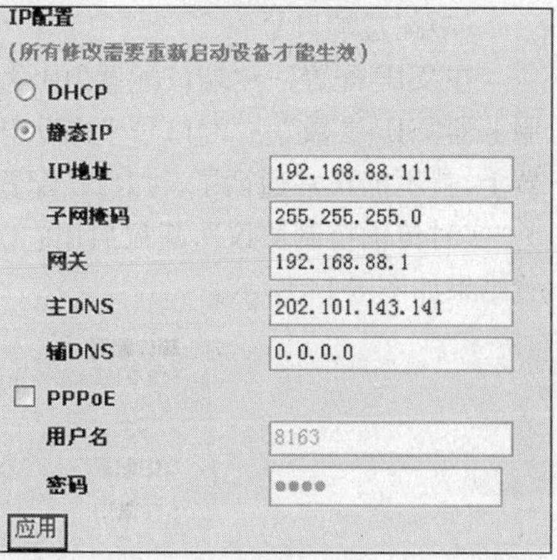

　　每台网络电话机都必须有唯一的局域网内的 IP 地址，这个 IP 地址需要与后面服务商参数中的电话号码绑定在一起。

　　（2）配置服务商参数

　　在这里，服务商主要是指软交换服务器，配置的也是软交换服务器参数。请参照前面软交换服务器的相关参数进行配置。

图 6-12　配置静态 IP 地址

具体步骤：在主菜单中单击"SIP 配置"→"服务商配置"，配置"服务商"相关参数，请勾选"启用"确认框，"服务器名称"是任意的，但必须要和其他的网络设备命名一致。"注册服务器地址"就是上述软交换服务器的 eth0 的 IP 地址，"注册服务器端口"也是上述软交换服务器中的 SIP 参数配置时输入的端口号，即 SIP 服务器的监听端口。"号码"、"密码"就是上述配置分机号码时建立的号码。其他参数采用默认值即可，最后单击"应用"，如图 6-13 所示。

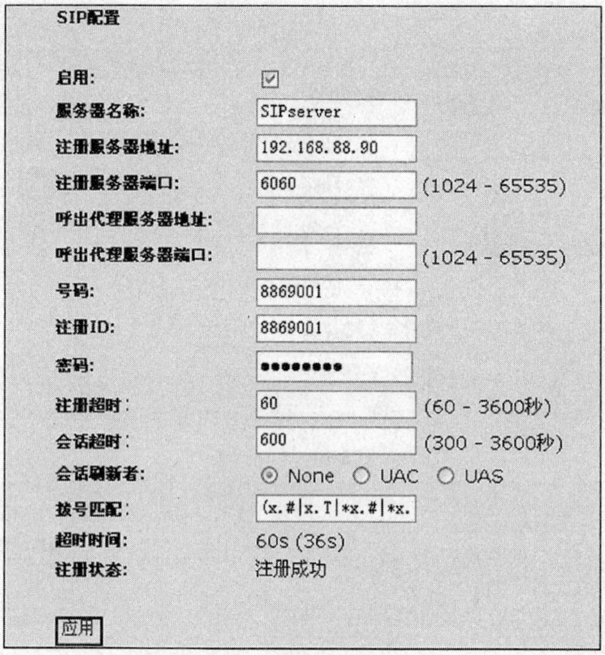

图 6-13　配置服务商参数

（3）配置端口号

在"SIP 配置"→"端口配置"中设定，这里设置的"SIP 端口号"一定要和前面软交换服务器"SIP 参数"→"端口号"的设定一致，否则，这台 IP 电话机就注册不到软交换服务器上，就不能正常通话了。"RTP 配置"可用缺省值，"RTP"为"实时传输协议"，"RTCP"为"实时传输控制协议"，建议启用它。设定完毕后单击"应用"按钮，使设置参数生效。设置结果如图 6-14 所示。

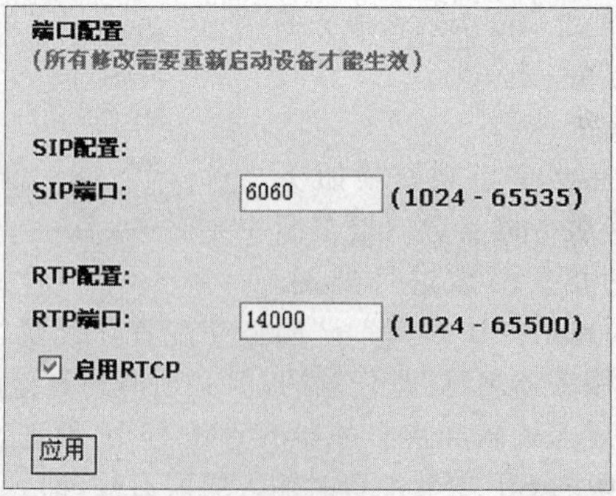

图 6-14　配置端口号

（4）配置系统时间

系统时间的设定步骤：单击"系统维护"→"系统时间"，选择时区，SNTP 服务器是系统设置标准时间的服务器(网络中另行配置,如果没有就不必选择),如果有就输入其 IP 地址,并勾选"开机自动与 SNTP 服务器同步",如果没有该服务器,就不要勾选该选择框。可以单击"与 PC 时间同步",获取当前 PC 机的系统时间,如图 6-15 所示。

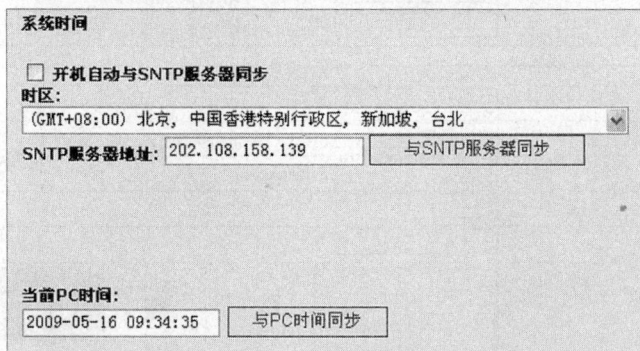

图 6-15　配置系统时间

最后在主菜单的"系统维护"中选择"重新启动",网络话机将重新启动,应用新的设置。

3. 语音网关的基本配置

语音网关是与软交换服务器配套使用的,因此,配置语音网关需要同时配置软交换服务器。语音网关用来将数字语音信号转化成模拟信号,或者将模拟语音信号转化成数字信号。为此,软交换服务器与语音网关之间,首先需要配置中继线路,中继线可有多条。有了中继线之后,还要知道如何选择中继线,这个工作由路由规则确定。不同的路由可以选择不同的中继,不同的中继会到达不同的目的地。另外,具体选择哪条路由还要由呼叫规则确定,所以,还要建立不同号码的呼叫规则。例如,有些号码只能拨打内线,有些号码可以拨市话,而有些号码还可以拨长途。最后,再把所有号码与呼叫规则关联起来,就能找到一条合适的中继线路到达目的地。具体操作下面分步描述。

(1)在软交换服务器上添加中继

首先登录进 RG-VX9050E 的管理界面,单击"路由管理"→"添加中继",在其中添加一条中继指向语音网关。"基本设置"中几项暂时可以忽略,"中继名称"任意(如:ZJ001),输入中继指向的目标主机(语音网关)的 IP 地址及端口号。其中,"用户名、密码"不用写,"编码方式"可以全选,"呼入设置"及"注册字符串"不填,最后单击"提交",完成设置,如图 6-16 所示。

(2) 在软交换服务器上添加路由

软交换服务器上的路由是为呼叫规则准备的,不同的呼叫规则可以选择不同的路由,而路由又要与中继关联起来,一条路由可以关联多条中继。具体操作:单击"路由管理"→"添加路由","路由名称"可以任意设定(如:to_ZJ001),并将路由与刚建立的中继(ZJ001)关联起来,设置"路由规则"拨"9"打外线,拨不同的号码应该有不同的路由规则与之匹配,如图 6-17 所示。

(3)在软交换服务器上添加呼叫规则

呼叫规则是为号码准备的,不同的号码可以使用不同的呼叫规则,不同的呼叫规则可

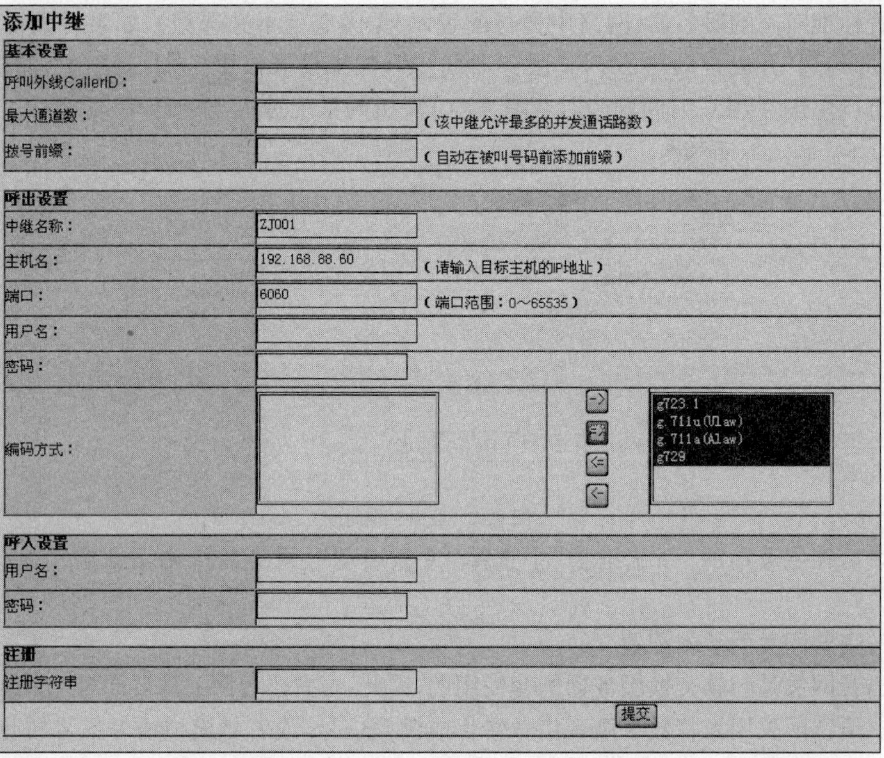

图 6-16   添加中继

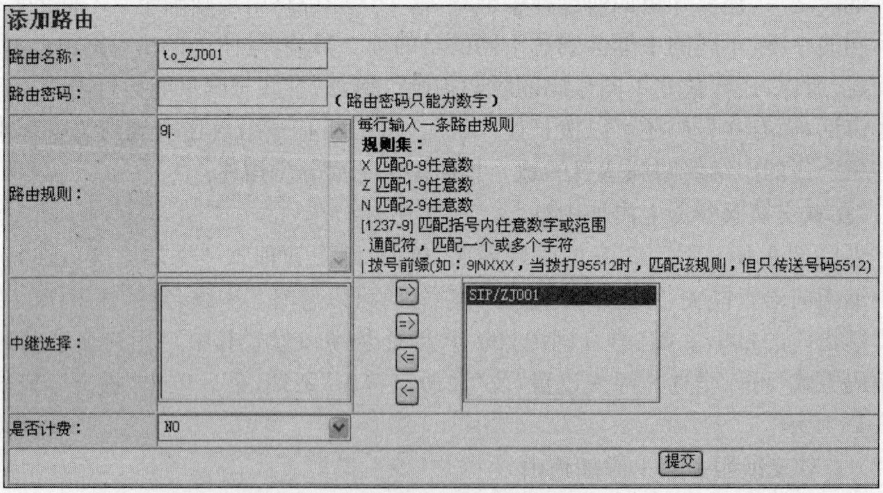

图 6-17   添加路由

以选择不同的路由,最终目的是为号码找到一条出口,顺利呼出。具体操作:在菜单中选择"路由管理"→"添加呼叫规则",呼叫规则的名称可以任意(如:goto_ZJ001),并将呼叫规则与刚建立的路由(to_ZJ001)关联起来,如图 6-18 所示。

(4)在软交换服务器上配置号码的呼叫规则

每一个号码都要为它指定一条呼叫规则,这样它才能正确呼出,为号码配置呼叫规则

图 6-18　添加呼叫规则

比较简单，如：在主菜单中选择"号码管理"→"号码列表"，从列表中点选号码，如："8869002"。将该号码与呼叫规则"goto_ZJ001"绑定，其他参数的选择在前面设置"添加号码"时已经说明，最后单击"修改号码"，完成设置，如图 6-19 所示。

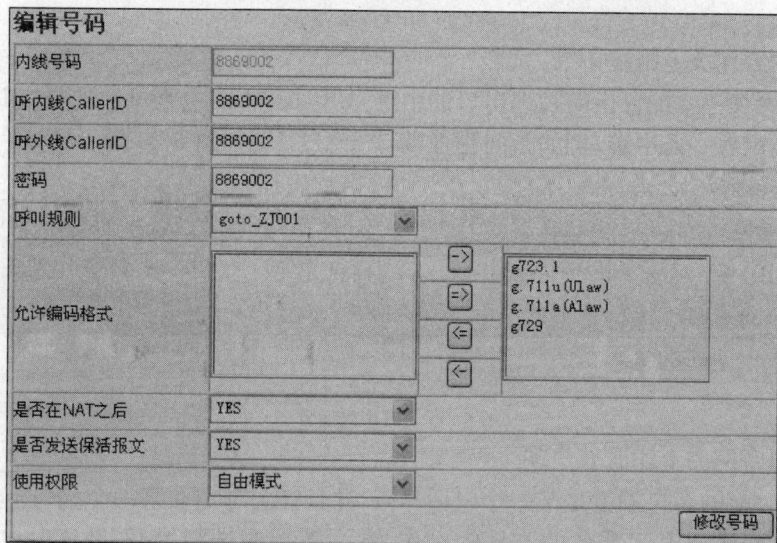

图 6-19　编辑号码

系统中的其他号码都要按照上述方法添加呼叫规则。

（5）在语音网关 RG-VG6116E 上配置网络端口

语音网关本身也是一台网络设备，它也要有唯一的 IP 地址，具体操作是：首先登录 RG-VG6116E 的管理界面。在浏览器的地址栏上输入缺省的 IP 地址 http://192.168.88.16，并输入缺省用户名和密码 admin。在主菜单中选择"基本配置"，再选择"网络设置"，如图 6-20 所示。根据网络实际情况配置 LAN 口的基本参数（本

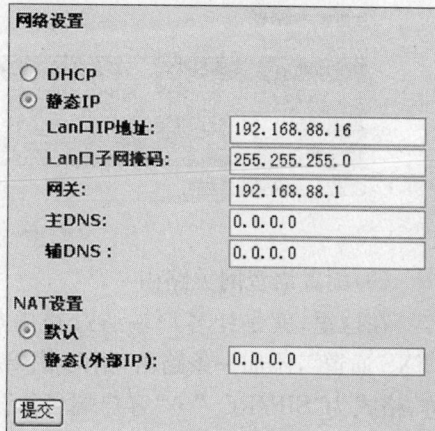

图 6-20　语音网关 LAN 口配置

项目 A 组语音网关 IP 地址设置为 192.168.88.60)。

(6)在语音网关上注册服务器

必须让语音网关知道网络上的软交换服务器(数字程控交换机)是谁,才能将转换后的数字语音信号正确传送给软交换服务器。具体配置方法:在主菜单中选择"SIP 设置"→"SIP服务器",输入注册服务器(本局域网上的软交换服务器 IP:192.168.88.90)的 IP 地址及端口号,名称是本局域网上的软交换服务器的名字。IP 地址与端口号一定要与软交换服务器设置一致,如图 6-21 所示。

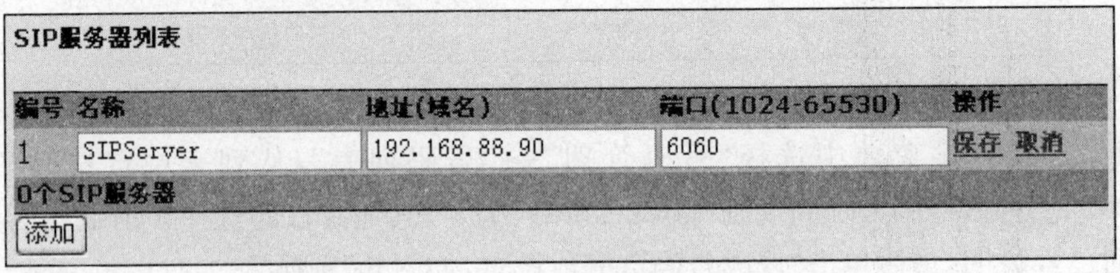

编号	名称	地址(域名)	端口(1024-65530)	操作
1	SIPServer	192.168.88.90	6060	保存 取消

SIP服务器列表

0个SIP服务器

添加

图 6-21　SIP 服务器列表

(7)在语音网关上配置中继

在语音网关上要配置指向物理出口的中继,具体操作:在主菜单中选择"SIP 设置"→"中继设置",配置一条中继,例如指向物理端口"FXO/1",如图 6-22 所示。

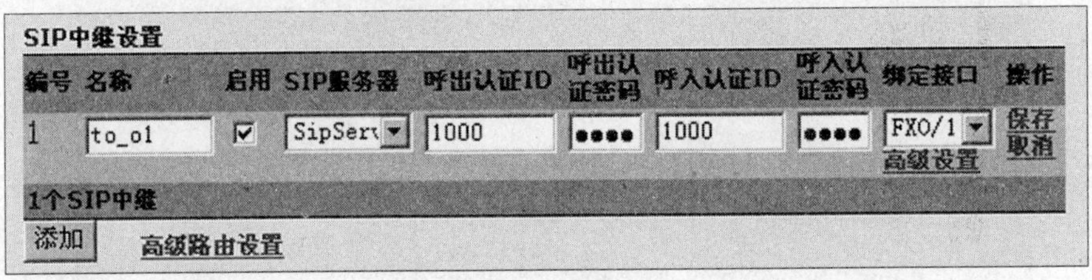

SIP中继设置

编号	名称	启用	SIP服务器	呼出认证ID	呼出认证密码	呼入认证ID	呼入认证密码	绑定接口	操作
1	to_o1	☑	SipServ	1000	••••	1000	••••	FXO/1	保存 取消 高级设置

1个SIP中继

添加　高级路由设置

图 6-22　SIP 中继设置

(8)在语音网关上注册客户端

语音网关上的客户端就是某一个电话号码,并且让它绑定在某一个端口上,它是为不具备 IP 地址的模拟电话准备的。具体操作:在主菜单中选择"SIP 设置"→"注册客户端",如将号码"8869009"绑定在物理端口"FXS/2",如图 6-23 所示。

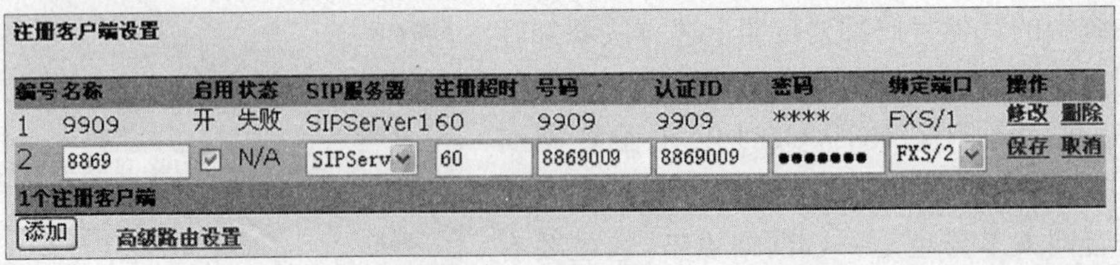

注册客户端设置

编号	名称	启用	状态	SIP服务器	注册超时	号码	认证ID	密码	绑定端口	操作
1	9909	开	失败	SIPServer	160	9909	9909	****	FXS/1	修改 删除
2	8869	☑	N/A	SIPServ	60	8869009	8869009	•••••••	FXS/2	保存 取消

1个注册客户端

添加　高级路由设置

图 6-23　注册客户端设置

(9)配置语音网关路由

在这里,就是让客户端通过路由与端口一一对应起来,具体操作:在主菜单中选择"FXS 通道",添加一条路由,指向 FXS/2 口,呼出目的路由接口就是刚刚注册的客户端名称,格式为"SIP/RC_"+"客户端名称",路由的作用主要是为该端口的模拟电话呼叫寻找出口,具体操作如图 6-24 所示。

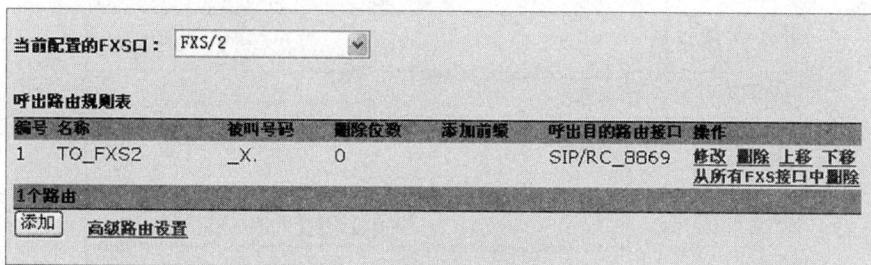

图 6-24 FXS/2 端口的路由设置

(10)重启语音网关,使设置生效

为了使刚才的设置生效,需要在主菜单中选择"系统维护"→"重启系统",然后选择"确认",重启系统让新的设置生效。

按上述方法配置后 IP 电话 8869001、8869002 等与模拟电话 8869009 之间可以相互拨通。

6.2 任务二:局域网内的 VoIP 通信

【任务描述】

VoIP 系统首先要满足企业内部使用,在企业内部环境中,基本上处于同一个局域网内,不需要跨越 NAT。下面我们就根据项目需求,参考项目拓扑图,实现 IP 电话之间、IP 电话与模拟电话之间的通话。在上述任务一里对每个 VoIP 设备的基本配置已做了初步介绍,按照上述的配置,A 组 VoIP 网络设备应该可以相互通话了。在下面的内容里,我们利用 B 组 VoIP 网络设备来配置,构成一个完整的企业 VoIP 电话系统。

6.2.1 子任务 1:配置 B 组软交换服务器

【完成目标】

本子任务的目标就是完成 B 组软交换服务器所需的配置。

【实施步骤】

1. 修改 IP 地址

软交换服务器出厂时 eth0 口都默认为 192.168.88.90,在浏览器上输入以上地址,登录软交换服务器,缺省用户名及密码都是 admin。根据项目需求,先把软交换的 IP 地址修改为 192.168.87.90。修改方法可以参照图 6-5。

2. 添加号码

在 B 组软交换服务器上批量添加三个号码:8969001、8969002、8969003。具体添加操作步骤:单击"号码管理"→"批量添加号码",输入相关参数后单击"添加号码",如图6-25 所示。

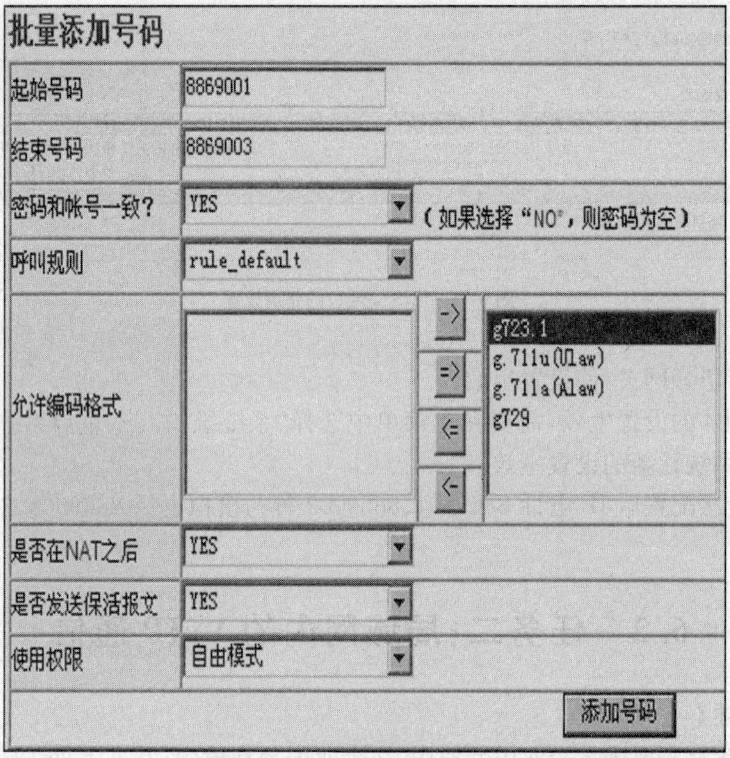

图 6-25　B 组软交换批量添加三个号码

6.2.2　子任务 2:配置 IP 电话机

【完成目标】

本子任务的目标就是完成 B 组的 IP 电话机所需的配置。我们仅以其中一台(IP5)为例来说明配置方法,其他的 IP 电话机配置方法相同,就不再赘述。

【实施步骤】

1. 查询 IP 地址

首先,按下 IP 话机的"IP"键,查询电话机的 IP 地址(出厂默认为 192.168.88.30),把本地计算机的"本地连接"属性设置成同网段后,在浏览器上输入该 IP 地址(如 http://192.168.88.30),输入缺省帐号及密码:admin,登录到 IP 电话的 Web 管理界面。单击"网络配置"→"IP 地址",查询一下 IP 地址是否与软交换服务器同网段,如果是就跳过,否则将 IP 话机的地址设置成与本地软交换服务器同网段(本项目要求设置成 192.168.87.111),设置方法如前面实训任务二所述。

2. 注册 IP 电话机

在 IP 电话机配置页面上配置注册服务器、注册端口与注册号码。单击"SIP 设置"→"服务商配置",输入相关参数,如图 6-26 所示。

按相同的方法,可以配置多台 IP 电话机。

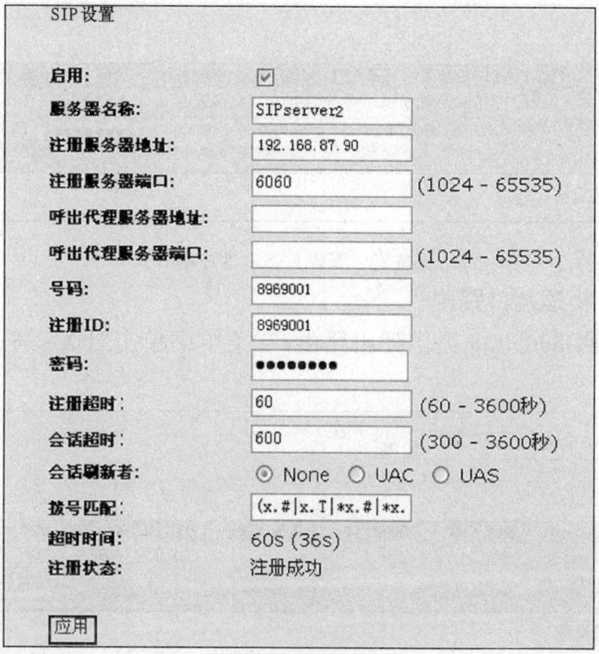

图 6-26　配置 IP 电话机参数

6.2.3　子任务 3:配置语音网关

【完成目标】

本子任务的目标就是完成 B 组语音网关所需的配置。

【实施步骤】

1.登录语音网关

语音网关出厂默认 IP 地址为 192.168.88.16,在浏览器上输入 http://192.168.88.16,输入缺省用户名及密码 admin,即可登录到 Web 管理界面,登录成功后请将其 IP 地址修改成与软交换服务器同网段,即 192.168.87.60 网段。

2.配置注册服务器

在语音网关首页上单击"SIP 设置"→"SIP 服务器",单击"添加",输入软交换服务器相关参数,输入完毕后单击"保存",保存设置值,如图 6-27 所示。

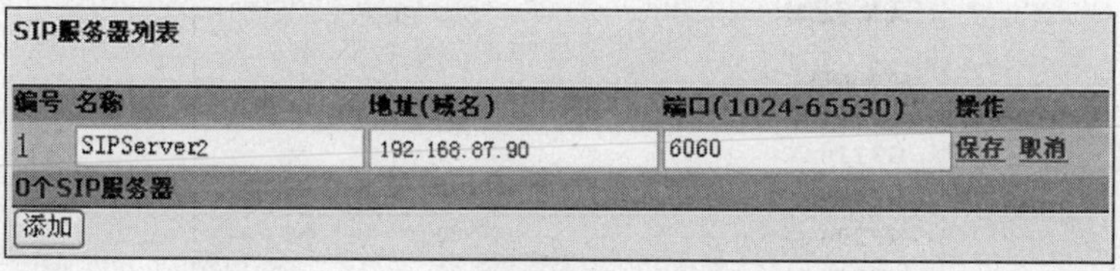

图 6-27　注册 SIP 服务器

3.注册客户端

注册客户端就是将号码 8969003 分配给物理端口 FXS/2,单击"SIP 设置"→"注册客户端",单击"添加",配置界面如图 6-28 所示,将号码绑定到端口上。

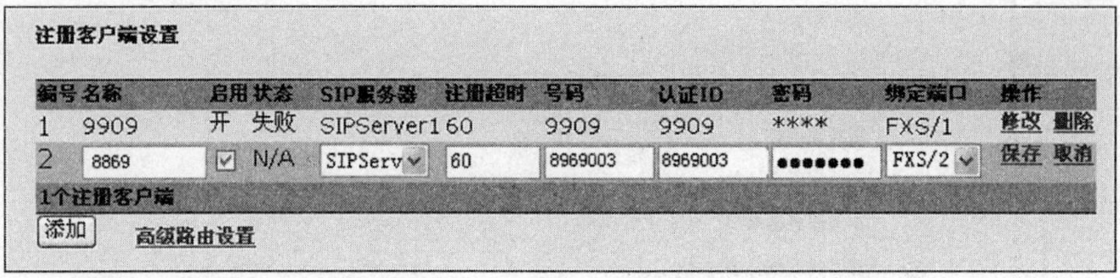

图 6-28 配置 FXS/2 客户端

4. 配置 FXS/2 物理端口路由

最后还要给号码 8969003 提供呼出路由，在菜单中单击"FXS 通道"→"路由设置"，如图 6-29 所示。

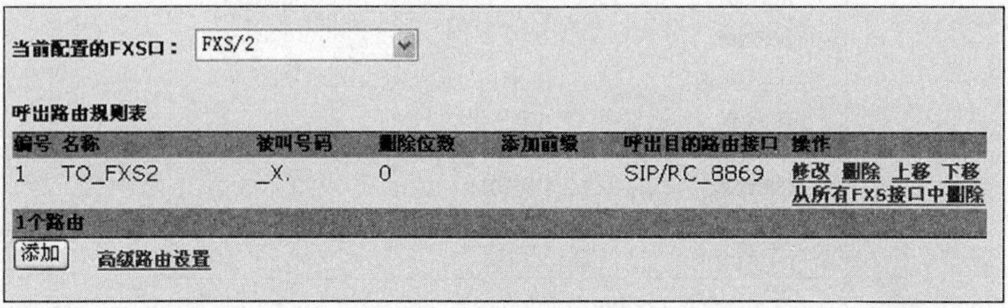

图 6-29 为物理端口分配号码

再单击"端口设置"，将号码改成"8969003"，并可以设置其他参数，如图 6-30 所示。

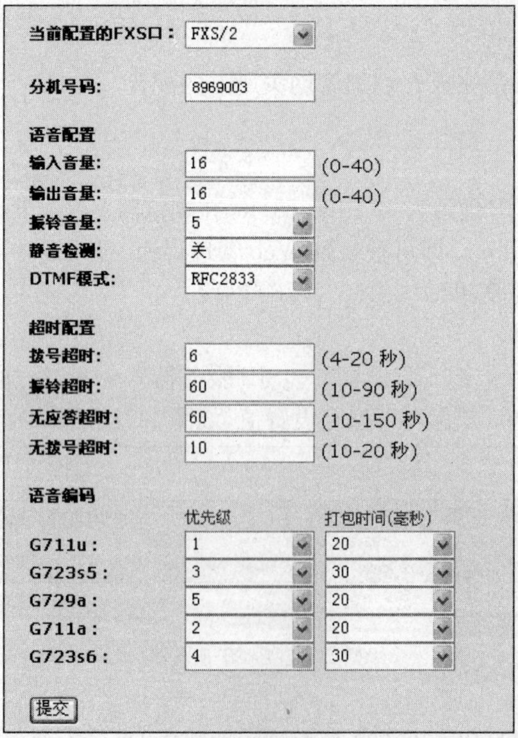

图 6-30 FXS/2 端口设置

5. 重启系统

单击"系统维护"→"保存配置"→"重新启动"。然后在语音网关上可以查看到注册状态,单击"SIP 注册"→"注册客户端",可以看到号码 8969003 注册成功,并且成功启用,如图 6-31 所示。

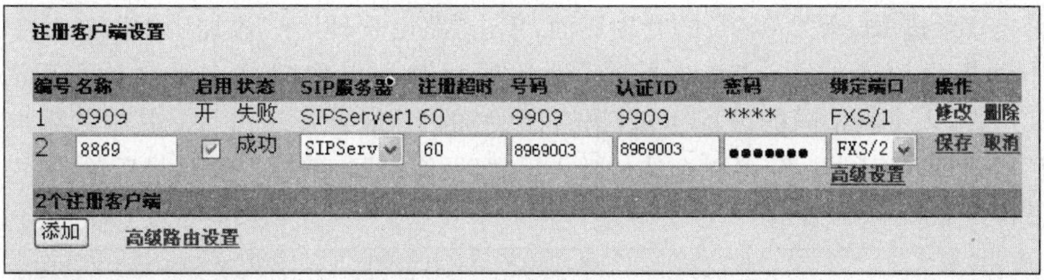

注册客户端设置

编号	名称	启用	状态	SIP服务器	注册超时	号码	认证ID	密码	绑定端口	操作
1	9909	开	失败	SIPServer1	60	9909	9909	****	FXS/1	修改 删除
2	8869	☑	成功	SIPServ▽	60	8969003	8969003	•••••••	FXS/2 ▽ 高级设置	保存 取消

2个注册客户端

添加　高级路由设置

图 6-31　语音网关上注册客户端

6.2.4　子任务 4:验证通话情况

【完成目标】

本子任务用来验证上述 B 组语音设备的配置是否正确。

【实施步骤】

1. 验证 IP 电话之间的通话

假定按上述步骤已经配置了 IP 电话 1 的注册号码为 8969001,IP 电话 2 的注册号码为 8969002,模拟电话的号码为 8969003。下面进行拨号验证:

IP 电话 1 摘机,拨叫号码:8969002♯(♯ 号表示拨号结束,马上呼叫,否则,话机会等待较长的时间才呼叫),如果 IP 电话 2 振铃后就可以摘机通话了,如果不振铃说明配置有误,需要检查各项配置情况。

IP 电话 2 摘机,拨叫号码:8969001♯,IP 电话 1 应该振铃,如果不振铃说明配置有误,需要检查各项配置情况。

2. 验证 IP 电话与模拟电话之间的通话

IP 电话 1 摘机,拨叫号码:8969003♯,模拟电话应该振铃,如果不振铃说明配置有误,需要检查各项配置情况。

模拟电话摘机,拨叫号码:8969001♯,IP 电话 1 应该振铃,如果不振铃说明配置有误,需要检查各项配置情况。

模拟电话摘机,拨叫号码:8969002♯,IP 电话 2 应该振铃,如果不振铃说明配置有误,也需要检查各项配置情况。

如果上述几个方向的通话都成功,则说明所有参数配置正确,否则,需要检查各个设备的配置情况。

6.2.5　子任务 5:实现 VoIP 网络与 PSTN 网络的互联

【完成目标】

本子任务的目标就是完成 IP 电话落地服务配置,即实现 IP 电话机与市话机通话。要实现 VoIP 网络与 PSTN 网络的互联,首先要在软交换服务器上添加中继、路由和呼叫规则,然后给每个号码配置呼叫规则,才能使得拨向市话网的呼叫有正确的路由。

【实施步骤】

具体配置方法如下各步所述。

1.在软交换服务器上添加中继

首先登录进 RG-VX9050E 的管理界面,单击"路由管理"→"添加中继",在其中添加一条中继指向语音网关。"基本配置"中几项暂时可以忽略,"中继名称"任意(如:ZJ_EXT),输入中继指向的目标主机(语音网关)的 IP 地址及端口号。其中,"用户名"、"密码"不用写,"编码方式"可以全选,"呼入设置"及"注册字符串"不填,最后单击"提交",完成设置。如图 6-32 所示。

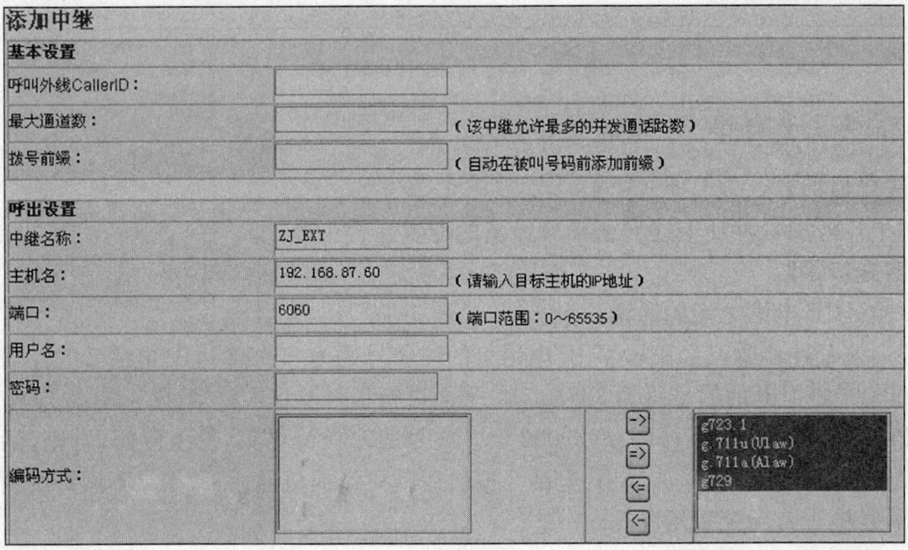

图 6-32　添加中继

2.在软交换服务器上添加路由

软交换服务器上的路由是为呼叫规则准备的,不同的呼叫规则可以选择不同的路由,而路由又要与中继关联起来,一条路由可以关联多条中继。具体操作:单击"路由管理"→"添加路由","路由名称"可以任意设定(如:TOZJ_EXT),并将路由与刚建立的中继(ZJ_EXT)关联起来,设置"路由规则"拨"9"打外线,拨不同的号码应该有不同的路由规则与之匹配,如图 6-33 所示。

3.在软交换服务器上添加呼叫规则

呼叫规则是为号码准备的,不同的号码可以使用不同的呼叫规则,不同的呼叫规则可以选择不同的路由,最终目的是为号码找到一条出口,顺利呼出。具体操作:在菜单中选择"路由管理"——"添加呼叫规则",呼叫规则的名称可以任意(如:GOTOZJ_EXT),并将呼叫规则与刚建立的路由(TOZJ_EXT)关联起来,如图 6-34 所示。

4.在软交换服务器上配置号码的呼叫规则

每一个号码都要为它指定一条呼叫规则,这样它才能正确呼出,为号码配置呼叫规则比较简单,如:在主菜单中选择"号码管理"→"号码列表",从列表中点选号码,如

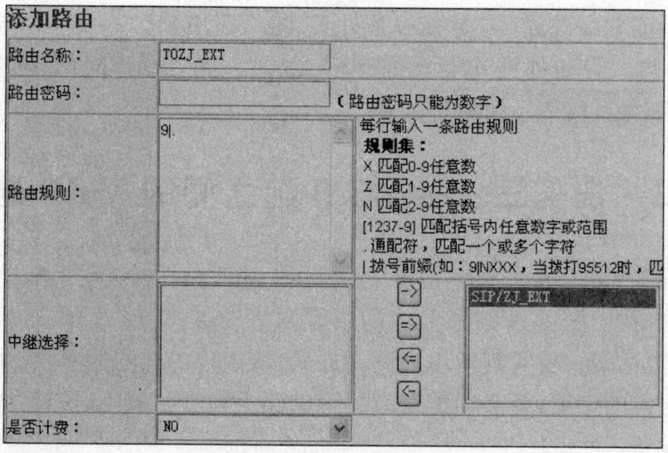

图 6-33　添加路由

图 6-34　添加呼叫规则

"8969002"。将该号码与呼叫规则"GOTOZJ_EXT"绑定,其他参数的选择在前面设置"添加号码"时已经说明,最后单击"修改号码",完成设置,如图 6-35 所示。

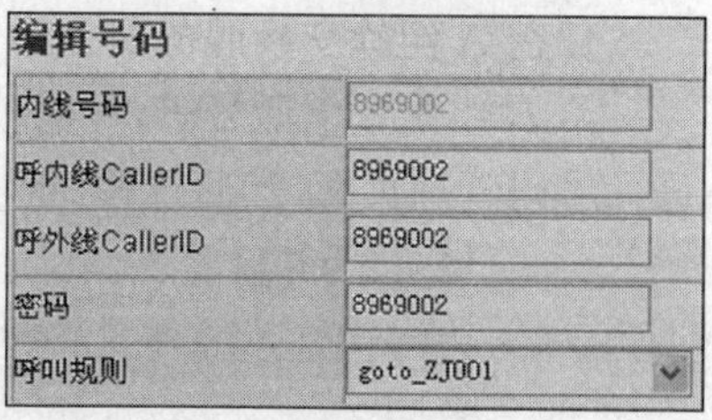

系统中的其他号码都要按照上述方法添加呼叫规则。

5.在网关上配置路由

来自软交换服务器的呼叫最终需要从某一个语

图 6-35　配置号码的呼叫规则

音网关的 FXO 口输出,因此,还要给出一条路由指向 FXO 口,具体操作为:单击"SIP 配置"→"中继设置",如图 6-36 所示。

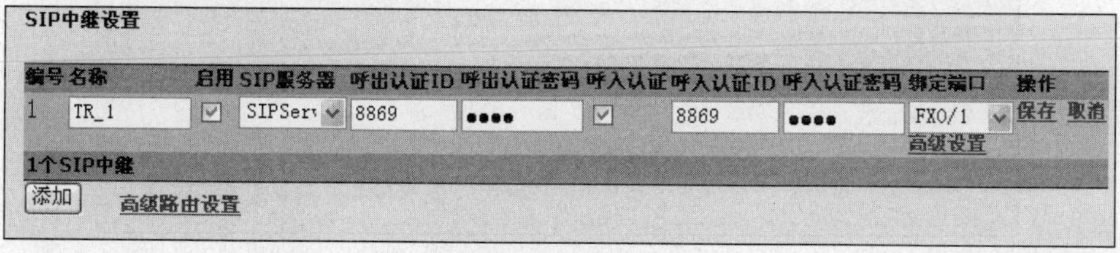

图 6-36　呼出路由配置

经过上述配置后,VoIP 网络内的电话就应该可以正常与外网,即 PTSN 网络上的电话互通了。要验证本项设置,需要有一条外线,接入 FXO/1 口,然后还要有一部外线电话,这样才能试验。假如外线电话号码为 2185012,则 VoIP 网络内的电话拨号应为 92185012,其中前缀 9 就表示拨打外线。

6.3 任务三:A 组与 B 组之间的 VoIP 通信

【任务描述】

在本任务中,我们配置 A 组和 B 组的语音网络设备,实现 A 组、B 组之间的 IP 电话服务,节省长途电话费。要实现两组之间的通话,两组内的核心服务器,即软交换服务器,必须要有通向对方的中继,还必须配置有相应的路由和呼叫规则,这样才能让呼叫正确地到达对方终端设备。

IP 电话的落地问题,即 IP 电话网与 PSTN 的互联问题,已在前面任务二里解决,这里不再赘述。

6.3.1 子任务 1:局域网内语音设备配置

【完成目标】

本子任务的目标就是完成局域网内部 IP 电话服务配置,即实现局域网内 IP 电话机之间的通话。这部分的配置工作与前面任务一基本相同,如果前面已经配置好了,以下各步可以部分省略。

【实施步骤】

1.在 A 组软交换服务器上添加号码

给 A 组配置电话号码,号码范围为 8869001~8869009。登录 A 组的软交换服务器,进入号码管理页面,然后选择"批量添加号码",操作界面如图 6-37 所示。

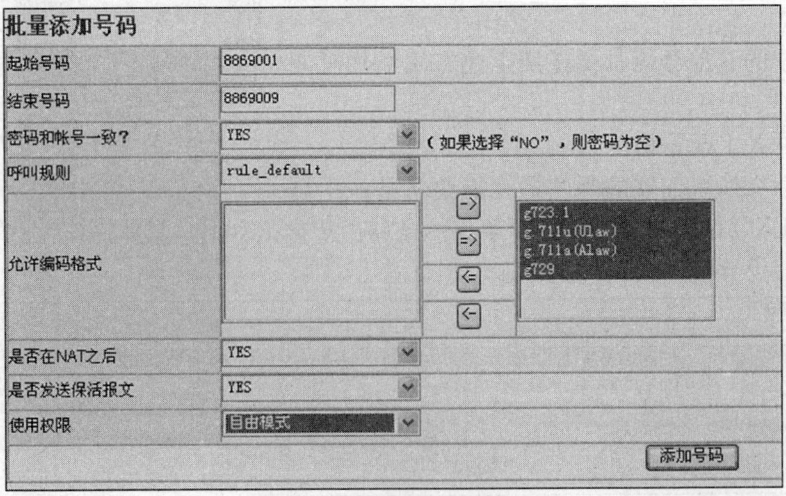

图 6-37 批量添加 A 组号码

2.在 B 组软交换服务器上添加号码

我们再给 B 组配置电话号码,号码范围为 8969001~8969003。A 组和 B 组采用不同的号码段。登录 B 组的软交换服务器,进入号码管理页面,将其端口号改为 5050,然后选择"批量添加号码",操作界面如图 6-38 所示。

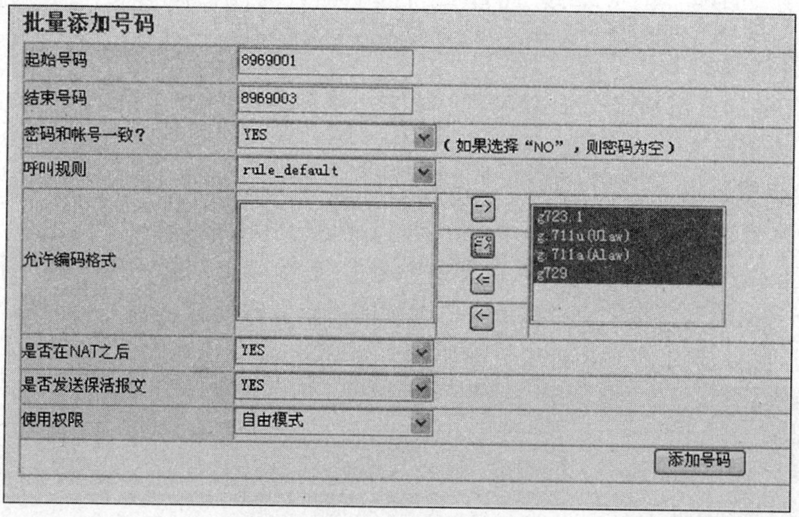

图 6-38　批量添加 B 组号码

3.配置两组中各台 IP 电话机的 IP 地址

按照任务规划配置 A 组及 B 组每台 IP 电话的 IP 地址,具体操作可以参照前面的内容,参看图 6-12。

4.注册各台 IP 电话的号码

请按下述规划注册每台 IP 电话的号码,注册方法参照前面任务二的内容,参看图6-13 和图 6-14,具体如下:

(1)A 组 IP 话机 1:8869001。

(2)A 组 IP 话机 2:8869002。

(3)B 组 IP 话机 1:8969001。

(4)B 组 IP 话机 2:8969002。

5.配置语音网关的 IP 地址

A 组及 B 组都有各自的语音网关,以实现网络电话在本地落地。各台语音网关的 IP 地址及端口号规划如下面所示,请参照前面的实训内容配置,可参见图 6-20。

(1)A 组语音网关:192.168.88.60:6060。

(2)B 组语音网关:192.168.87.60:6060。

6.在语音网关上注册客户端

客户端实质上是分机实体,用来与端口关联。请按下述规划注册每台模拟电话的号码:

(1)A 组模拟话机:8869009。

(2)B 组模拟话机:8969003。

配置方法参考图 6-21~图 6-24。

7.验证通话情况

经过上述配置后,A 组及 B 组各自内部 IP 电话之间、IP 电话与模拟电话之间都应该可以相互通话,如果通话不成功,请检查各台设备的配置情况。

6.3.2 子任务 2:实现 A 组与 B 组两个 VoIP 网络之间的通信

【完成目标】

本子任务的目标是完成局域网之间的 IP 电话服务配置,即实现 A 组局域网与 B 组局域网 IP 电话机之间的通话。

【实施步骤】

1.在 A 组软交换服务器上添加一条指向 B 组软交换服务器的中继

正常登录 A 组软交换服务器,在菜单中单击"路由管理"→"添加中继",中继名字假设为"SVC9000_2",目标主机中请填入 B 组软交换服务器的 IP 地址(192.168.87.90),端口号也为该服务器的端口号,配置界面如图 6-39 所示。

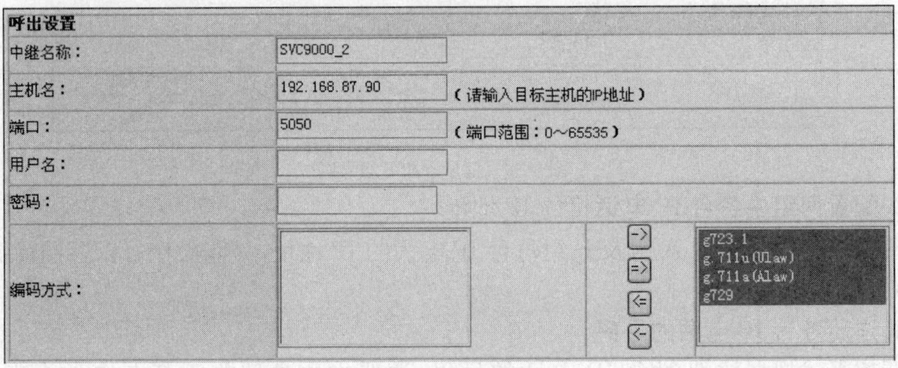

图 6-39 添加中继

再添加一条指向该服务器的路由。单击"路由管理"→"添加路由",添加一条名为"to_SVC9000_2"的路由,并选择中继"SVC9000_2"与之匹配,设置路由规则拨"8969XXX"表示打往 B 组 VoIP 系统的电话,配置界面如图 6-40 所示。

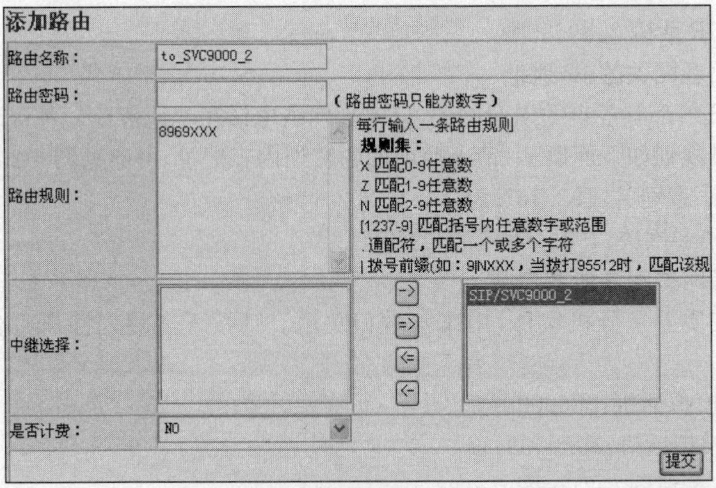

图 6-40 添加路由

添加呼叫规则。单击"路由管理"→"添加呼叫规则",添加一条名为"goto_SVC9000_2"的呼叫规则,并使它与路由"to_SVC9000_2"关联起来,配置界面如图 6-41 所示。

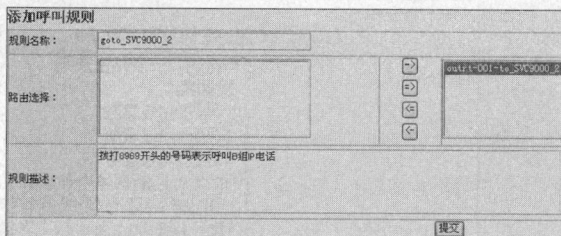

图 6-41　添加呼叫规则

2. 在 A 组软交换服务器上配置号码的呼叫规则

(1) 选择号码

单击"号码管理"→"号码列表",选择号码"8869001"。

(2) 编辑号码

选择号码"8869001",进入下层画面,选择呼叫规则"goto_SVC9000_2",如图 6-42 所示。

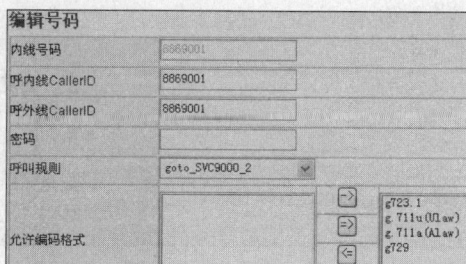

图 6-42　选择号码的呼叫规则

(3) 配置其他号码的呼叫规则

号码"8869002"等也按上述方法选择呼叫规则。

3. 在 B 组软交换服务器上添加一条指向 A 组软交换服务器的中继

正常登录 B 组的软交换服务器,在菜单中单击"路由管理"→"添加中继",中继名字假设为"SVC9000_1",目标主机中请填入 A 组软交换服务器的 IP 地址(192.168.88.90),端口号也为该服务器的端口号,配置界面如图 6-43 所示。

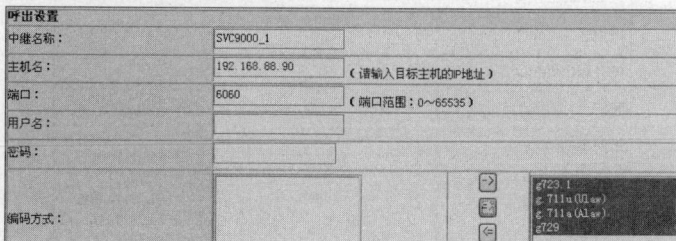

图 6-43　添加中继

再添加一条指向该服务器的路由。单击"路由管理"→"添加路由",添加一条名为"to_SVC9000_1"的路由,并选择中继"SVC9000_1"与之匹配,设置路由规则"8869XXX",表示打往 A 组 VoIP 系统的电话,配置界面如图 6-44 所示。

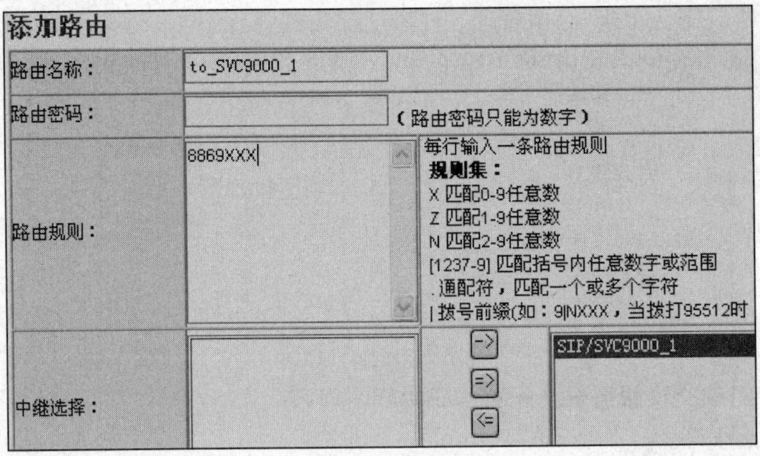

图 6-44　添加路由

　　添加呼叫规则。单击"路由管理"→"添加呼叫规则",添加一条名为"goto_SVC9000_1"的呼叫规则,并使它与路由"to_SVC9000_1"关联起来,配置界面如图 6-45 所示。

图 6-45　添加呼叫规则

4. 在 B 组软交换服务器上配置号码的呼叫规则

(1) 选择号码

单击"号码管理"→"号码列表",选择号码"8969001"。

(2) 编辑号码

选择号码"8969001",进入如图 6-46 所示界面,选择呼叫规则"goto_SVC9000_1"。

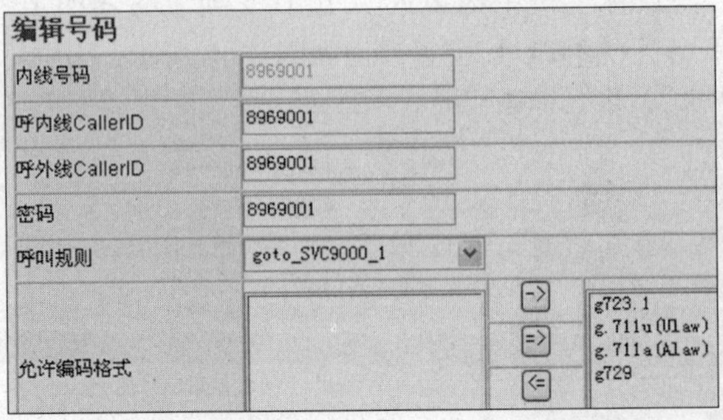

图 6-46　选择呼叫规则

(3) 配置其他号码的呼叫规则

号码"8969002"也按上述方法选择呼叫规则。

5.验证通话

用 A 组 IP 电话机:8869001 或 8869002 拨打 B 组 IP 电话机:8969001 或 8969002,应该能拨通。

用 B 组 IP 电话机:8969001 或 8969002 拨打 A 组 IP 电话机:8869001 或 8869002,应该能拨通。

用 A 组模拟电话机:8869009 拨打 B 组 IP 电话机:8969001 或 8969002,应该能拨通。

用 B 组模拟电话机:8969003 拨打 A 组 IP 电话机:8869001 或 8869002,应该能拨通。

用 A 组 IP 电话机:8869001 或 8869002 拨打 B 组模拟电话机:8969003,应该能拨通。

用 B 组 IP 电话机:8969001 或 8969002 拨打 A 组模拟电话机:8869009,应该能拨通。

如果上述验证通过,则所有配置正确,本次任务完成,否则,请检查设备配置。

模块七

无线网络配置

【模块导读】

在企业实际环境中,往往需要在一些地方临时接入网络,如会议室里,或是一个临时办公场所。这些地方往往都没有预先布好的网线,这时通过无线覆盖,利用带有无线上网功能的笔记本上网就是最好的选择了。在本实训项目中,我们采用锐捷公司的 RG-WG54P 无线接入点 AP 为例,来介绍无线局域网部署方法。如果是台式计算机可以采用 USB 型无线网卡,如:RG-WG54U,如果是带无线上网功能的笔记本电脑,则不需要配置 USB 型无线网卡。

部署无线网络,安全问题必须考虑。通常可以采取的安全措施有隐藏 SSID 号码、对接入无线网络的计算机的 MAC 地址进行过滤、对无线传输信息进行加密认证等。通过采取这些措施,可以大大提高无线网络的安全性。

在本实训项目中,我们模拟的情况是,企业总部在办公大楼外不远处设立了一个临时办公地点,为了使临时办公地点的员工也可以无缝地接入企业的局域网,我们采用了两台无线接入点 AP,一台连入总部的局域网,另一台连入临时办公区的局域网。两台 AP 之间以桥式连接,使得两个局域网无缝地连接在一起。

【模块要点】

本模块通过三个任务实现基础架构与无线桥接模式两种拓扑的无线网络的配置,在基础架构模式(AP 模式)下,本地的笔记本可以无线上网,而在桥接拓扑模式(桥接模式)下,远端的用户也可以入网。本地和远端两台 AP 均可以工作在"AP+桥接"的模式。并且在基础架构的基础上实现了物理地址(MAC 地址)过滤、服务区标识符(SSID)隐藏、有线等效保密(WEP)三种安全技术的配置。主要配置有:

1. 配置相应的 IP 地址、子网掩码和网关等。

2. 配置接入点名称和无线扩展服务集 ID,即 ESSID。这是安全接入的保证之一,如果对方不知道你的 ESSID,则无法接入你的无线网络。

3. 配置速率与信道。进行通信的设备必须使用相同的信道。

4. 配置 AP 操作模式:

(1)Access Point(访问接入点 AP):这种模式提供无线工作站对有线局域网或有线局域网对无线工作站的访问。访问接入点覆盖范围内的无线工作站之间可以通过 AP 进行相互的通信,这时 AP 就相当于一台交换机一样,这是访问接入点 AP 默认的操作模式。

（2）Access Point Client（访问接入点客户端）：这种模式相当于 Access Point 模式的客户端，与无线网卡处于同等位置，此时 AP 连接的是有线网络。通过这种方式，远程局域网中的任何一个工作站能够成功地与中心局域网中的任何一个工作站进行通信，就像是在同一个物理连接的局域网中。中心网络与多个远端网络连接，可以使用此种模式。

（3）Wbridge Point to Point（无线网桥点对点）：无线网桥点对点的连接，访问接入点对在它的 BSS（基本服务集）中的无线工作站仍起到一个中心控制器的作用，但是它仅与另外一个无线网桥进行通信。通过这种模式，局域网得以延伸。

5.设置加密认证模式：如对 WEP 来说，有 64 位和 128 位加密认证模式。

搭建无线网络，无线接入点 AP 是核心，一个 AP 在室内和室外的覆盖范围是有限的，如果需要大面积覆盖就需要布设多台 AP，AP 之间一般都能做到无缝连接。AP 的工作方式既可以作为无线接入点（AP 模式），也可以作为网桥（桥接模式）通过无线的方式连接两个网络，或者以菊花链的方式延伸一个网络到较远的距离。在以下的各个任务中，一定要注意 AP 的工作方式，不要配置错误。

7.1 任务一：建立基础架构无线网络

【任务描述】

本次任务是在公司总部搭建一个基本的无线网络系统，供小范围内的笔记本电脑上网用。采用锐捷公司的 RG-WG54P 无线接入点 AP 直接连接到交换机 A 中，完成基础架构无线网络的建立（相对应的另一种架构为 ad-hoc 模式），实现无线网络和有线网络的互联。通过配置两台装有无线网卡的计算机以验证无线局域网服务功能的建立。设置内容主要包括访问点名称、访问点的 ESSID、访问的速率、信道编号、操作模式和 IP 地址等。

7.1.1 子任务 1：配置无线接入点 AP

【完成目标】

本子任务完成总部办公区无线接入点 AP 的基本配置，注意 AP 接在 VLAN 1 上，其子网号为 192.168.88.0，登录成功后需要修改 AP 的 IP 地址。

【实施步骤】

以其中的一台计算机（如 PC1）作为主站，与无线 AP（RG-WG54P）直接相连，或者两者都连接到同一台交换机中。这时，可以不给 PC1 配置无线网卡。以一条正向跳线一头接计算机的网卡，另一头接无线接入点 AP 的 RJ-45 接口，这样可以用来直接配置无线接入点。如果是通过交换机连接的话，直接用浏览器访问即可。锐捷的 RG-WG54P 无线接入点出厂时，默认的 IP 地址是 192.168.1.1/24。默认的密码是 default。配置时，先要配置本地计算机的网卡，让计算机与无线接入点处于同一个网段，如：192.168.1.10/24，登录成功后，要修改 AP 的管理 IP 地址，具体操作如下：

1.配置 PC1，与无线接入点 AP 相连

配置计算机 PC1 的本地连接网卡的 TCP/IP 属性如下：

（1）IP 地址：192.168.1.10。

（2）子网掩码：255.255.255.0。

2. 登录 RG-WG54P，修改其 IP 地址

打开计算机 PC1 的浏览器，在地址栏中输入 http://192.168.1.1，在弹出的
RG-WG54P管理页面上输入缺省登录密码default。

首先单击"TCP/IP"配置参数选项，进入设置页
面，如图 7-1 所示。

可以手动设置静态 IP 地址、子网掩码与默认网
关。一般来说，可以用 255.255.255.0 作为子网
掩码。

这里我们将 AP 的默认地址改成 192.168.88.200/24，
改完以后单击"应用"按钮。这时会与 AP 失去连接。这

图 7-1   修改 IP 地址

时，需要修改本地计算机 PC1 的 IP 地址，如改成 192.168.88.10，然后再在地址栏中输入 ht-
tp://192.168.88.200，重新登录 AP，输入缺省密码后进入配置页面。

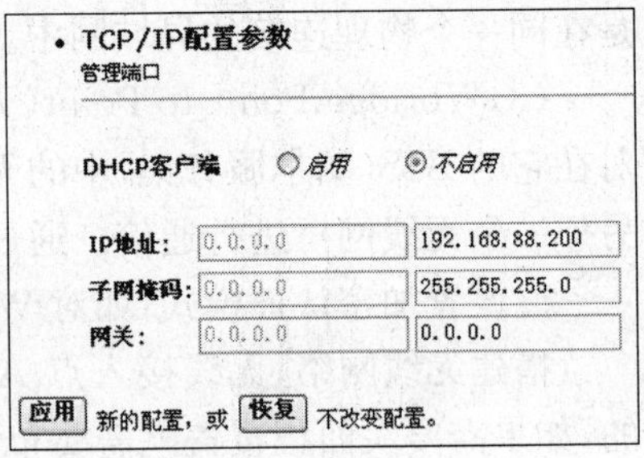

3. 配置 RG-WG54P，搭建基础架构无线网络

单击"配置"项下的"常规"选项，配置以下各项参数：

接入点名称：可以任意设定，接入点名字缺省为 APxxxxxx（xxxxxx 代表 MAC 地址
最后 6 位）。接入点名字不能全为数字。当修改 IP 地址后必须再修改接入点名称，才能
通过名称访问设备。

ESSID：无线网络名称，也可以任意设定，如：infra001。

信道/频段：可任选工作信道，如：CH 06 / 2437 MHz。

最后单击"应用"按钮完成设置，如图 7-2 所示。

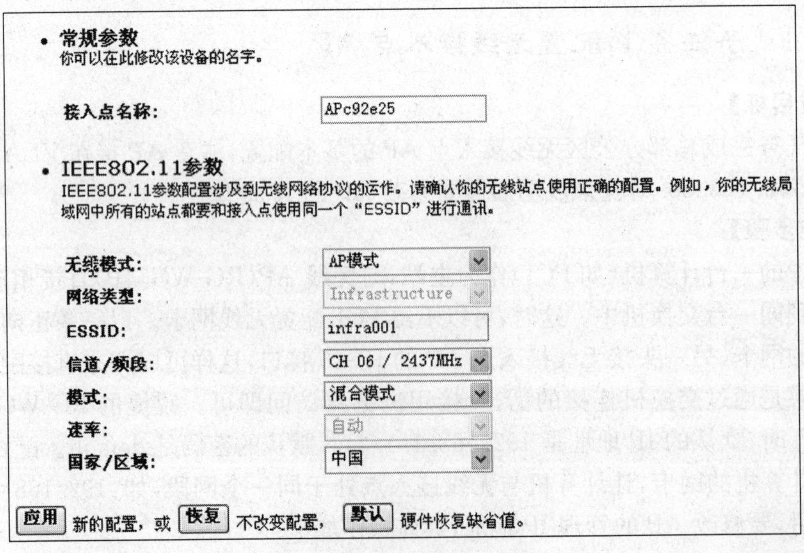

图 7-2   RG-WG54P 设置

7.1.2 子任务 2:配置其他计算机

【完成目标】

本子任务完成无线网络中其他计算机的基本配置。没有无线网卡的计算机需先安装无线网卡及客户端软件,如果已经有无线网卡,就直接配置。通过对两台带有无线网卡的计算机的配置实现无线局域网的建立,掌握基础架构无线局域网的配置方法。

【实施步骤】

1. 配置 PC2,使其加入到无线网络 infra001

首先,在 PC2 上安装无线网卡(如 RG-WG54U)及客户端软件 IEEE802.11g Wireless LAN Utility,无线网卡的驱动软件及客户端软件需要另外的光盘(购买无线网卡时会一同配置该光盘),请确认具备该光盘。

其次,从 PC2 的网上邻居中找到无线网络连接。一定是无线网络连接,不要选择本地连接,为了安全起见,请关闭本地连接。配置无线网络连接的 TCP/IP 属性如下:

(1)IP 地址:192.168.88.20。

(2)子网掩码:255.255.255.0。

(3)默认网关:192.168.88.1。

然后,单击屏幕右下角任务栏图标,运行 IEEE802.11g Wireless LAN Utility,在"Configuration"页面,配置无线网络:

SSID:无线网络标志,请输入:infra001,以保持与 RG-WG54P 一致。

Network Type:网络类型,请选择"Infrastructure"(基础结构)。

最后,单击"添加"按钮使设置生效。至此,完成了 PC2 的配置,如图 7-3 所示。

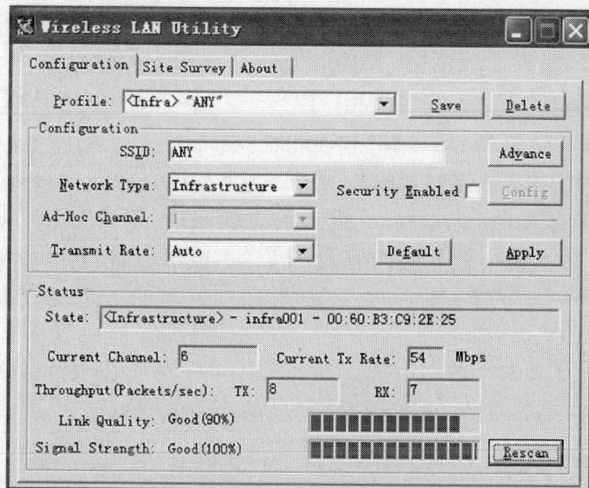

图 7-3 PC2 无线参数配置

也可以单击图 7-3 中的"Site Survey"页面,打开该页面后可以直接发现已存在的"infrastructure"模式的无线网络,单击"Join"按钮即可加入该网络,省去上述的各项配置。

如果发现了无线网络,直接单击"连接"加入即可,如图 7-4 所示。

另外,如果正确配置好 Windows 中的相关服务,也可以不用安装客户端软件(IEEE802.11g Wireless LAN Utility),而让 Windows 自动找到无线网络,然后选择

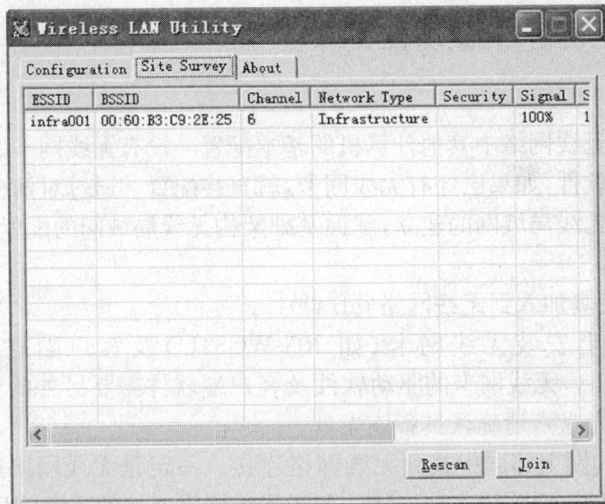

图 7-4 无线网络的发现

加入即可。

2. 配置 PC3,使其加入到无线网络 infra001

同 PC2 的配置方法一样,先安装无线网卡(如 RG-WG54U)及客户端软件 IEEE802.11g Wireless LAN Utility,然后,从 PC3 的网上邻居中找到无线网络连接,配置其 TCP/IP 属性如下:

(1)IP 地址:192.168.88.30。

(2)子网掩码:255.255.255.0。

(3)默认网关:192.168.88.1。

继续单击屏幕右下角任务栏图标,运行 IEEE802.11g Wireless LAN Utility,在"Configuration"页面,配置无线网络,具体如下:

SSID:无线网络标志,请输入 infra001,以保持与 RG-WG54P 一致。

Network Type:网络类型,请选择"Infrastructure"。

最后单击"Apply"使设置生效,至此,完成了 PC3 的配置。也可以在"Site Survey"页面中直接发现已存在的"Infrastructure"模式的无线网络,单击"Join"即可加入该网络,省去上述的各项配置,具体操作见上述内容及图 7-4。也可以让 Windows 自动找到无线网络,然后选择加入。

7.1.3 子任务 3:验证测试

【完成目标】

本子任务用来验证无线网络的基本配置是否正确。

【实施步骤】

如果 PC1 与 AP 之间是用网线直接相连的话,那就把它们改成都连接到交换机上。这时,PC1 通过有线接入到局域网,而 PC2、PC3 将通过无线的方式接入局域网,它们之间是可以相互访问的。在 PC2、PC3 的无线网络连接状态上都可以看见"已连接上",在 PC2、PC3 的客户端软件 IEEE802.11g Wireless LAN Utility 上可以看到:

State:＜infrastructure＞-infra001-(AP 的 MAC 地址)。

Current Channel:6(用户设定的无线自组网工作信道)。

下面,我们测试各台 PC 之间的连通性。在 PC1、PC2 与 PC3 的 CMD 窗口(DOS 模式)上输入 ping 命令,具体如下:

打开 PC1 的 CMD 窗口,测试 PC1 与 PC2 及 PC3 的连通性。

c:\>*ping 192.168.88.20* (通)

c:\>*ping 192.168.88.30* (通)

打开 PC2 的 CMD 窗口,测试 PC2 与 PC1 及 PC3 的连通性。

c:\>*ping 192.168.88.10* (通)

c:\>*ping 192.168.88.30* (通)

打开 PC3 的 CMD 窗口,测试 PC3 与 PC1 及 PC2 的连通性。

c:\>*ping 192.168.88.10* (通)

c:\>*ping 192.168.88.20* (通)

如果你的测试如上述所示,则表明配置正确,否则就有错误,需要仔细检查。

7.2 任务二:增加无线网络的安全性

【任务描述】

本次任务主要完成无线网络的安全配置。由于无线局域网采用公共的电磁波作为载体,电磁波能够穿过天花板、玻璃、楼层、砖以及墙等物体,因此,在一个无线访问点所服务的区域中任何一个无线客户端都可以接收到,包括并不希望能够接受到数据的客户端。因此在无线局域网中,只要有与无线局域网设备工作在同一个频段的设备,任何人都有条件窃听或干扰信息,为了阻止非授权用户访问无线网络,以及防止对无线局域网数据流的非法窃听,在无线局域网的应用中引入了相应的安全手段,包括隐藏 SSID、MAC 地址过滤、WEP 加密认证等。SSID 是无线网络的身份识别码,只有知道无线网络的 SSID,并且自己的无线上网卡的 SSID 也设置成与无线网络的 SSID 一致的时候才能加入该无线网络。一般情况下,无线网络都会向外广播自己的 SSID,这样带来的网络安全和信息安全问题是显然的。MAC 地址过滤,主要是丢弃非授权用户的信息阻止其访问无线局域网;而 WEP 加密主要是对空间无线信号进行加密,防止窃听。

具体操作步骤如下面各个子任务所述。

7.2.1 子任务 1:隐藏 SSID

【完成目标】

本子任务完成隐藏无线网络 SSID 的配置工作。无线工作站必须出示正确的 SSID,只有与无线访问点 AP 的 SSID 相同,才能访问 AP。如果出示的 SSID 不同,那么 AP 将拒绝通过本服务区上网。通过本子任务来掌握隐藏 SSID 的方法。

【实施步骤】

1. 登录 RG-WG54P

在 PC1 的浏览器上输入以下地址 http://192.168.88.200,登录 RG-WG54P 的管理页面,输入缺省密码 default。

2. 配置 RG-WG54P,启用 SSID 隐藏功能

在"配置"选项中选择"高级配置",在其中勾选"启用隐藏 SSID",如图 7-5 所示。

图 7-5　隐藏 SSID 配置

然后,单击"常规"选项,修改 ESSID 为"ssidoff"。最后单击"应用",使改变生效。

3. 在 PC2 上验证 SSID 隐藏生效

在 PC2 的客户端软件 IEEE802.11g Wireless LAN Utility 上的"Site Survey"页面上再也找不到 ESSID 为"ssidoff"的无线网络了,证明该网络没有公告 SSID,即隐藏 SSID 动作生效。为了证明该网络的存在,请在"Configuration"页面的 SSID 栏上输入"ssidoff",然后单击"Apply",将可以顺利接入无线网络。如图 7-6 所示。

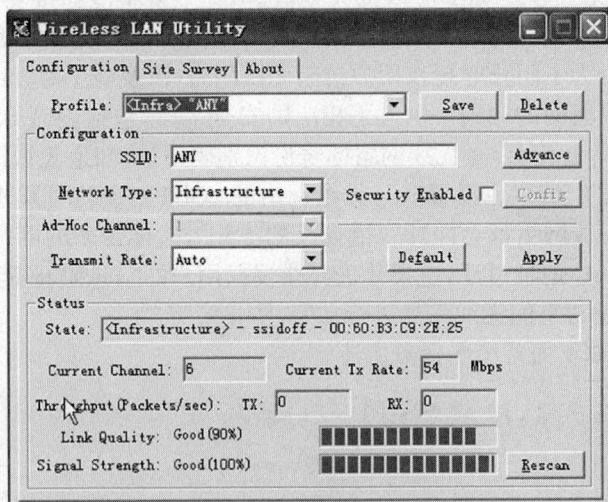

图 7-6　顺利接入一个隐藏 SSID 的无线网络

7.2.2　子任务 2:MAC 地址过滤

【完成目标】

本子任务完成无线网络 MAC 地址过滤的配置工作。由于无线电信号是开放的,理论上在 AP 信号覆盖的范围内,用户都可以接入该无线网络。为了防止非授权用户接入无线网络,需要对无线接入点进行设置,使得合法的或被授权的无线网卡才能接入该无线网络。由于每个无线工作站网卡都有唯一的物理标识(48 位的物理地址),因此可在无线访问点 AP 中手工维护一组允许访问的 MAC 地址列表,实现物理地址过滤。

通过本子任务掌握无线网络 MAC 地址过滤的配置方法。

【实施步骤】

1. 配置无线接入点 AP

单击"配置"菜单的"接入控制"选项,可以看到,接入控制有三种模式:开放模式、允许模式和拒绝模式。开放模式表示无线网络开放,任何人都可以使用。在允许模式下,只有地址列表中登记在册的无线网卡的 MAC 地址才被允许接入;在拒绝模式下,地址列表里的 MAC 地址是被拒绝的对象,除那些地址外,任何其他的 MAC 地址都被允许接入。如果列表为空,则表示没有任何网卡被允许,或被限制,意味着无线网络不开放(没有任何网卡被允许),或任何人都可以使用该网络(没有任何网卡被限制)。下面,我们选择"允许模式",同时将 PC2 的无线网卡的 MAC 地址(00-60-b3-00-fc-e4)输入地址列表,然后单击"添加"按钮,如图 7-7 所示。

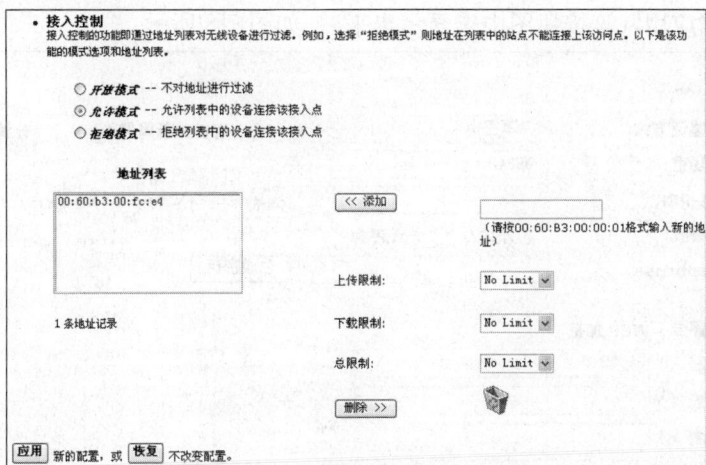

图 7-7 配置 MAC 地址过滤

2. 验证

利用 PC1 的 CMD 窗口输入 ping 命令,我们可以发现 PC1 可以 ping 通 PC2,而 PC3 由于被拒绝接入,所以 PC1 与 PC3 之间 ping 不通,请读者自行验证。

3. 更改接入控制模式

我们再次回到 RG-WG54P 的配置页面,将"允许模式"改为"拒绝模式",单击"应用"。

这时,PC2 被拒绝,其他的都被允许,所以 PC1 可以 ping 通 PC3,而与 PC2 ping 不通。这就是控制模式与 MAC 地址登记列表配合使用的结果,请读者仔细体会并加以验证。

7.2.3 子任务 3:WEP 加密技术

【完成目标】

本子任务完成无线信号的加密设置。关闭无线网络的 SSID 公告,能给无线网络带来一定的安全性,不知道 SSID 的人无法接入无线网络。但是,还有一个问题,合法用户使用无线网络,其无线信号也是开放的,容易被人窃听。如果在用户与 AP 的通信信息中采用加密技术,就能进一步提高网络的安全性。WEP(有线对等)加密技术,通过使用对称密钥加密无线通信数据,能为无线客户端与接入点 AP 之间的通信提供安全保证,从而增强网络的安全性。

【实施步骤】

1. 配置无线接入点 AP

在无线 AP 的配置页面,单击"配置"菜单里的"安全"选项,配置 WEP 加密。具体参数如下:

(1)网络鉴证方式:共享密钥。

(2)数据加密:WEP40(也可以选择 WEP128)。

(3)密钥格式:ASCII。

(4)密钥 1:输入 5 位 ASCII 字符,如:"wep05",如果选择 WEP128 加密,就需要输入 13 位的 ASCII 字符。

然后单击"应用"(该按钮图中未显示出来)。如图 7-8 所示。

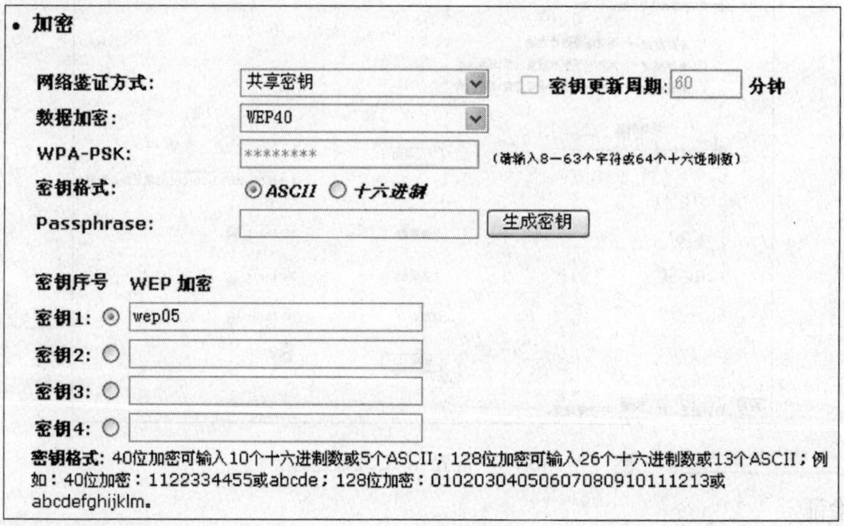

图 7-8 加密设置

然后,单击"常规"选项,修改 ESSID 为"wepset",最后单击"应用"按钮,使改变生效。

2. 配置 PC2 的无线参数

配置 PC2 的无线网络参数,单击屏幕右下角的 IEEE802.11g Wireless LAN Utility 图标,进入"Configuration"页面,在"SSID"框中输入"wepset","Network Type"框中选择"Infrastructure",如图 7-9 所示。

继续单击"Security Enabled",进入安全设置页面,按下面要求设置:

(1)Authentication Mode(认证模式):Shared(共享密钥)。

(2)Encryption Mode(加密模式):WEP。

(3)Format for entering key(输入密钥格式):ASCII characters(ASCII 字符)。

(4)Key Index(密钥序号):1 (要与 RG-WG54P 的设置相同)。

(5)Network Key(密钥):wep05(要与 RG-WG54P 的设置相同)。

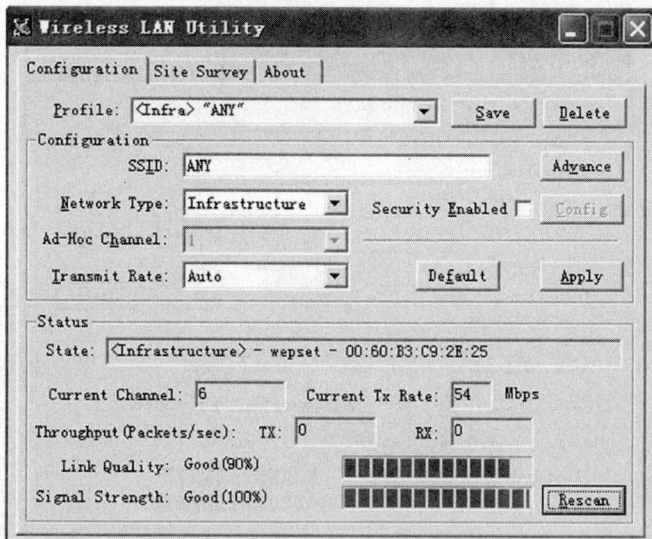

图 7-9 加入已存在的无线网络

(6)Confirm Network Key(确认密钥):wep05（要与 RG-WG54P 的设置相同）。
然后单击"确定"按钮，如图 7-10 所示。

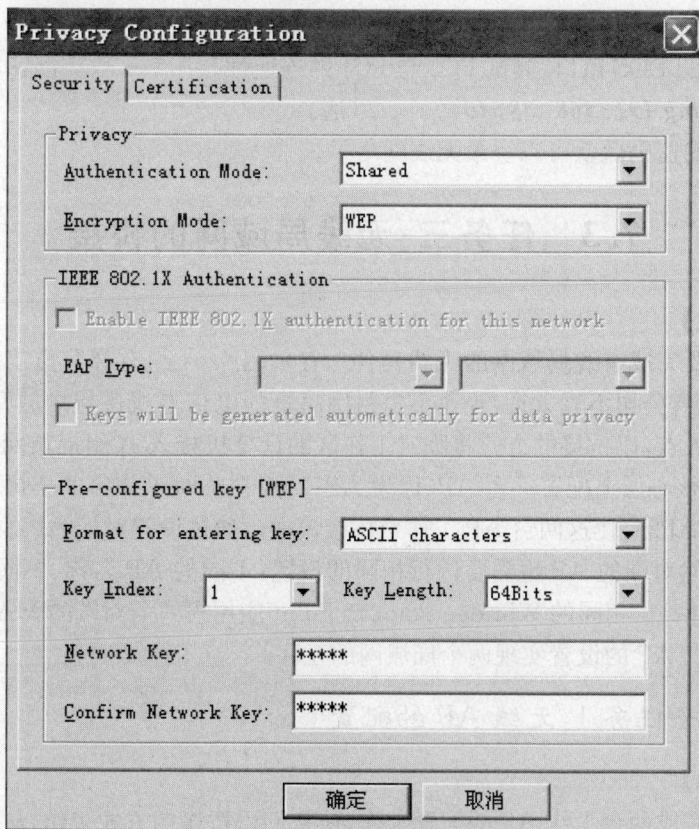

图 7-10 安全设置

经过上述步骤后，就可以顺利登录无线网络了，如图 7-11 所示。

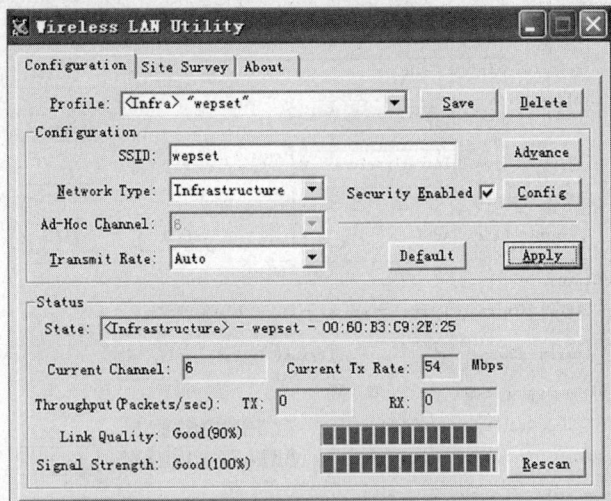

图 7-11　成功登录带安全设置的无线网络

3.验证测试，这时，PC1 与 PC2 之间可以相互 ping 通

打开 PC1 的 DOS 窗口，测试 PC1 与 PC2 的连通性。

　　c:\>ping 192. 168. 88. 20　　　（通）

打开 PC2 的 DOS 窗口，测试 PC2 与 PC1 的连通性。

　　c:\>ping 192. 168. 88. 10　　　（通）

输入正确的密码后就可以登录无线网络了。

7.3　任务三：无线局域网的桥接

【任务描述】

本次任务要完成有线局域网的无线延伸。在项目中 A 组有部分员工需要在临时工作地点办公，距离公司不算太远，企业不想租用昂贵的电信专线进行局域网连接，考虑使用两台无线接入点，以桥接的方式将临时工作区的计算机接入 A 组局域网。具体实现方法是在 A 组的核心层上配置一台 AP(称为 AP1)，而在临时工作区的小局域网上也配置一台 AP(称为 AP2)，让这两台 AP 工作于桥接模式。通过设置对端 AP 的 MAC 来识别指定的 AP，当然对端的 AP 也需要进行相同的设置：不同的 AP 名称、不同的 IP、相同的ESSID、相同的信道、相同的 Wbridge Point to Point 应用模式与对端的 MAC 设置。通过两个无线接入点 AP 的设置实现两个局域网的互联。

7.3.1　子任务 1：无线 AP 的配置

【完成目标】

本子任务完成两台无线 AP 的配置工作，使它们以桥接的方式工作，从而达到两个局域网互联的目的，要求掌握 AP 桥接的配置方法。

【实施步骤】

1. 登记总部无线接入点 AP1 的 MAC 地址

打开 PC1 的浏览器,在地址栏中输入以下地址 http://192.168.88.200,登录到总部无线接入点 AP1 的管理页面,输入缺省密码 default,进入配置管理页面。用笔记录下"版本信息"中的"常规"选项卡下的 MAC 地址(00-60-b3-c9-2e-25),如图 7-12 所示。

● IEEE802.11g 接入点常规信息
这些信息参数提供了该设备硬件和Firmware固件的基本版本信息。

MAC地址	00-60-b3-c9-2e-25
Firmware版本	1.15.0 (Dec 27, 2006 19:23:47)
Boot 版本	4.0.8

图 7-12 A组无线接入点 AP1 的 MAC 地址

2. 配置 PC3 的本地连接 TCP/IP 属性

(1)IP 地址:192.168.1.30。

(2)子网掩码:255.255.255.0。

将 PC3 的网卡用直通跳线接入临时工作区无线接入点 AP2 的 network 端口,打开 PC3 的浏览器,在地址栏中输入以下地址 http://192.168.1.1 登录到 AP2 的管理页面,输入缺省密码:default,进入配置管理页面。

用笔记录下"版本信息"中的"常规"选项卡下的 MAC 地址,方法同上述 A 组操作一样。

在管理页面中单击"TCP/IP"条目的"常规"选项,修改临时工作区无线接入点 AP2 的管理 IP 地址为 192.168.88.210,然后单击"应用",如图 7-13 所示。

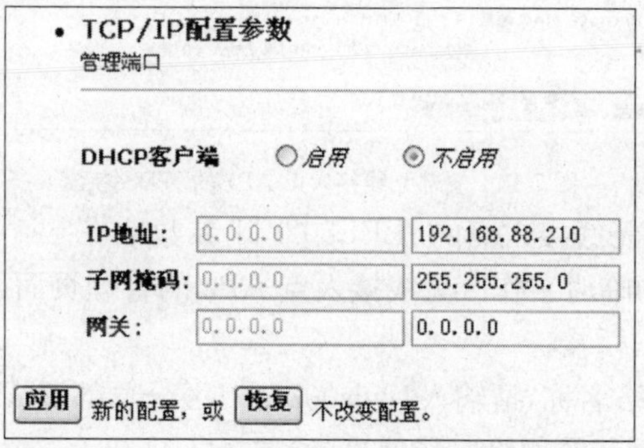

● TCP/IP配置参数
管理端口

DHCP客户端   ○启用   ⊙不启用

IP地址: [0.0.0.0]   [192.168.88.210]

子网掩码: [0.0.0.0]   [255.255.255.0]

网关: [0.0.0.0]   [0.0.0.0]

[应用] 新的配置, 或 [恢复] 不改变配置。

图 7-13 临时工作区无线接入点的管理 IP 地址

修改 PC3 的 IP 地址为 192.168.88.30,再次在地址栏上输入 AP2 新的 IP 地址 192.168.88.210,登录 AP2 管理页面。

3. 配置总部无线接入点 AP1 的 IEEE802.11 参数

在 PC1 的浏览器的无线接入点管理页面上,配置以下参数:

(1)无线模式:AP+桥接。

(2)ESSID:无线网络名称,如:wds001。

（3）信道/频段：选择无线网络工作信道，如：CH 06 / 2437MHz。

最后单击"应用"，如图 7-14 所示。

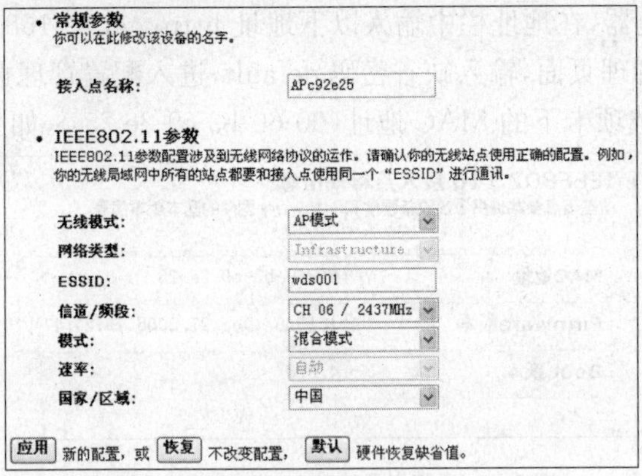

图 7-14　A 组无线接入点的 IEEE 802.11 参数

继续选择"WDS 模式"菜单项，配置 WDS 参数，这里有几种模式，我们选择"手动"模式，用以跟特定的无线接入点相连。同时，在"Remote MAC 地址"框中输入临时工作区无线接入点 AP2 的 MAC 地址，如图 7-15 所示。

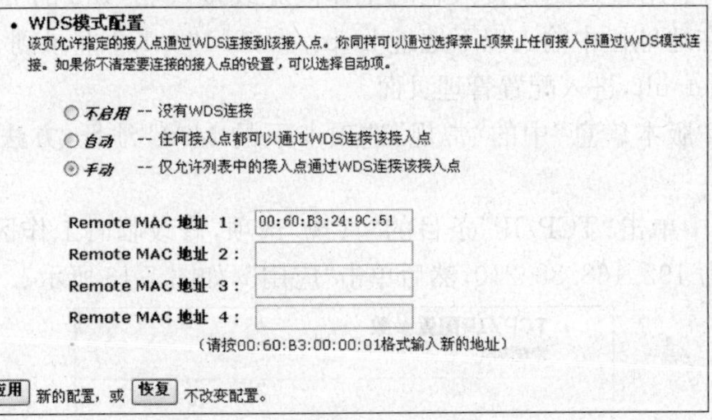

图 7-15　总部无线接入点 AP1 的 WDS 参数

4.配置临时工作区无线接入点的 IEEE802.11 参数

在 PC3 的浏览器的临时工作区无线接入点 AP2 的管理页面上，配置以下参数：

（1）无线模式：AP＋桥接。

（2）ESSID：无线网络名称，请输入"wds002"，以区分总部无线 AP1 的名称。

（3）信道/频段：选择无线网络工作信道，请选择"CH 06 / 2437MHz"，此处要求与 A 组的无线接入点 AP1 的参数一致。

然后单击"应用"按钮，如图 7-16 所示。

继续选择"WDS 模式"选项，配置 WDS 参数，这里也要选择"手动"模式。然后，在"Remote MAC 地址"框中输入总部无线接入点 AP1 的 MAC 地址，如图 7-17 所示。

至此，总部与临时工作区的无线网络连接搭建完成。将 PC1、PC3 的直通连线拆除，将 PC1、PC3 以及两台 AP 都连入各自的交换机上，就可以进行连通性测试了。

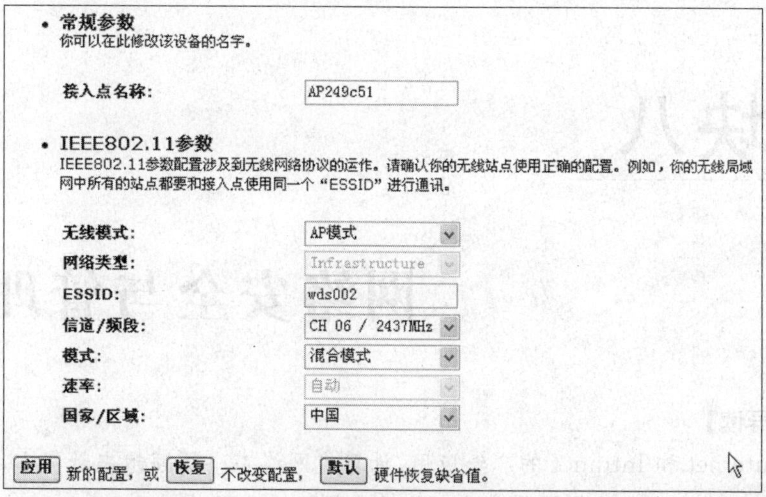

- **常规参数**
  你可以在此修改该设备的名字。

  接入点名称：　　　　AP249c51

- **IEEE802.11参数**
  IEEE802.11参数配置涉及到无线网络协议的运作。请确认你的无线站点使用正确的配置。例如，你的无线局域网中所有的站点都要和接入点使用同一个"ESSID"进行通讯。

  无线模式：　　　　AP模式
  网络类型：　　　　Infrastructure
  ESSID：　　　　　wds002
  信道/频段：　　　 CH 06 / 2437MHz
  模式：　　　　　　混合模式
  速率：　　　　　　自动
  国家/区域：　　　 中国

  应用 新的配置，或 恢复 不改变配置，默认 硬件恢复缺省值。

图 7-16　临时工作区无线接入点的 IEEE 802.11 参数

- **WDS模式配置**
  该页允许指定的接入点通过WDS连接到该接入点。你同样可以通过选择禁止项禁止任何接入点通过WDS模式连接。如果你不清楚要连接的接入点的设置，可以选择自动项。

  ○ **不启用** -- 没有WDS连接
  ○ **自动** -- 任何接入点都可以通过WDS连接该接入点
  ◉ **手动** -- 仅允许列表中的接入点通过WDS连接该接入点

  Remote MAC 地址 1：　00:60:B3:C9:2E:25
  Remote MAC 地址 2：
  Remote MAC 地址 3：
  Remote MAC 地址 4：
  （请按00:60:B3:00:00:01格式输入新的地址）

  应用 新的配置，或 恢复 不改变配置。

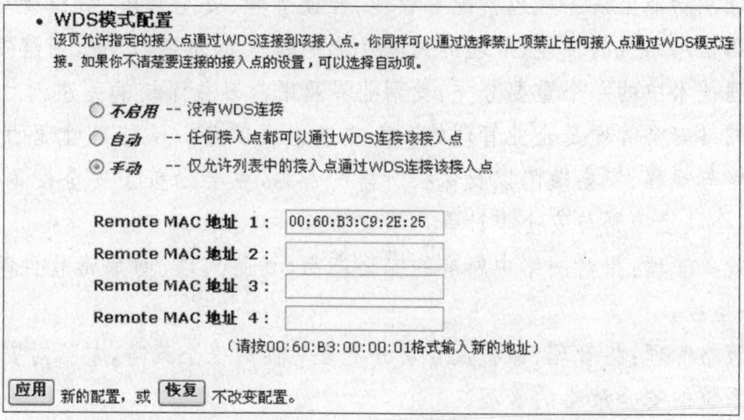

图 7-17　临时工作区无线接入点的 WDS 参数

5.验证测试

打开 PC1 的 DOS 窗口，测试 PC1 与 PC3 的连通性。

c:\>*ping 192.168.88.30*　　　　（通）

打开 PC3 的 DOS 窗口，测试 PC3 与 PC1 的连通性。

c:\>*ping 192.168.88.10*　　　　（通）

如果你的测试结果与上述相同，则表明两台 AP 的参数配置正确。

模块八

网络安全与管理配置

【模块导读】

随着 Internet 和 Intranet 的广泛应用,计算机网络安全问题越来越突出,网络的开放性、TCP/IP 协议的不设防使网络安全面临重大挑战。

网络管理从功能上讲一般包括配置管理、性能管理、安全管理、故障管理等。由于网络安全对网络信息系统的性能、管理的关联及影响越来越复杂、严重,网络安全管理逐渐成为网络管理技术中的一个重要分支,受到业界及用户日益深切的关注。

计算机网络安全管理是企业管理的一个重要组成部分。从信息管理的角度看,安全管理涉及策略与规程、安全缺陷以及保护所需的资源,主要涵盖了安全设备的管理、安全策略管理、安全风险控制与安全审计等几个方面:

1. 安全设备管理:指对网络中所有的安全产品,如防火墙、防病毒软件等产品实现统一管理、统一监控。

2. 安全策略管理:指管理、保护及自动分发全局性的安全策略,包括对安全设备、操作系统及应用系统的安全策略的管理。

3. 安全分析控制:确定、控制并消除或缩减系统资源的不定事件的总过程,包括风险分析、选择、实现与测试、安全评估及所有的安全检查(含系统补丁程序检查)。

4. 安全审计:对网络中的安全设备、操作系统及应用系统的日志信息收集汇总,实现对这些信息的查询和统计,并通过对这些集中的信息的进一步分析,可以得出更深层次的安全分析结果。

本模块针对网络安全问题有针对性地设计了 5 个任务,包括计算机病毒软件(瑞星杀毒软件)的使用、防火墙的配置、StarView 局域网管理软件的使用、BPDU Guard 和 BPDU Filter安全设置与交换机 ARP 检查功能等,对计算机网络实现全方位的安全管理。

【模块要点】

1. 防病毒软件有网络版和单机版之分,需要根据用户不同的需要来配置。在本实训项目中,我们仅以瑞星的防病毒软件为例来说明其应用配置,其他型号的防病毒软件的配置方法可能会稍有差异,应根据其使用说明书要求来配置。瑞星网络版杀毒软件能够完成企业网络安全的部署,实现统一、集中的安全管理,安装、设置、管理以及升级方便,防毒能力强。在本任务中要求掌握瑞星网络版杀毒软件在服务器和客户端的安装与使用。

2.防火墙是一个位于内部和外部网络之间的安全屏障，是不同网络或网络安全域之间信息的唯一出入口，能根据网络安全策略（允许、拒绝与监测）出入网络的信息流，且本身具有较强的抗攻击能力，它是提供信息安全服务、实现网络和信息安全的基础和核心控制设备，能够有效地监控内部网和互联网之间的任何活动，防止发生不可预测的、潜在破坏性的侵入。

防火墙一般主要用于数据包过滤，而过滤规则会因用途不同而不同。因此，配置防火墙需要根据用户需求来配置。过滤规则可以很复杂，也可以很简单，在本任务中我们仅做了些简单的规则配置，有兴趣的读者不妨继续深入学习，充分挖掘防火墙的潜力。任务中要求掌握防火墙的配置与使用。

3.作为网络管理员，必须熟悉一些常用的网络管理软件，借助网络管理软件来提高管理效率。我们这里仅以锐捷 StarView 网络管理软件为例来介绍一些网络管理常用的步骤，不同的网络管理软件其功能及界面可能不同，但是必要的网管功能应该是大同小异的，熟悉了一种网管软件后再熟悉其他的网管软件会容易得多。

锐捷网络开发的网管软件 StarView 能够实现简约的集中化管理、网络拓扑管理、设备管理、事件管理、性能监测与预警管理等网管智能性管理，通过后台数据库支持，结合报表统计等功能，实现网管的定量化分析。任务中要求掌握 StarView 的安装、网络拓扑结构的发现与节点的管理等功能。

4.交换机端口 BPDU Guard 及过滤功能配置，对处于网络末端的交换机而言是必要的。这样可以大大提高交换机的工作效率，避免处理大量无用的信息而浪费时间。BPDU Guard 功能的应用主要是防止非授权用户利用交换机的空闲端口接入交换机，扩展局域网，从而改变现有局域网的拓扑结构，导致 STP 生成树协议的重复计算，影响网络带宽。而交换机端口的 BPDU Filter 功能是：对于那些直接接终端设备（如计算机）的端口，它不需要向终端设备转发 BPDU 网桥协议数据单元，因此就应该把这些数据单元过滤掉，BPDU Filter 就是完成这个功能的。

BPDU Guard（BPDU 防护）是 STP 的一个增强机制，也是一个安全机制。交换机的端口启用了 BPDU Guard 后，端口将丢弃收到的 BPDU 报文，而且配置了 BPDU Guard 的端口收到 BPDU 报文后，端口会变为"err-disabled"状态，即让端口处于失效状态，相当于关闭了端口。这样不但避免了环路的产生，而且增强了交换机的安全性和稳定性。BPDU Filter 功能是禁止 BPDU 报文从端口发送出去，以防止无需参与 STP 计算的设备收到多余的 BPDU 报文。任务中要求掌握使用交换机的 BPDU Guard 特性增强交换网络的安全性和稳定性；掌握使用交换机的 BPDU Filter 特性增强交换网络的稳定性和弹性。

5.ARP 欺骗攻击是目前在内部网络出现得最频繁的一种攻击。对于这种攻击，需要检查网络中 ARP 报文的合法性。交换机的 ARP 检查功能可以满足这个要求，防止 ARP 欺骗攻击。任务中要求掌握交换机 ARP 检查功能的配置。

8.1 任务一：网络杀毒软件的安装与配置

【任务描述】

在本任务中我们要安装配置瑞星网络版杀毒软件。该软件解决了以往网络防病毒软件在安装、设置、管理以及升级时遇到的不方便与不及时等问题，具有全新的查杀毒技术、直观友好的操作界面和强大的 Internet 与 Intranet 防病毒能力。该软件是一款面向企业用户的杀毒软件产品，它能够轻松地使网络管理员完成企业网络安全的部署，实现统一、集中的安全管理，加强网络安全管理。任务中我们在总部及分部的服务器上安装该软件，并学习该软件的使用。

8.1.1 子任务1：瑞星网络版杀毒软件的安装

【完成目标】

了解瑞星网络版杀毒软件的安装，掌握一些初始设置的配置操作。

【实施步骤】

1.服务器端安装

直接运行"RavSetup_ME.exe"程序进行安装，安装过程请遵循安装向导的提示，对"是否接受许可协议"、"安装路径设置"等可以采用默认设置。配置过程如图 8-1～图 8-7 所示。

(1)单击安装第一项"安装系统中心组件"，安装过程中程序会自动监测当前操作系统，如图 8-1 所示。

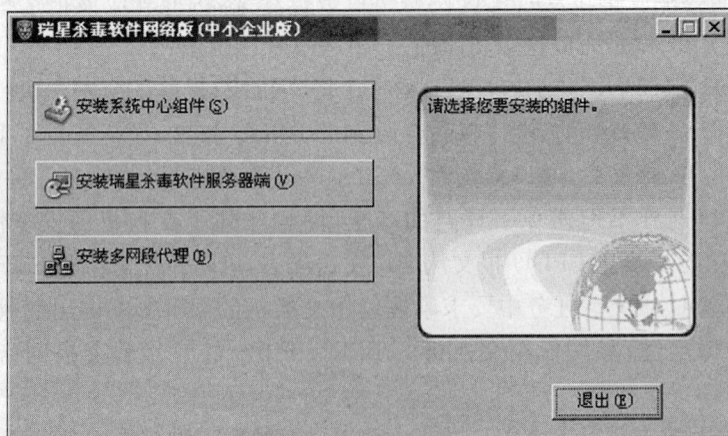

图 8-1　安装系统中心组件

(2)选择瑞星杀毒软件通信所使用的 IP 地址，如图 8-2 所示。

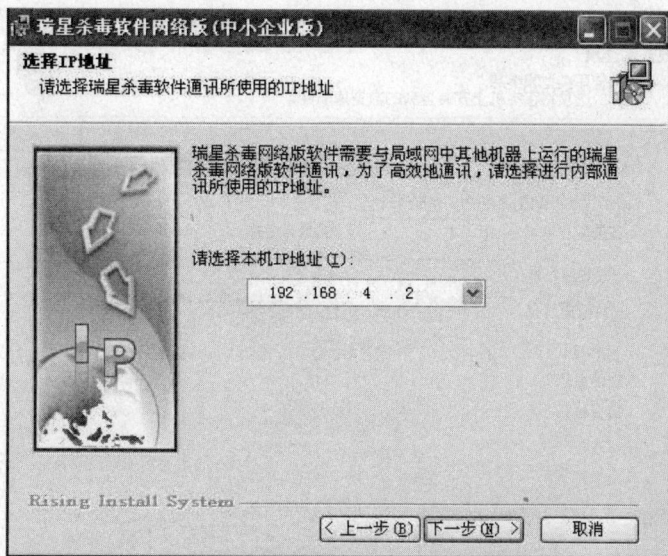

图 8-2 选择 IP 地址

（3）监测完成后，系统会自动判断被安装的计算机采用什么操作系统，如果是非服务器版操作系统，那么将无法安装系统中心组件，也就是说用户的网络中必须有一台服务器或者说是安装了服务器版操作系统的计算机才能完成部署，以管理网络内的其他计算机，如图 8-3 所示。

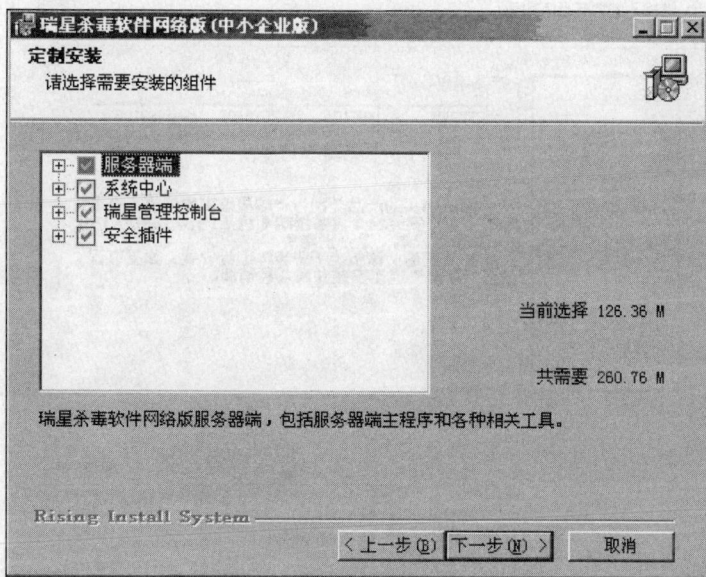

图 8-3 定制安装

（4）安装过程除了常规选择安装路径等选项外，还需要用户确认安装 MSDE 数据库组件，该组件是瑞星企业版服务器端中必不可少的一项功能，如图 8-4 所示。

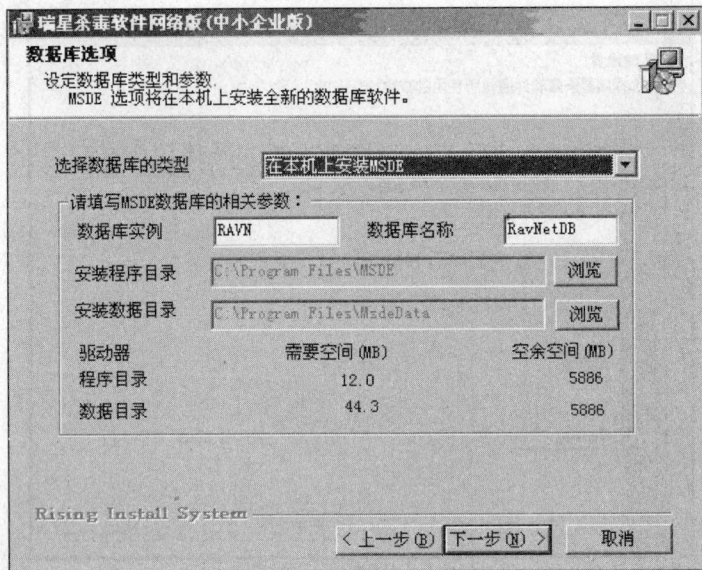

图 8-4　选择数据库类型

（5）输入产品序列号，如图 8-5 所示。

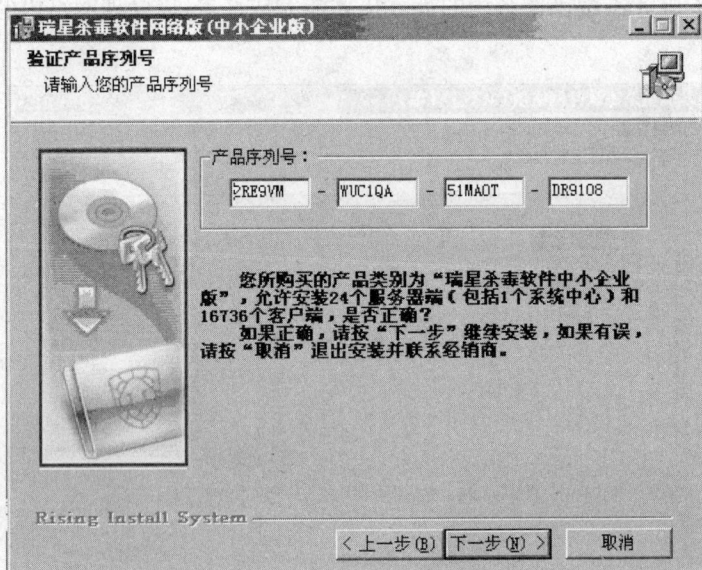

图 8-5　输入序列号

　　（6）最后，用户还需在安装过程中设置系统中心所在服务器的 IP 地址、上级通信代理端口和下级通信代理端口，端口设置上用户无需理会。如果系统无法监测到用户的 IP 地址，那么用户必须指定一个 IP 地址才能够完成安装，该 IP 地址在安装完成后可以随网络调整而更改，如图 8-6 所示。

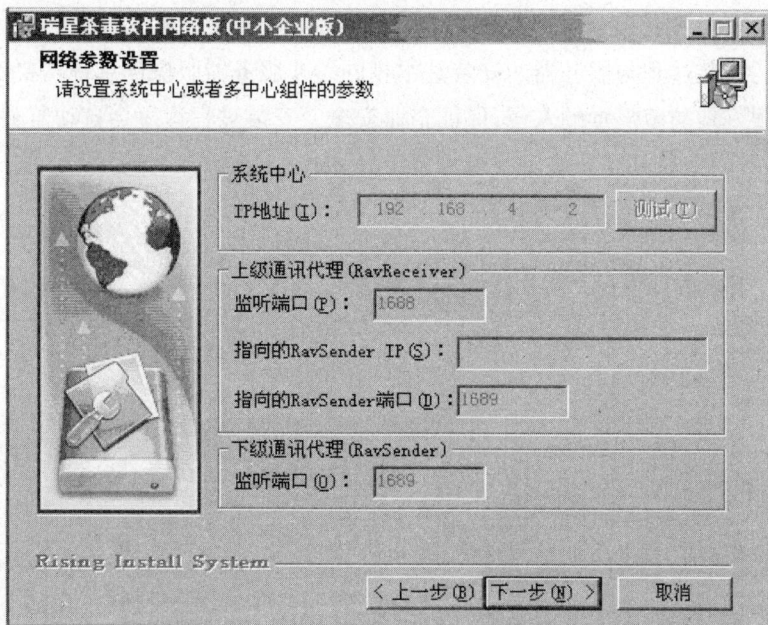

图 8-6 系统中心的参数设置

(7)安装过程可配置瑞星网络版的管理员密码、客户端保护密码和 SMTP 服务器的 Email 地址。密码也可为空,快速完成安装,如图 8-7 所示。

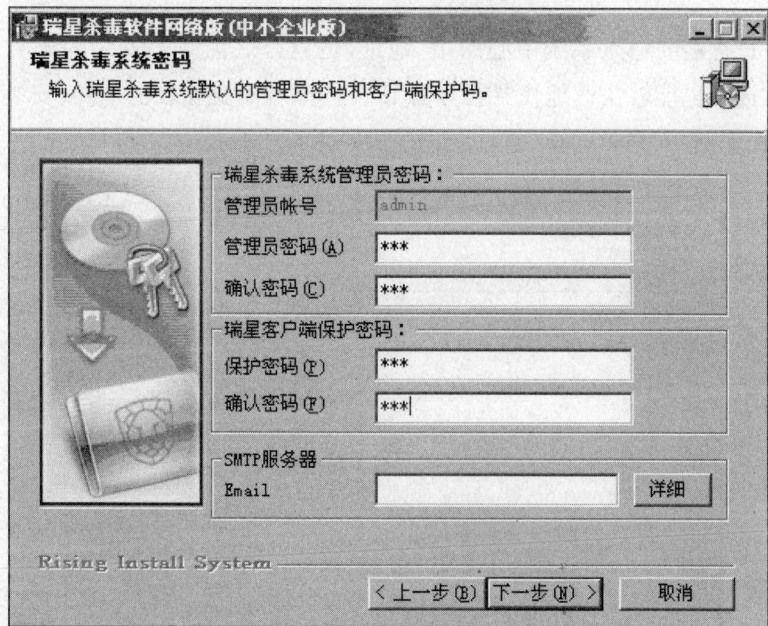

图 8-7 设置瑞星杀毒系统密码

其他的默认单击"下一步"即可完成安装。到此服务器部分的安装已经基本完成,用户可运行杀毒软件主程序和系统中心程序。

2.客户端安装

客户端的安装过程与服务器的安装基本相同。非服务器版操作系统均要安装客户端程序才能够很好地防范病毒的入侵,保证企业安全。安装过程程序会自动监测操作系统。

(1)在服务器上打开客户端安装包打包工具,如图 8-8 所示。

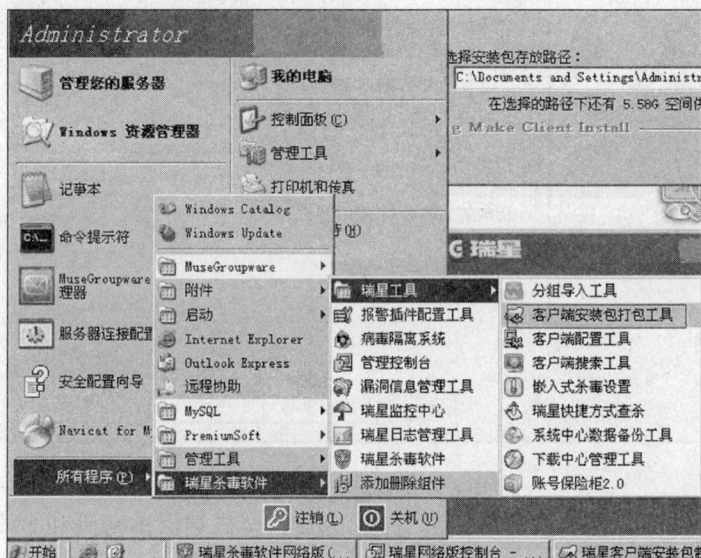

图 8-8　生成客户端

(2)安装过程需要输入系统中心的 IP 地址,也就是之前我们安装的服务器的 IP 地址,通过测试选项也能够快速地找寻服务器 IP。选择所需要安装的组件、安装路径、安装包的运行方式等,输入完毕选择"下一步"按钮,如图 8-9 所示。

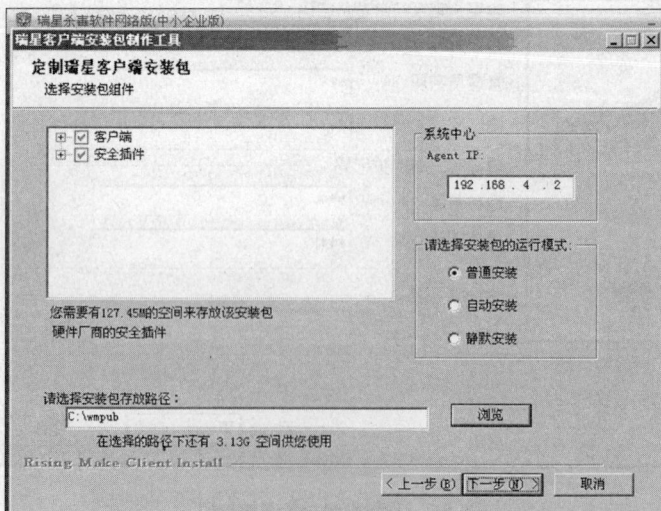

图 8-9　定制客户端安装包

安装完成后即可运行瑞星网络版杀毒软件。

8.1.2　子任务2：瑞星网络版杀毒软件的初始配置

【完成目标】

1.掌握控制台的查看和设置：控制台可快速查看网络内的计算机；通过安全状况栏，能够实时地反应网络中的计算机是否中了病毒、是否需要升级等；通过客户端列表可以了解到所有客户端当前的运行状态。

2.掌握服务器端对客户端进行查杀扫描的方法：可以对客户端机器实施查杀病毒、扫描漏洞、实时监控、发送广播消息和远程修复等操作。

3.掌握管理员的添加方法。

4.掌握对每台客户端设定不同的防毒策略：实时监控设置、嵌入式杀毒与手动查杀，并可定制任务，比如定时升级、定时查杀等。

5.掌握设置客户端选项，管理者对客户端进行多项设置。包含基本的功能设置、日志上报设置、定时升级设置、升级代理设置、下载中心设置、漏洞扫描设置和其他设置，通过该选项可对客户端进行全面的管理。

6.掌握主动防御规则的设置：管理员拥有远程开启或关闭主动防御的权限，并且可以协同用户一起管理客户端，设定防御规则。

7.掌握对系统中心的设置：UDP监听、客户端信息、系统中心日志信息、黑白名单设置、网络设置与升级设置等。

8.日志部分，管理者可查看病毒日志、事件日志、主动防御日志和运行日志，日志即客户端反馈的各项信息。

【实施步骤】

1.控制台的管理

(1)参考图8-8，单击"管理控制台"，进入如图8-10所示页面。

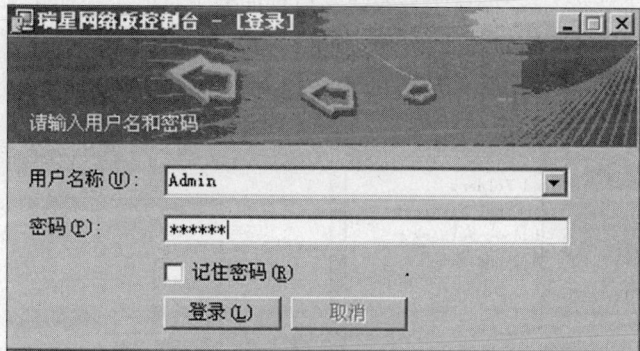

图8-10　登录控制台

(2)按要求输入用户名及密码后，进入图8-11所示页面，建立分组信息。

(3)因为公司有各个不同的部门，对于不同的部门会有不同的操作，所以需要进行分组，这样可以避免不必要的系统消耗。分组的添加操作如图8-12所示。图8-11和图8-12是控制台的主界面，左侧为控制台区域，可快速查看网络内的计算机，右侧分为安全状况栏和客户端列表。安全状况栏，能够实时地反映哪些计算机发现病毒、哪些计算机该进行升级等。客户端列表可以一目了然地了解到所有客户端当前的运行状态。

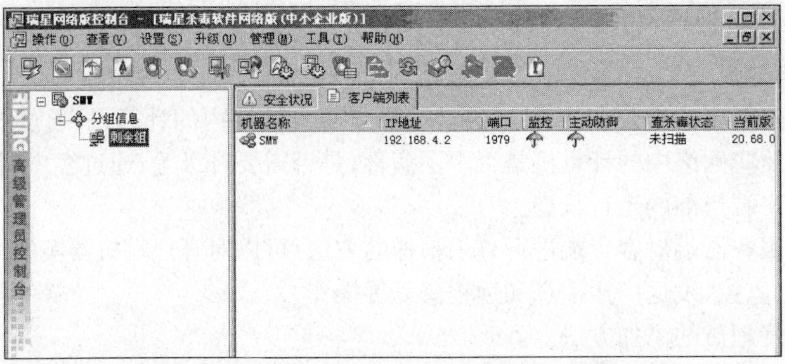

图 8-11　控制台界面

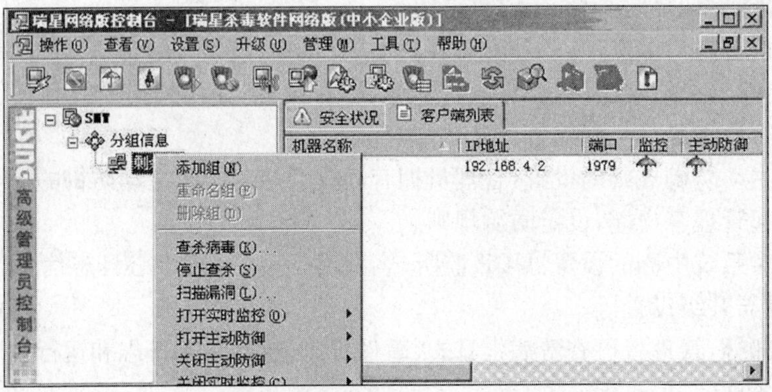

图 8-12　添加分组

2.客户端杀毒

(1)第一次安装或者有新的客户端加入的时候,杀毒前需要搜索客户端,操作如下:单击"开始"→"瑞星杀毒软件"→"瑞星工具"→"客户端搜索工具",进入如图 8-13 所示页面。

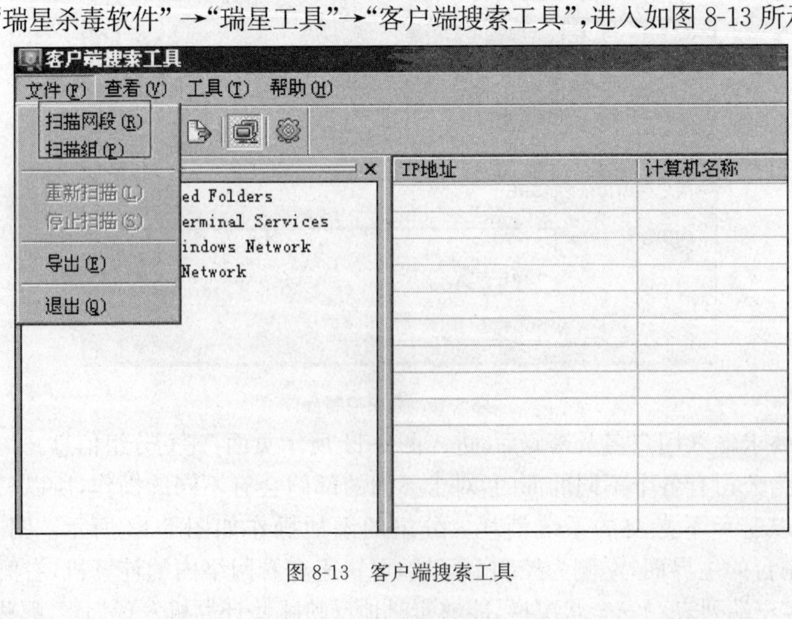

图 8-13　客户端搜索工具

（2）单击"文件"菜单，可以选择"扫描网段"或者"扫描组"，在这里我们选择"扫描网段"，在系统弹出的页面上输入扫描网段的起始 IP 地址范围，然后单击"确定"开始扫描，如图 8-14 所示。

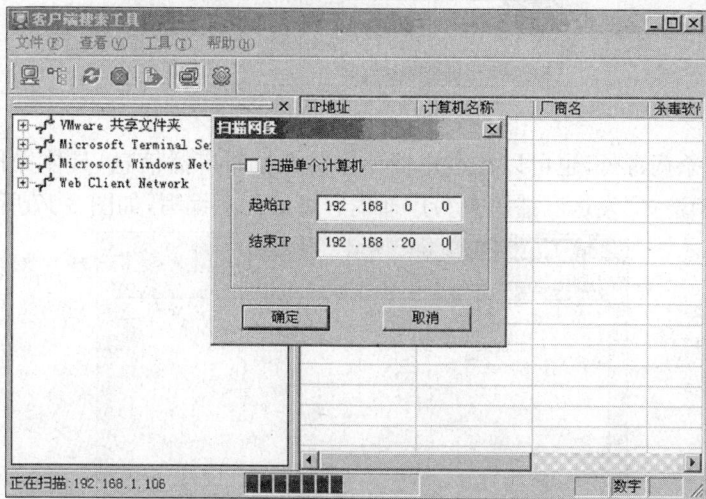

图 8-14　扫描网段

（3）客户端扫描完毕后，可以对客户端机器实施查杀病毒、扫描漏洞、实时监控、发送广播消息与远程修复等操作，而且可以对某一个客户端的某一个盘符进行杀毒。具体操作时，首先进入控制台页面，选中需要操作的客户端，按鼠标右键，在出现的弹出式菜单中选择"查杀病毒"，如图 8-15 所示。

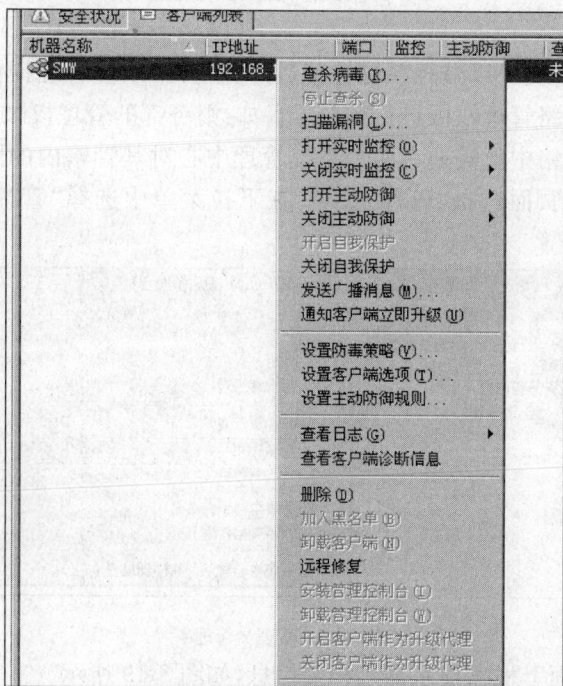

图 8-15　控制客户端

（4）这时系统会提示你选择查杀路径，可以根据需要来选择，如图 8-16 所示。

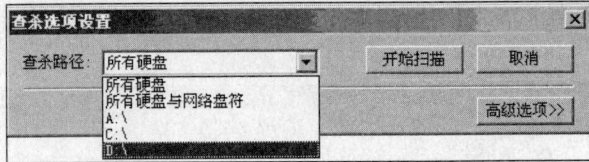

图 8-16　指定客户端查杀选项设置

（5）除了查杀病毒外，也可以往客户端计算机上发布广播信息，具体操作仍然是在弹出的右键菜单中选择"发送广播消息"，广播内容可以任意编写，如图 8-17 所示。

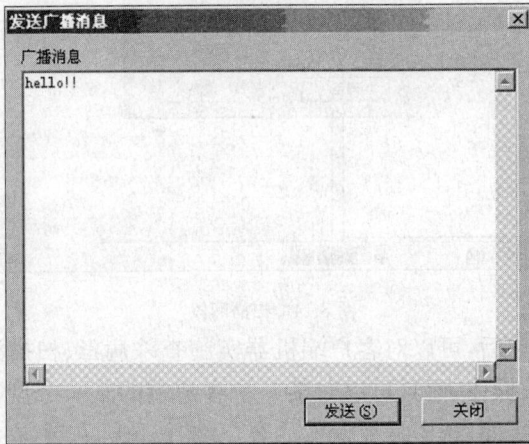

图 8-17　给客户端发送广播消息

3.添加管理员

（1）添加普通管理员可以减轻系统管理员的负担，给系统管理提供便利。另外，管理员可将公司内部的网络管理权限进行划分。譬如：财务部的管理权限是行政总监，而不是系统管理员。那么网络中就需要有两个系统管理中心对其管辖内的网络进行分别管理。具体操作是在控制台页面选择"管理"菜单，在下拉菜单中选择"管理员管理"，如图8-18所示。

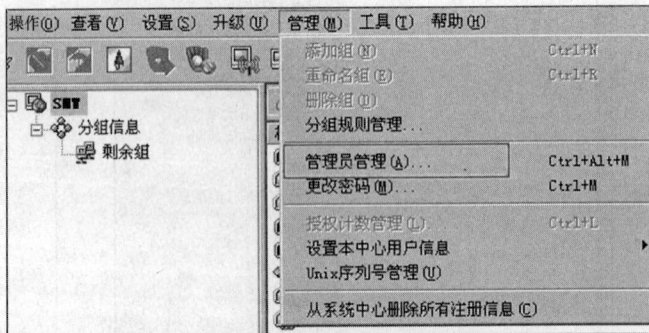

图 8-18　管理员管理

（2）在弹出的页面上根据提示输入相关信息，如图 8-19 所示。

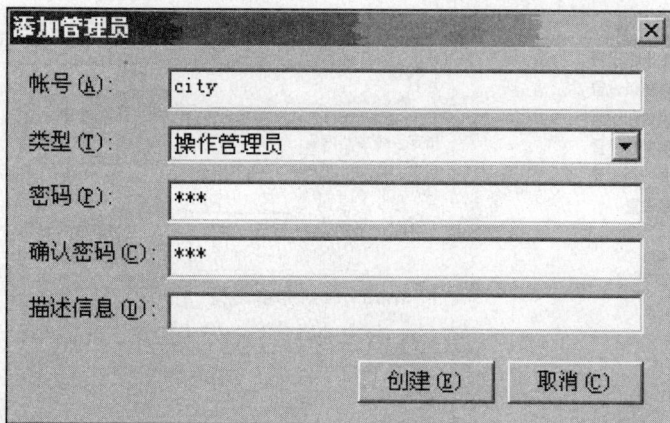

图 8-19　添加管理员

4. 设置防毒策略

在实时监控设置项目中,可以给各个客户端订制不同的杀毒选项,如文件监控、邮件监控、定时杀毒与开机杀毒等,具体如图 8-20 所示。

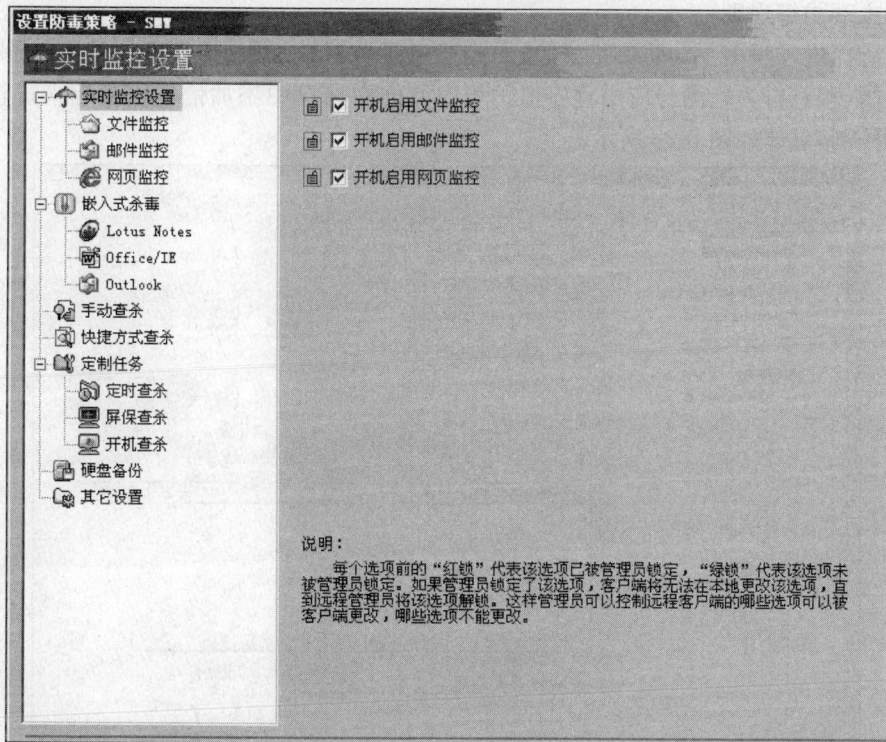

图 8-20　防毒策略设置

5. 设置客户端选项

根据需要可以对不同的客户端进行不同的设置,如定时升级设置、下载中心设置等,具体操作如图 8-21 所示。

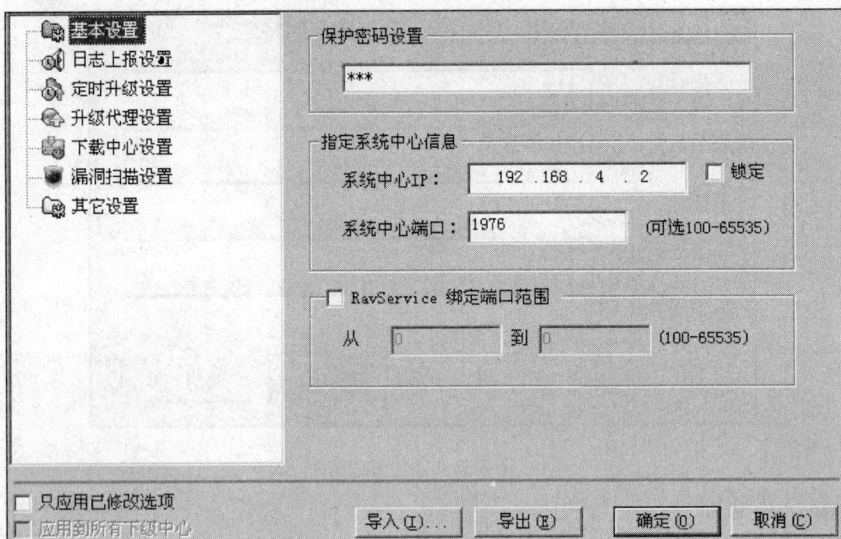

图 8-21 设置客户端选项

6.主动防御规则

系统提供了很多主动防御措施,主要是通过设置系统加固、应用程序访问控制、程序启动控制、恶意行为检测与应用程序保护等以及向白名单中添加信任程序等来进行主动防御的控制,具体如图 8-22 所示。

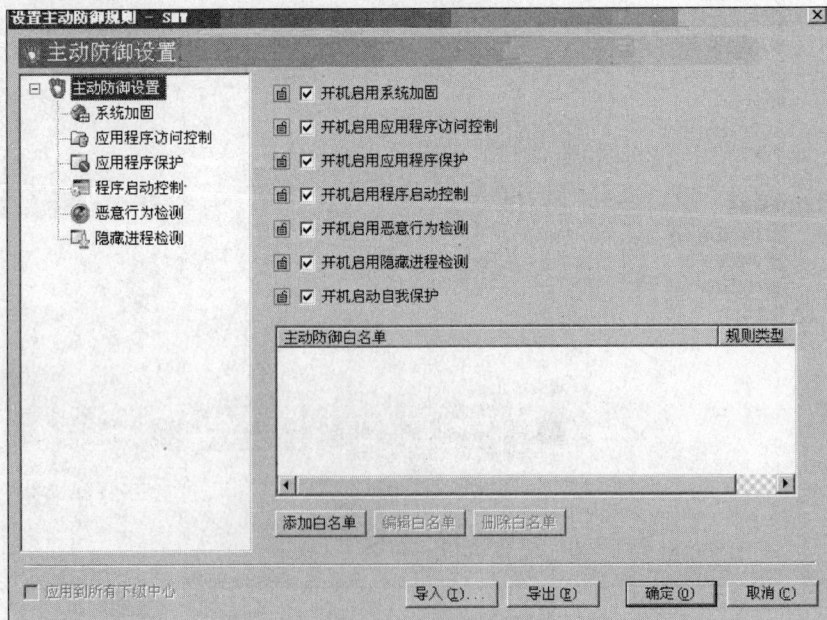

图 8-22 主动防御规则设置

7.系统中心设置

如有必要可以对系统中心的一些选项进行设置,如:UDP 监听、客户端信息、系统中心日志信息、黑白名单设置、网络设置与升级设置等。具体设置如图 8-23 所示。

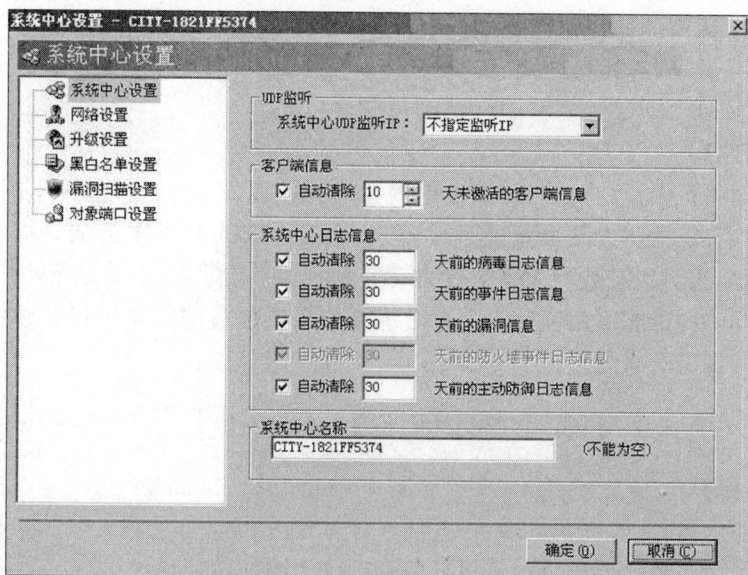

图 8-23　系统中心设置

8.日志管理工具

查杀病毒后,按右键,在弹出的菜单中单击"查看日志",找到日志查看选项,选择要查看的日志类型,或者从"开始"→"瑞星杀毒软件"→"瑞星日志管理工具",进行更加详细的查看。通过日志管理工具我们可以查看各种类别或类型的日志,也可以直接查询某个客户端或者 IP 地址的日志,比如漏洞日志。操作界面如图 8-24 所示。

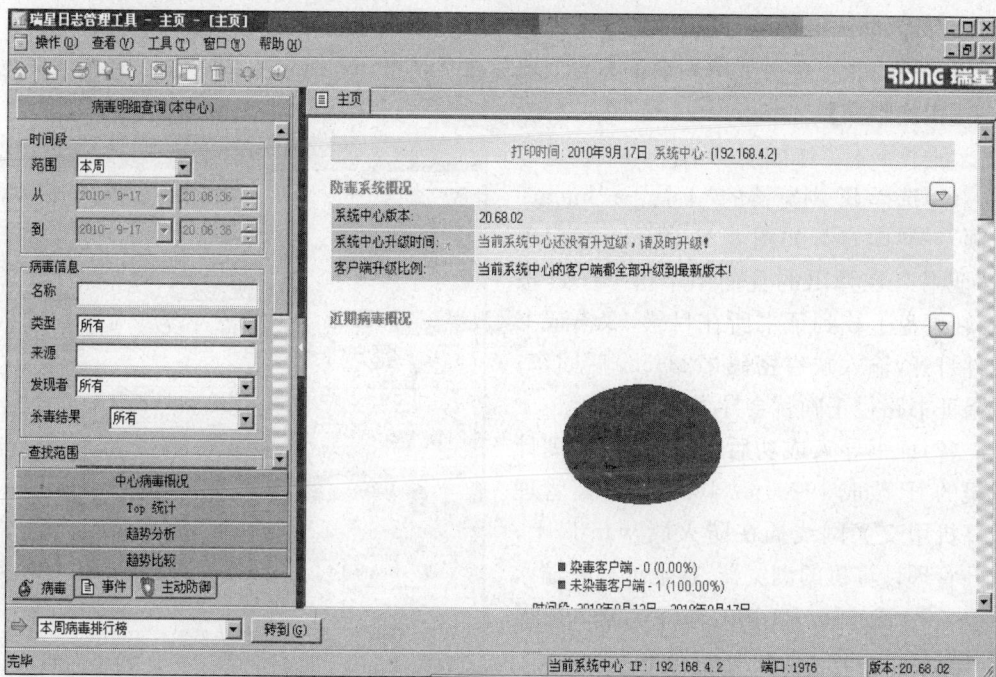

图 8-24　日志管理工具

8.2 任务二:防火墙的配置

【任务描述】

在本实训项目中,仅有一台防火墙部署在边界路由器 D 的后边,为了配置路由器的动、静态路由,我们把防火墙设置成透明模式,即防火墙的输入输出端口均不配置 IP 地址,而让其完全透明。但是防火墙应有的策略则可以照常配置,不满足策略的数据包照样会被过滤。具体的过滤策略留给学生自己练习。数据包过滤策略可以任意设定,完全可以根据网络管理需求来配置。

8.2.1 子任务 1:登录防火墙

【完成目标】

需要说明的是,要管理防火墙,不是任何计算机都可以登录防火墙的,只有经过授权的计算机才可以登录。要想让计算机具备管理防火墙的功能,授权方式有两种:一种是使用防火墙自带的密钥;另一种是提前导入防火墙证书。证书包括 CA 证书、防火墙证书、防火墙私钥与管理员证书。前三项必须导入防火墙中,后一个同时要导入管理主机的 IE 中。

防火墙默认的管理端口为 wan 口,管理 IP 地址为 192.168.10.200,登录防火墙管理界面可以在浏览器上输入地址 https://192.168.10.100:6666,帐号为 admin,密码为 firewall。需要注意的是 http 后面一定要带"s",表示安全加密方式连接。本任务要求完成提前导入防火墙的管理员证书。

❧注意:在厂家附带的光盘上有防火墙管理员证书。

【实施步骤】

证书导入工作如下所示:

(1)选择 IE 浏览器的"工具"→"Internet 选项"→"内容",如图 8-25 所示。然后单击"证书",在弹出的页面中单击"导入"按钮,在硬盘上找到证书所在目录,双击证书文件打开,输入缺省密码(123456)后回车,如果证书路径正确就会导入成功。

(2)证书导入成功后,我们再将管理计算机的 IP 改成 192.168.10.200,并将管理计算机用交叉网线插在防火墙 wan 口上,打开管理计算机的浏览器,在地址栏里输入 https://192.168.10.100:6666/ ,进入防火墙登录认证页面,如图 8-26 所示。

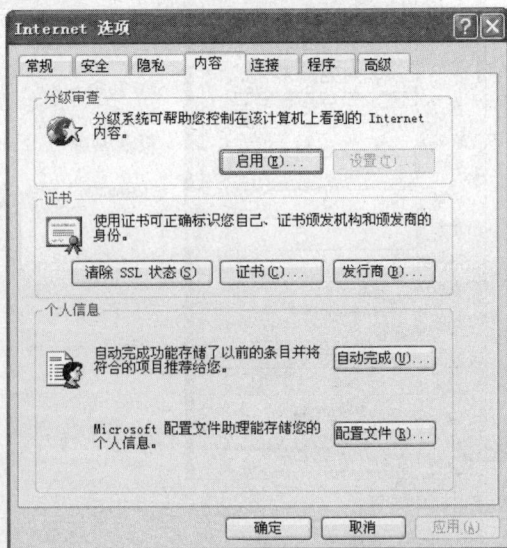

图 8-25　选择证书选项

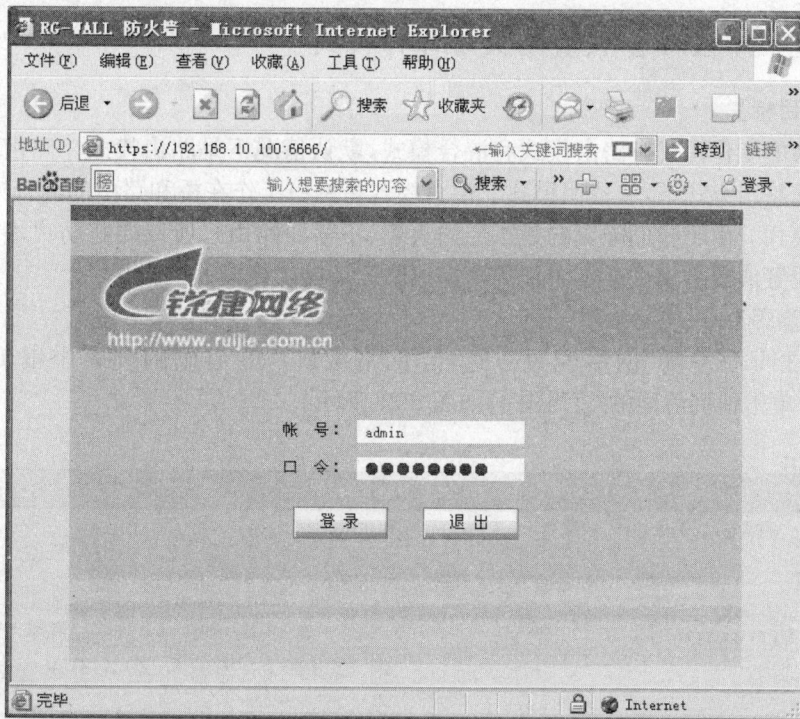

图 8-26 防火墙登录页面

（3）在上述页面输入帐号 admin 及密码 firewall，然后单击"登录"按钮进入防火墙管理界面，如图 8-27 所示。

设备信息		网络接口
名称	内容	名称
防火墙名称	firewall	dmz
防火墙版本	3.6.2.0（-3.6.3.33）	lan
防火墙序列号	f8dcab1fb9b8604b	wan
防火墙型号	RG-WALL 60	wan1

资源状态		更多>>	在线管理员
名称	图表显示		管理员名称
CPU利用率:		11%	admin
内存利用率:		77%	
连接状况:	当前连接数:79个 最大连接数:200000个		

最近事件					
日期／时间	级别	管理主机	动作	结果	信息
2010/09/20 14:17:33	信息	192.168.10.200	登录	正确	Success
2010/09/20 14:06:25	信息	192.168.10.200	显示页面	正确	page="interface"
2010/09/20 14:06:19	信息	192.168.10.200	显示页面	正确	page="interface"
2010/09/20 14:06:12	信息	192.168.10.200	显示页面	正确	page="fwips"
2010/09/20 14:05:57	信息	192.168.10.200	显示页面	正确	page="homepage"
2010/09/20 14:05:50	信息	192.168.10.200	登录	正确	Success

图 8-27 防火墙管理界面

8.2.2　子任务 2：设置防火墙工作模式

【完成目标】

防火墙的工作模式有路由模式和混合模式，默认情况下是路由模式。路由模式指网口工作在纯路由方式下，非透明模式。混合模式指网口工作在桥和路由的混合方式下，可实现透明模式。由于我们配置的是二层防火墙（不需要路由），所以要将防火墙和路由连接的接口设置成混合模式。本子任务要完成防火墙的工作模式的设置。

【实施步骤】

(1)单击页面左侧"网络配置"，选择"网络接口"，在右侧的列表中编辑"lan"和"wan1"口，单击他们后面的"✎"图标，如图 8-28 所示。

图 8-28　网络接口页面

(2)在弹出的编辑窗口中做如下配置：设置混合模式、允许非 IP 协议通过，如图 8-29 所示。

(3)采用相同的操作分别将"lan"口和"wan1"口设置为"混合模式"，并"允许"非 IP 协议数据包通过。

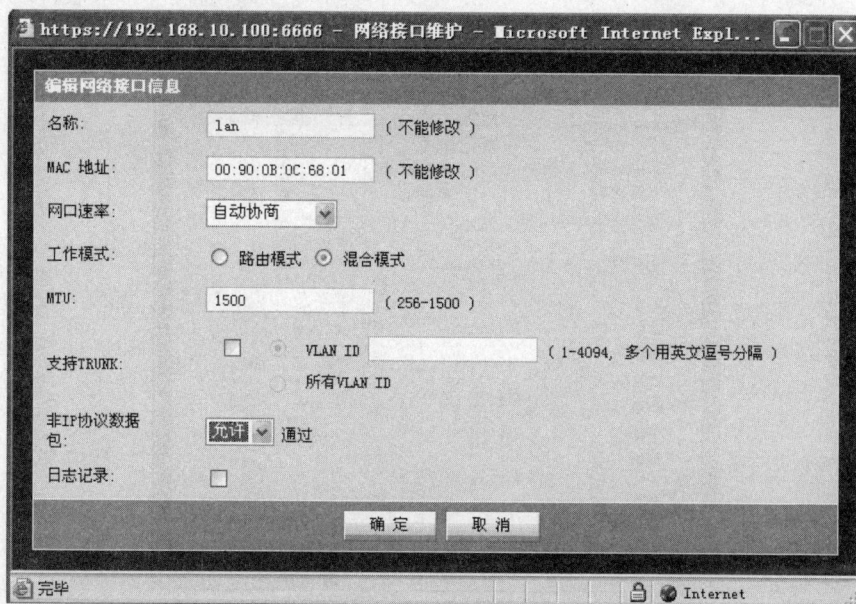

图 8-29　网络接口编辑

8.2.3　子任务 3：设置对象

【完成目标】

1. 了解对象对防火墙安全规则维护工作的重要性和不同的对象的定义。

2. 掌握时间对象的设置。

3. 掌握带宽对象的设置。

4. 掌握 URL 对象的设置。

【实施步骤】

1. 设置时间对象

为简化防火墙安全规则的维护工作，引入了对象定义，可以定义以下对象：

（1）地址：地址列表、地址组、服务器地址与 NAT 地址池。

（2）服务：服务列表、服务组。

（3）时间：时间列表、时间组。

（4）连接限制：保护主机、保护服务、限制主机与限制服务。

（5）带宽：带宽列表。

（6）URL 列表：黑名单、白名单。

定义规则前需先定义该规则所要引用的对象。在本项目设置其他过滤规则之前，必须先设置一个时间列表，单击"对象定义"，选择"时间列表"，如图 8-30 所示。

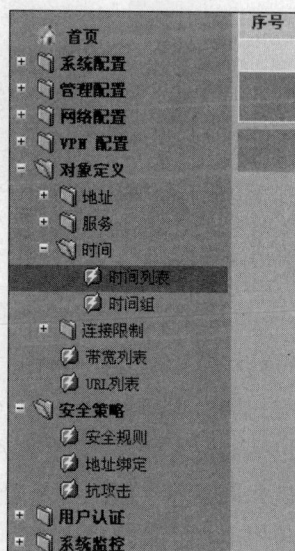

图 8-30　选择对象

单击"添加"按钮后会弹出时间对象定义对话框,如图8-31所示。

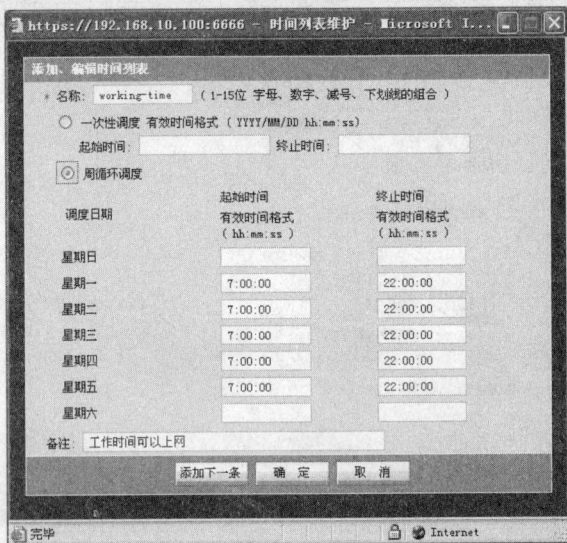

图 8-31　时间对象

在图 8-31 中首先输入时间对象的名字,然后指定时间对象的调度方式,在这里我们要选择"周循环调度",表示要经常使用这个时间策略,接着输入每个工作日的起始和终止时间,输入完毕后单击"确定"按钮,结束输入,如图 8-32 所示。

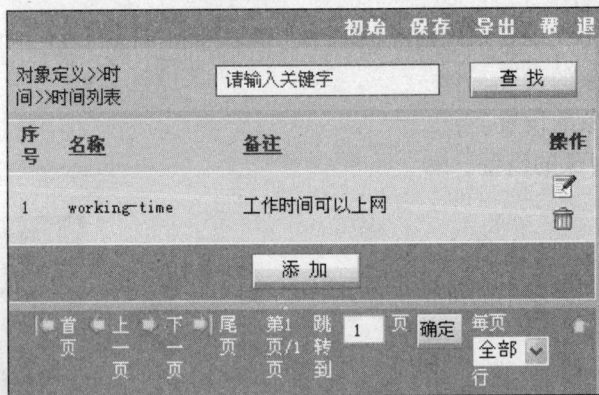

图 8-32　新定义的时间对象

2. 设置带宽对象

同理,展开对象定义菜单后单击"连接限制",在展开列表里选择"带宽列表",如图8-33所示。

单击页面上的"添加"按钮可以进行带宽设置。设置内容包括:"带宽列表"对象的名称、选择优先级和给定保证带宽及最大带宽等参数。为了理解方便,可以在备注中说明本对象的作用,如图 8-34 所示。

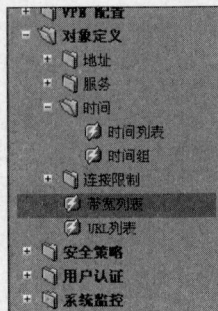

图 8-33　选择带宽列表对象

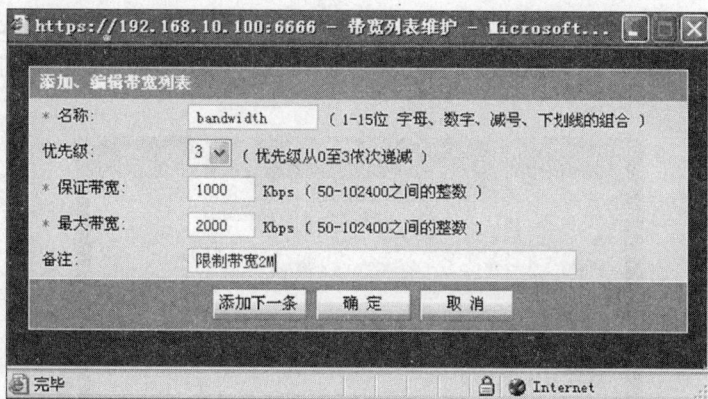

图 8-34 带宽对象编辑

添加完单击"确定"按钮结束输入,如图 8-35 所示。

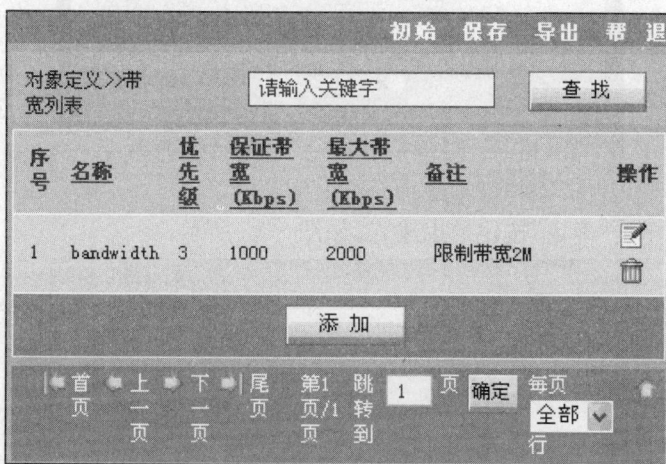

图 8-35 新定义的带宽对象

3. 设置 URL 对象

操作方法同上,单击"连接限制",选择"URL 列表",如图 8-36 所示。

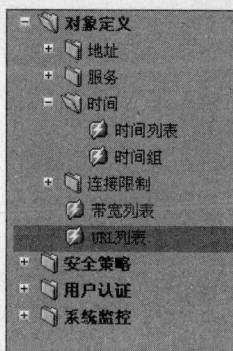

图 8-36 选择 URL 列表

继续单击"添加"按钮(在屏幕上有该按钮),弹出 URL 编辑列表,输入名称、http 端口、关键字列表等参数,在类型中要选择"黑名单",表示满足规则的数据包在黑名单之列,不予放行,如图 8-37 所示:

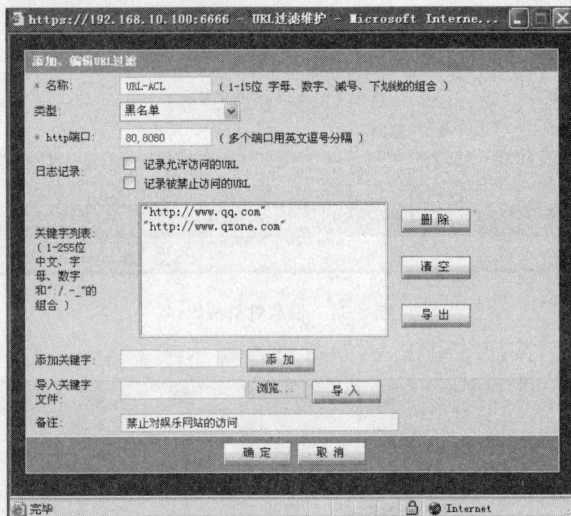

图 8-37　URL 控制列表

配置完毕后单击"确定"按钮结束输入,如图 8-38 所示。

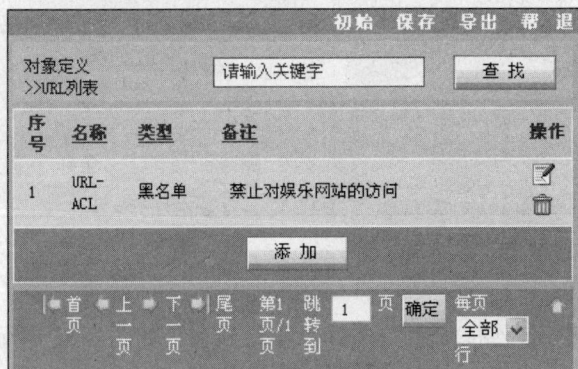

图 8-38　新建的 URL 列表对象

8.2.4　子任务 4:添加安全规则

【完成目标】

掌握防火墙的安全规则的添加。

【实施步骤】

(1)在本子任务中,我们假定在工作时间内要对进出网络的数据包进行管理,同时在带宽及访问的网址上也个别限制。为此,需要将上面建立的几个对象都应用到安全规则中去。具体操作是在主页上单击"安全策略",选择"安全规则",如图 8-39 所示。

(2)在屏幕右边的界面上单击"包过滤规则"按钮,添加一条安

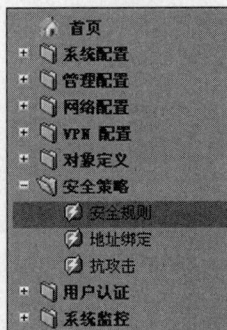

图 8-39　安全策略定义

全规则,规则名称要用户输入。在"执行动作"各文本框中,选择之前设置好的对象加入就可以了,如图 8-40 所示。

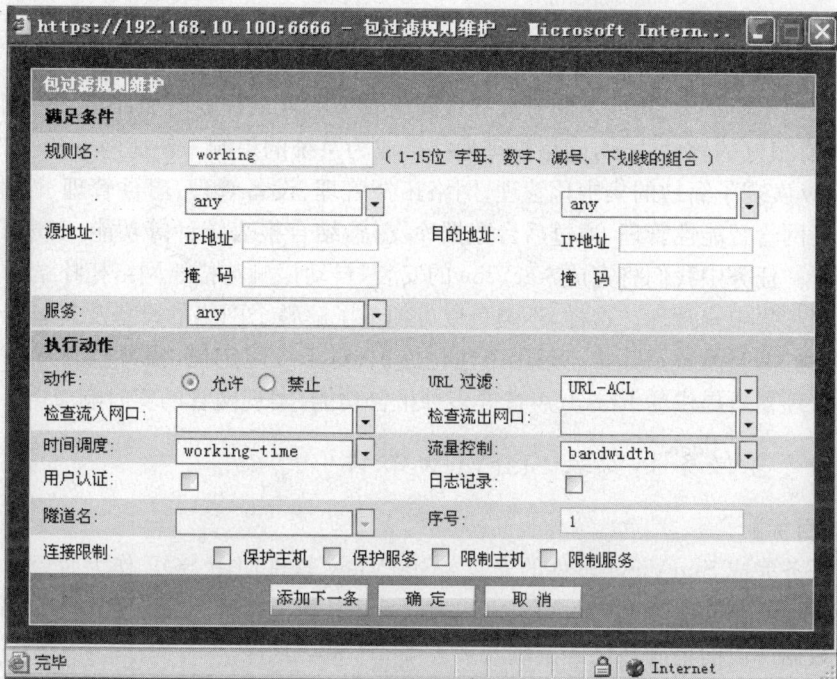

图 8-40 安全规则编辑

(3)添加完成后单击"确定"按钮结束输入,如图 8-41 所示。

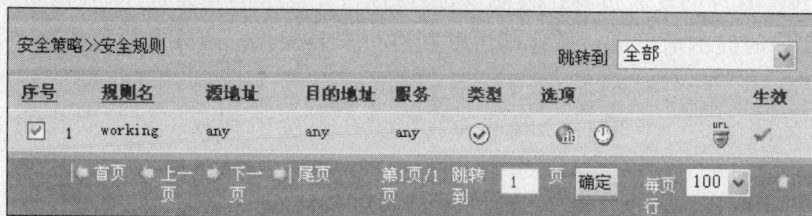

图 8-41 新添加的包过滤规则

(4)保存配置

单击主页上的"保存配置"按钮,如图 8-42 所示,将前面所有配置结果保存。

图 8-42 保存配置

如果屏幕弹出图 8-43 所示的对话框,说明保存成功。

图 8-43 保存成功

8.3   任务三：StarView 局域网管理软件

【任务描述】

网络规模不断扩大、功能不断升级导致网络管理的复杂程度增加,即使是一个中型网络,如果没有很好的软件协助,网络管理地将会成为系统的黑洞。锐捷网络开发的网管软件 StarView 实现了简约的集中化管理、网络拓扑管理、设备管理、事件管理、性能监测与预警管理等网管智能性管理,通过后台数据库支持,结合报表统计等功能,实现了网管的定量化分析。任务中我们将完成StarView的安装,自动检测与描绘网络拓扑结构,有效实现拓扑视图和集中式管理。这样,不但可以方便地了解整个网络的设备及其运行情况,而且能够对各种网络设备及其状态采用个性化标识,对于故障定位、预警监测有极大帮助,结合事件管理器所提供的 Email、声音等多种报警功能,实现网管的实时响应。

8.3.1   子任务 1：安装 StarView 软件

【完成目标】

本子任务完成 StarView 软件的安装。StarView 软件使用 SQL 作为后台数据库,要想正确使用 StarView 软件必须在 SQL Server 中建立 StarView 数据库,另外添加StarView数据库以前请确认已经正确安装了 StarView 软件。

【实施步骤】

1. 安装 StarView 软件

StarView 软件的安装过程比较简单,通过执行光盘上的安装程序,开始安装操作,并根据安装向导的提示信息进行操作即可顺利进行安装操作。在安装过程中需要注意以下几点:

(1)在安装 StarView 软件之前请确认已经在系统中卸载了之前安装的 StarView软件。

注意:拆卸软件请通过单击"开始"菜单→"控制面板"→"添加/删除程序"进行。

(2)在安装 StarView 软件之前请确认已经在系统中卸载了之前安装的Client Activator 2.2 以前的版本。

(3)在确定开始 StarView 程序文件拷贝前请先认真阅读在安装向导中提示的《用户许可协议》,要安装并使用 StarView 软件,必须首先接受这份协议。

(4)软件的默认安装目录为 C:\Program Files\福建星网锐捷网络有限公司\StarView 标准版,也可以在安装向导上更改设置。

2. 添加 StarView 数据库

(1)打开 SQL 企业管理器,如图 8-44 所示。

(2)在控制台目录中选择一个当前活动的 SQL Server,访问 SQL Server 的权限请咨询 SQL Server 管理员,也可以自己创建一个活动的 SQL Server,请参见 SQL Server 帮助文档。

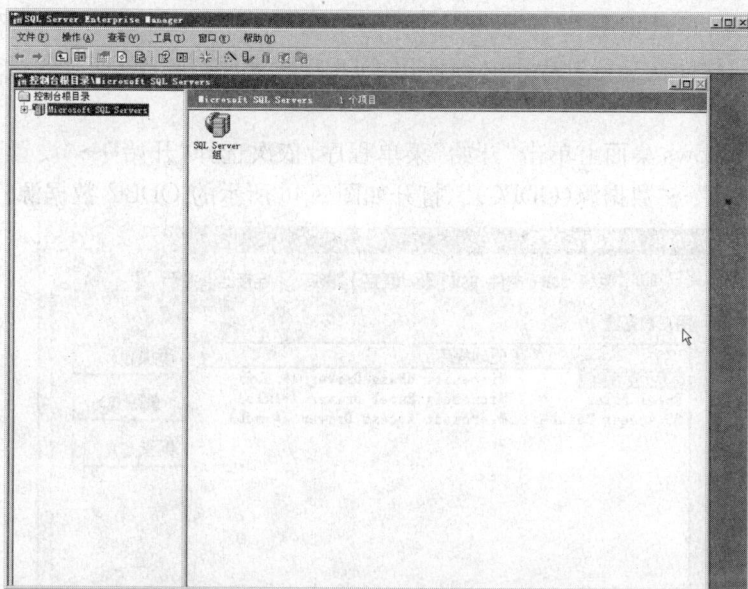

图 8-44　SQL 企业管理器

　　(3)右击 Server 的数据库目录,在弹出菜单上依次选择"所有任务"→"附加数据库"打开附加数据库对话框,如图 8-45。

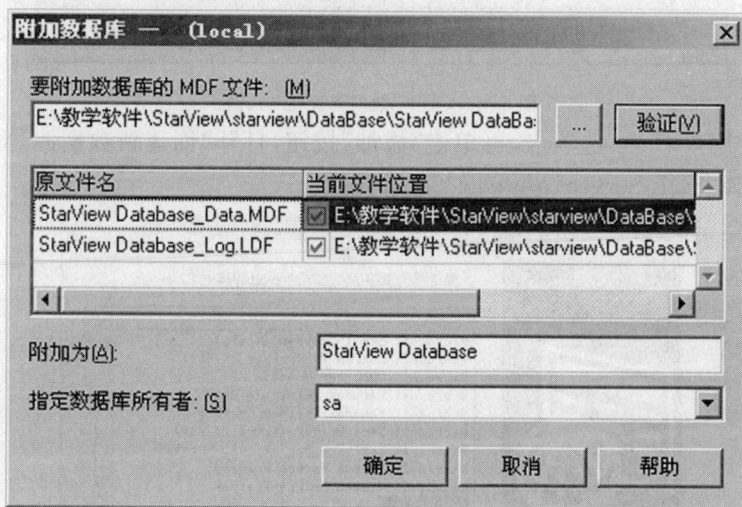

图 8-45　"附加数据库"对话框

　　在要附加的 MDB 文件对话框中,选择 StarView 提供的数据库文件<Setup Path>/SQLDataBase/StarView Database_Data. MDF,其中<Setup Path>表示 StarView 的安装目录,在"附加为"编辑框中输入"StarView Database",数据库所有者选择为当前的用户。单击"确定"按钮完成设置。

　　(4)完成设置以后系统将提示附加数据库成功,至此 StarView 数据库添加完成。

　　提示:在安装过程中如出现错误提示,请参看 SQL Server 帮助文档。

3.安装 ODBC 数据源

StarView 软件在运行过程中必须使用 ODBC 数据源,建立数据源的过程请按照以下步骤进行:

(1)在 Windows 桌面上单击"开始"菜单程序,依次选择"开始"→"设置"→"控制面板"→"管理工具"→"数据源(ODBC)",打开如图 8-46 所示的 ODBC 数据源管理对话框。

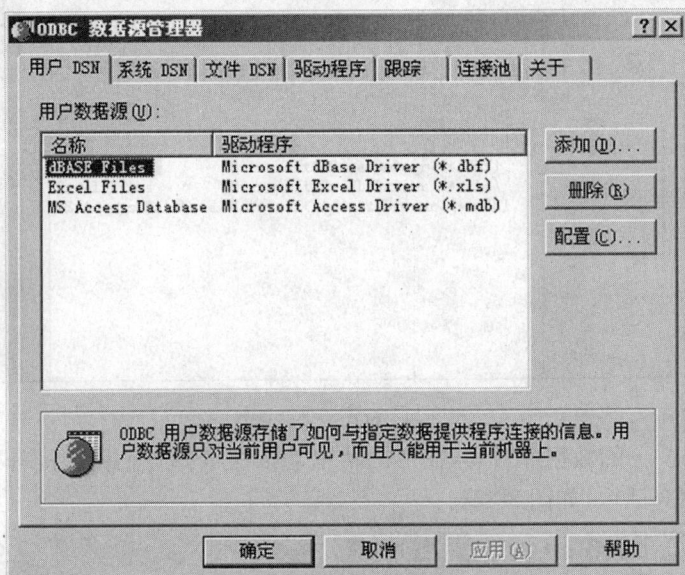

图 8-46　ODBC 数据源管理对话框

(2)单击"用户 DSN"选项卡,再单击"添加"按钮,打开"创建新数据源"对话框,如图 8-47 所示,选择"SQL Server",并单击"完成"按钮。

图 8-47　"创建新数据源"对话框

(3)此时界面上出现"创建到 SQL Server 的新数据库"对话框,如图 8-48 所示,在"名称"编辑框中输入"StarView Database",在"服务器"下拉框中选择运行数据库的服务器名称,单击"下一步"按钮。

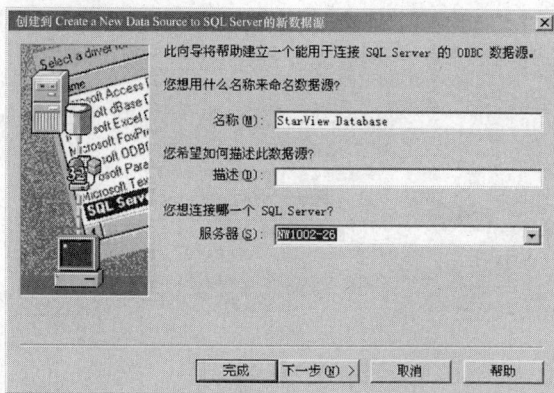

图 8-48 "创建到 SQL Server 的新数据源"对话框(一)

(4)在如图 8-49 所示的对话框中输入数据库的登录信息,主要是数据库管理员的用户名和密码,如果没有这个信息,就要联系 SQL Server 管理员确认,单击"下一步"按钮。

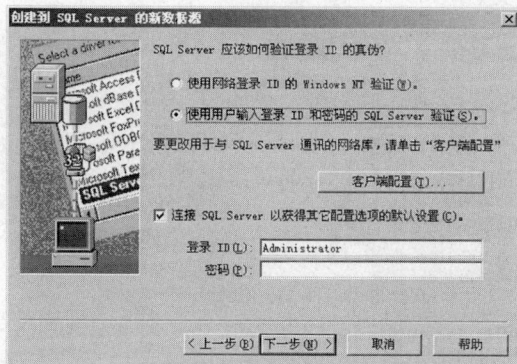

图 8-49 "创建到 SQL Server 的新数据源"对话框(二)

(5)打开如图 8-50 所示的对话框,选中"更改默认的数据库为"检查框,在下拉菜单中选择"StarView Database",如果在下拉菜单中查找不到"StarView Database"选项,请联系 SQL Server 管理员进行设置,单击"下一步"。

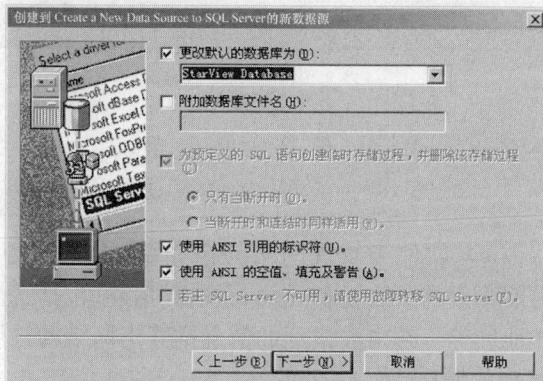

图 8-50 "创建到 SQL Server 的新数据源"对话框(三)

(6)在如图 8-51 所示的对话框上,单击"完成"按钮。

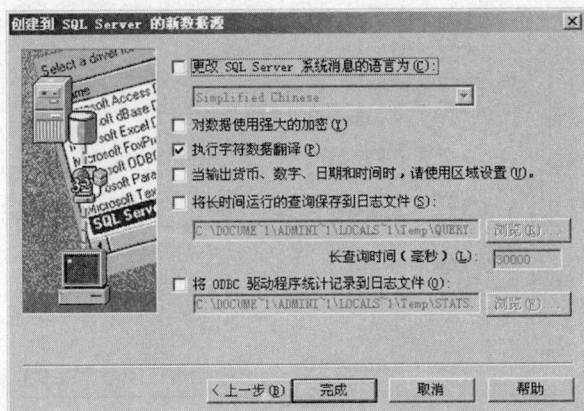

图 8-51 "Create New Data Source to SQL Server"对话框(四)

(7)完成以上几步后系统会弹出如图 8-52 所示的配置信息确认对话框,请确认配置后完成设置。

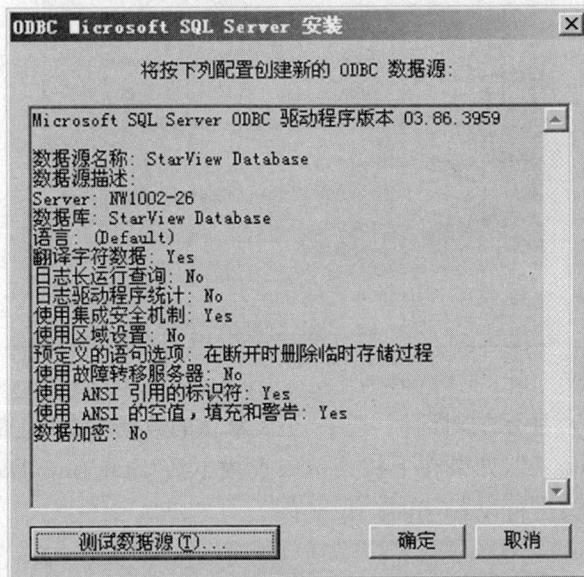

图 8-52 配置信息确认对话框

8.3.2 子任务 2:StarView 三层拓扑发现

【完成目标】

本子任务通过 StarView 软件来发现网络的拓扑结构。StarView 以种子设备为起点,通过 SNMP 方式与网络中的三层设备通信,获取其信息(包括三层接口 IP 列表、路由表与三层接口的 MAC 地址等),并由收集到的信息推算出网络的三层拓扑图。本子任务将掌握网络三层拓扑发现的操作。

【实施步骤】

1. 运行 StarView 主程序

在主菜单依次选择"网络拓扑"→"管理",新建一个视图"Star",如图 8-53 所示。

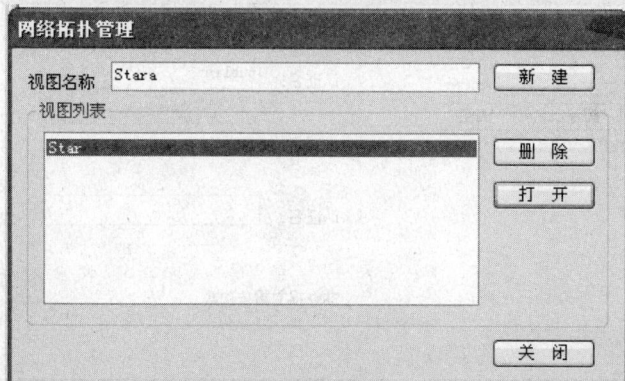

图 8-53 "网络拓扑管理"对话框

2. 设置拓扑参数

依次选择主菜单中的"管理"→"三层拓扑发现",在弹出的"种子设备选择"对话框中填入"种子地址",在"三层拓扑发现参数设置"对话框中填入 SNMP 认证名,通常是"public",如图 8-54 所示,单击"确定"按钮。

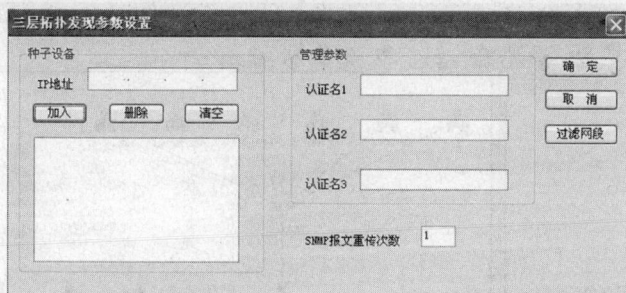

图 8-54 "三层拓扑发现参数设置"对话框

3. 设置过滤参数

单击"过滤网段"按钮,打开"过滤网段设置"对话框,本实验不设置过滤网段,因此请保持缺省设置,如图 8-55 所示,单击"确定"按钮。

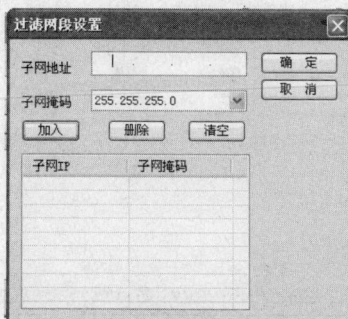

图 8-55 "过滤网段设置"对话框

4. 执行拓扑查找

单击"确定",执行三层拓扑查找,如图 8-56 所示。

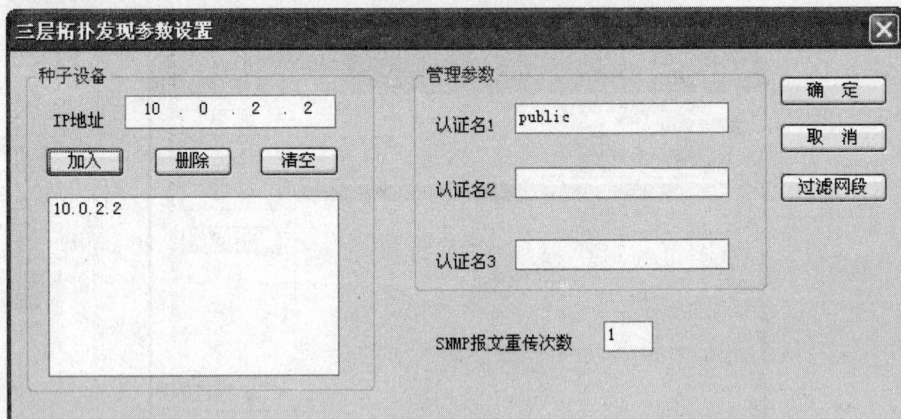

图 8-56   拓扑查找

5. 完成拓扑发现

软件自动执行拓扑发现过程,拓扑发现结束后,Star 视图将自动呈现三层拓扑图,如图 8-57 所示。

将图 8-57 的右框单独放大,可以清楚看出各个网段的连接情况,如图 8-58 所示。

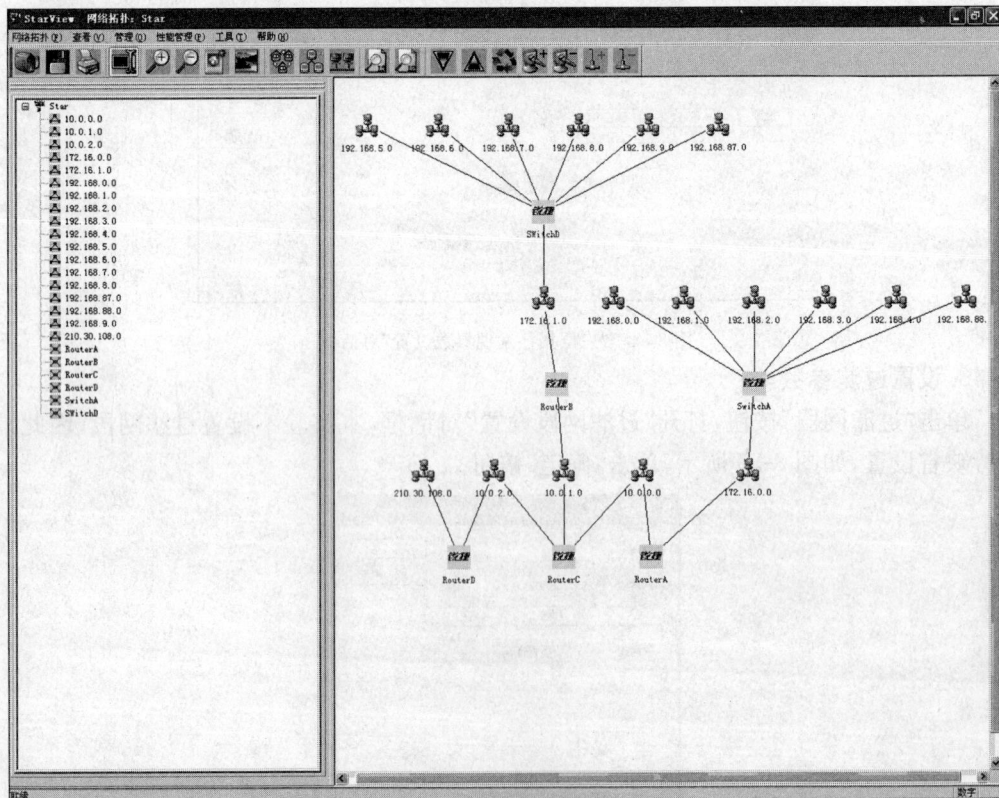

图 8-57   StarView 三层拓扑发现

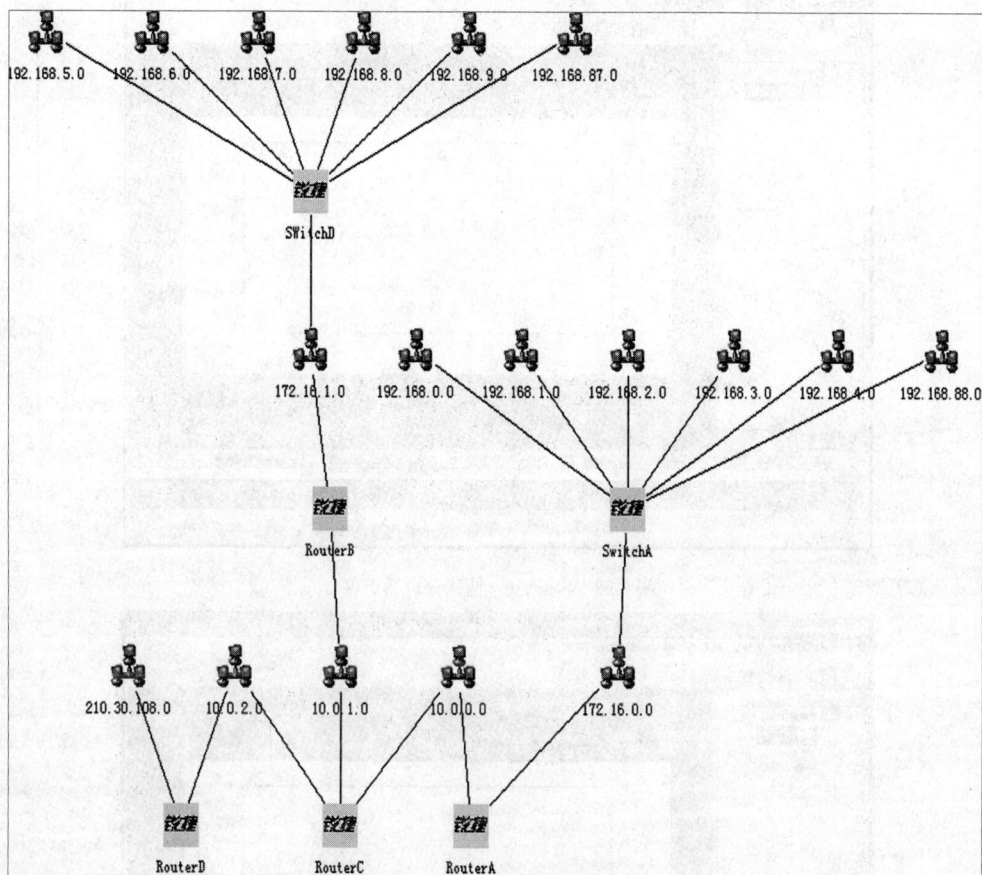

图 8-58　拓扑发现结果

8.3.3　子任务 3：StarView 节点性能监控

【完成目标】

本子任务使用 StarView 软件来观测某一节点流量情况。基于 SQL 数据库的网络性能历史重现功能可有效记录大量的性能数据，并提供管理员最多长达一年的对网络性能变化趋势进行描绘的能力。因此对于掌握添加性能节点进行监控尤其重要。本子任务中将学习如何添加性能节点进行监控。

【实施步骤】

1. 建立性能组

运行 StarView 性能分析器组件，在主菜单中依次选择"性能管理"→"新建文件夹"，在性能组中新建一个性能组，如图 8-59 所示。

2. 重命名性能组

用鼠标选中这个新建的性能组，依次选择主菜单中的"性能管理"→"重命名"，把"新建性能组"重新命名为"流量监控"，如图 8-60 所示。

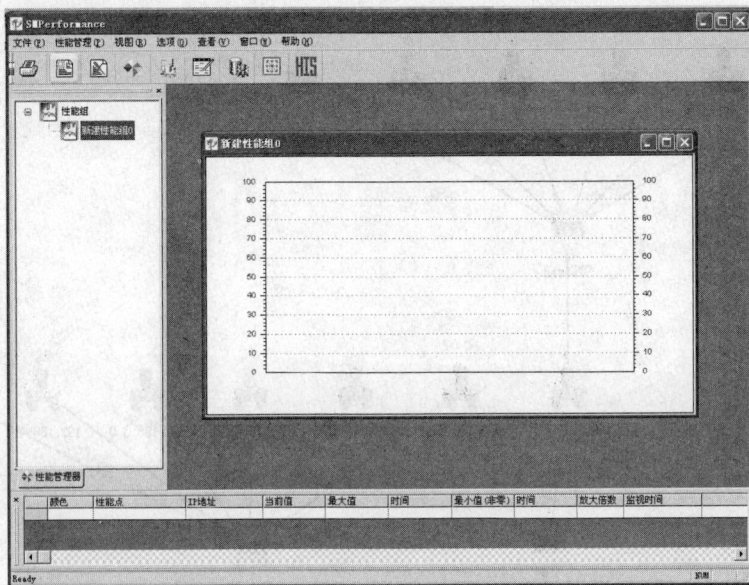

图 8-59 StarView 性能分析器组件

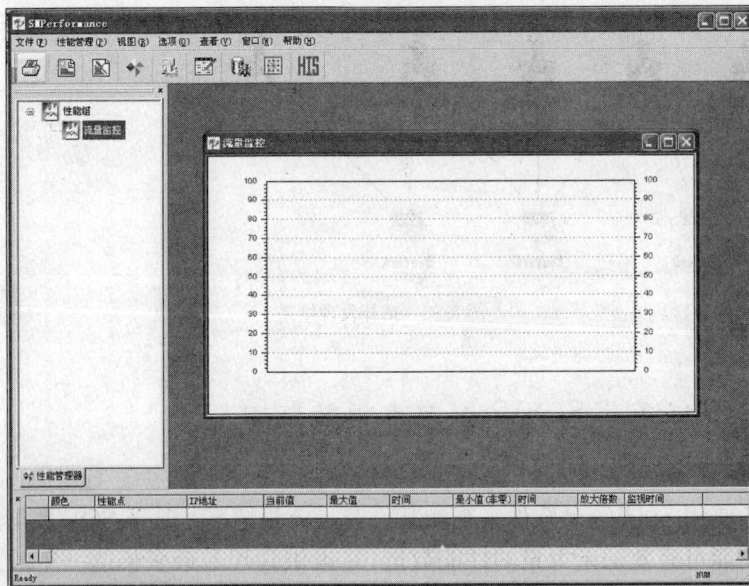

图 8-60 重命名性能组

3. 设置监控参数

选中"流量监控"性能组,在主菜单中依次选择"选项"→"性能点设置",系统将弹出监控参数设置界面,如图 8-61 所示。

4. 添加性能点

在"网络设备"栏中输入需要监控的网络设备的 IP、认证名,选择网络设备支持的 SNMP 协议,在"性能点"栏选择需要监控的性能点,以及需要监控的端口(接口索引即端口号),依次单击"添加"、"确定"按钮,如图 8-62 所示。

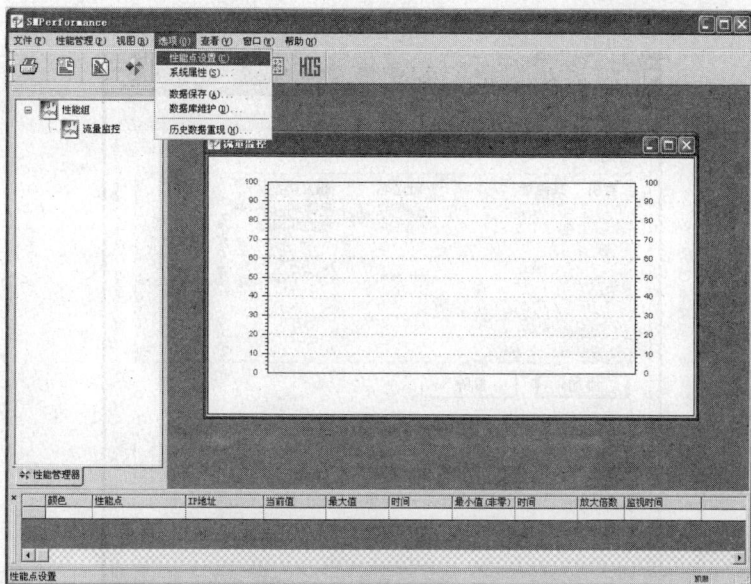

图 8-61　监控参数设置界面

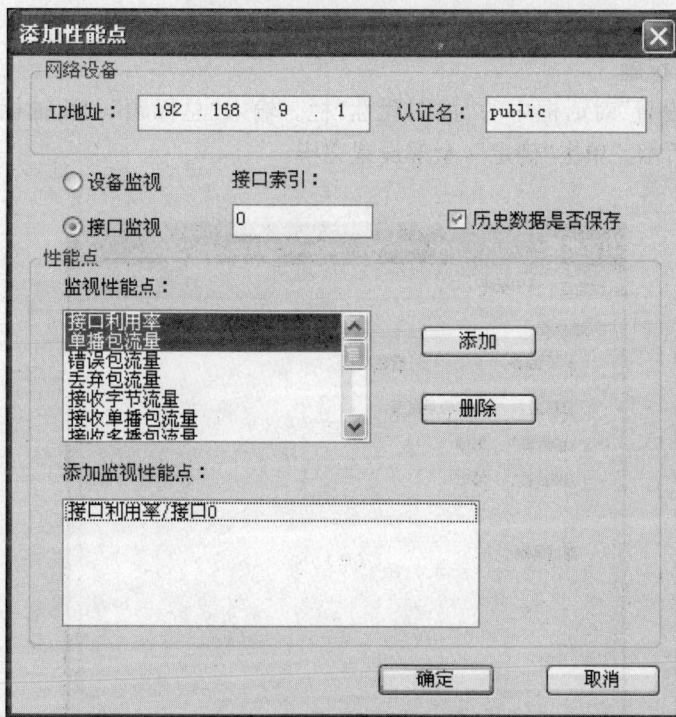

图 8-62　添加性能点

5.添加第二个性能点

设置第二条监控曲线,第一条:监控 192.168.9.1 的第 1 端口的端口利用率。第二条:监控 192.168.9.1 的第 6 端口的端口利用率。如图 8-63 所示。

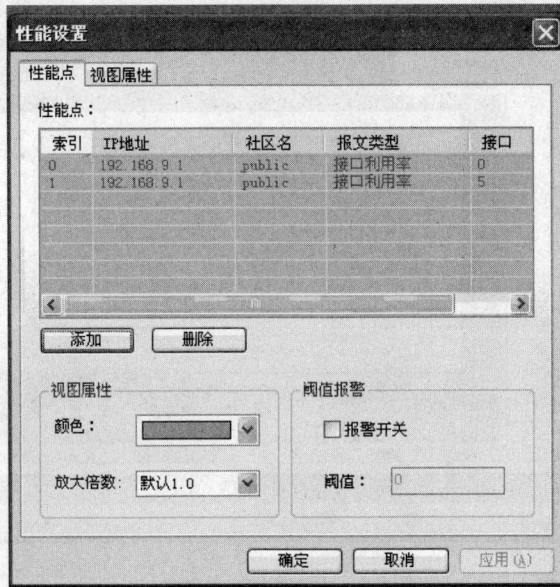

图 8-63　性能设置(一)

6.设置表格标题

选择"性能设置"对话框中的"视图属性"栏。输入"总标题"、"X 轴标题"与"Y 轴标题",如图 8-64 所示。单击"确定",全部设置完毕。

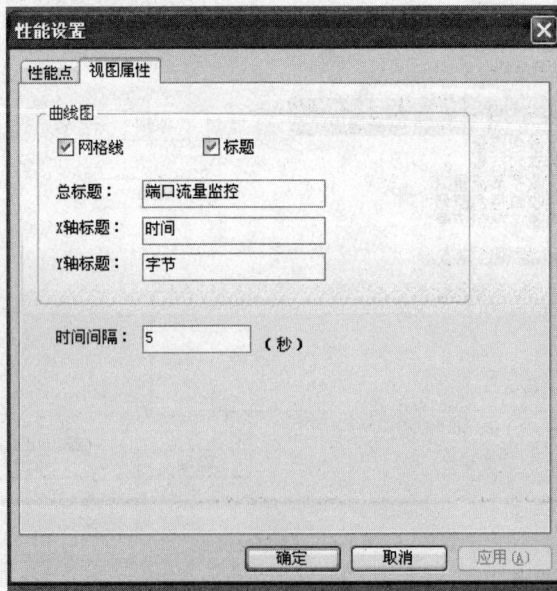

图 8-64　性能设置(二)

8.4　任务四：BPDU Guard 和 BPDU Filter 安全设置

【任务描述】

对于 STP 来说，当拥有更好优先级的交换机加入到网络后，会造成 STP 重新进行计算，使网络处于收敛过程，每加入一台交换机都会造成网络的振荡。使用交换机的 BPDU Guard 特性可以防止端口接受 BPDU 报文，防止网络拓扑变化，使网络保持稳定。另外可以使用 BPDU Filter 功能禁止 BPDU 报文从端口发送出去，以防止无需参与 STP 计算的设备收到多余的 BPDU 报文。

因此，在本任务中，所有交换机上还未使用的端口开启 BPDU Guard 特性，已经使用并且连接终端设备的端口开启 BPDU Filter 特性。下面根据任务规划，我们以 A 组中交换机 A 为例来进行配置，其他交换机情况可参照进行，请读者自己完成。

8.4.1　子任务 1：使用 BPDU Guard 提高 STP 安全性

【完成目标】

使用交换机的 BPDU Guard 特性增强交换网络的稳定性与安全性，使具有更好优先级的交换机加入网络后也不会造成 STP 的重新计算，实现网络的安全。

【实施步骤】

根据第一部分中关于 BPDU Guard 的需求规划，我们来完成交换机 A 的配置。具体操作步骤如下：

```
SwitchA>en
SwitchA# conf t
SwitchA(config)# int f0/3        ! 进入 F0/3 端口
SwitchA(config-if)# spanning-tree bpduguard enable      ! 开启 BPDU Guard 功能，下同
SwitchA(config-if)# int f0/4
SwitchA(config-if)# spanning-tree bpduguard enable
SwitchA(config-if)# int f0/6
SwitchA(config-if)# spanning-tree bpduguard enable
SwitchA(config-if)# int f0/7
SwitchA(config-if)# spanning-tree bpduguard enable
SwitchA(config-if)# int f0/8
SwitchA(config-if)# spanning-tree bpduguard enable
SwitchA(config-if)# int f0/9
SwitchA(config-if)# spanning-tree bpduguard enable
SwitchA(config-if)# int f0/10
SwitchA(config-if)# spanning-tree bpduguard enable
SwitchA(config-if)# int f0/11
SwitchA(config-if)# spanning-tree bpduguard enable
SwitchA(config-if)# int f0/12
SwitchA(config-if)# spanning-tree bpduguard enable
```

SwitchA(config-if)♯ *int f0/13*

SwitchA(config-if)♯ *spanning-tree bpduguard enable*

SwitchA(config-if)♯ *int f0/14*

SwitchA(config-if)♯ *spanning-tree bpduguard enable*

SwitchA(config-if)♯ *int f0/19*

SwitchA(config-if)♯ *spanning-tree bpduguard enable*

SwitchA(config-if)♯ *int f0/20*

SwitchA(config-if)♯ *spanning-tree bpduguard enable*

SwitchA(config-if)♯ *int f0/21*

SwitchA(config-if)♯ *spanning-tree bpduguard enable*

SwitchA(config-if)♯ *int f0/22*

SwitchA(config-if)♯ *spanning-tree bpduguard enable*

SwitchA(config-if)♯ *int gi0/25*

SwitchA(config-if)♯ *spanning-tree bpduguard enable*

SwitchA(config-if)♯ *int gi0/26*

SwitchA(config-if)♯ *spanning-tree bpduguard enable*

SwitchA(config-if)♯ *int gi0/27*

SwitchA(config-if)♯ *spanning-tree bpduguard enable*

SwitchA(config-if)♯ *int gi0/28*

SwitchA(config-if)♯ *spanning-tree bpduguard enable*

SwitchA(config-if)♯ *end*

8.4.2　子任务 2:使用 BPDU Filter 提高 STP 安全性

【完成目标】

为了防止无需参与 STP 计算的设备收到多余的 BPDU 报文,可以使用 BPDU Filter 功能禁止 BPDU 报文从某一个端口发送出去。

【实施步骤】

SwitchA＞*en*

SwitchA♯ *conf t*

SwitchA(config)♯ *int f0/5*　　!进入 f0/5 端口

SwitchA(config-if)♯ *spanning-tree bpdufilter enable*　　!开启 BPDU Filter 功能,下同

SwitchA(config-if)♯ *int f0/15*

SwitchA(config-if)♯ *spanning-tree bpdufilter enable*

SwitchA(config-if)♯ *int f0/16*

SwitchA(config-if)♯ *spanning-tree bpdufilter enable*

SwitchA(config-if)♯ *int f0/17*

SwitchA(config-if)♯ *spanning-tree bpdufilter enable*

SwitchA(config-if)♯ *int f0/18*

SwitchA(config-if)♯ *spanning-tree bpdufilter enable*

SwitchA(config-if)♯ *end*

SwitchA♯ *write memory*

SwitchA#

设置完毕后,可使用 show running-config 命令查看配置 BPDU Filter 及 BPDU Guard 的结果。查询结果中有关内容如下所示(省略了一些无关内容):

```
SwitchA# show run
......................................
interface FastEthernet 0/1
    port-group 1
interface FastEthernet 0/2
    port-group 1
interface FastEthernet 0/3
    spanning-tree bpduguard enable
interface FastEthernet 0/4
    spanning-tree bpduguard enable
interface FastEthernet 0/5
    no switchport
    no ip proxy-arp
    ip address 172.16.0.3    255.255.255.0
    spanning-tree bpdufilter enable
interface FastEthernet 0/6
    switchport access vlan 2
    spanning-tree bpduguard enable
interface FastEthernet 0/7
    spanning-tree bpduguard enable
interface FastEthernet 0/8
    spanning-tree bpduguard enable
interface FastEthernet 0/9
    spanning-tree bpduguard enable
interface FastEthernet 0/10
    spanning-tree bpduguard enable
interface FastEthernet 0/11
    spanning-tree bpduguard enable
interface FastEthernet 0/12
    spanning-tree bpduguard enable
interface FastEthernet 0/13
    spanning-tree bpduguard enable
interface FastEthernet 0/14
    spanning-tree bpduguard enable
interface FastEthernet 0/15
    switchport access vlan 6
    spanning-tree bpdufilter enable
interface FastEthernet 0/16
```

```
        spanning-tree bpdufilter enable
interface FastEthernet 0/17
        spanning-tree bpdufilter enable
interface FastEthernet 0/18
        spanning-tree bpdufilter enable
interface FastEthernet 0/19
        spanning-tree bpduguard enable
interface FastEthernet 0/20
        spanning-tree bpduguard enable
interface FastEthernet 0/21
        spanning-tree bpduguard enable
interface FastEthernet 0/22
        spanning-tree bpduguard enable
interface FastEthernet 0/23
        port-group 2
interface FastEthernet 0/24
        port-group 2
interface GigabitEthernet 0/25
        spanning-tree bpduguard enable
interface GigabitEthernet 0/26
        spanning-tree bpduguard enable
interface GigabitEthernet 0/27
        spanning-tree bpduguard enable
interface GigabitEthernet 0/28
        spanning-tree bpduguard enable
interface AggregatePort 1
    switchport mode trunk
interface AggregatePort 2
    switchport mode trunk
.........................................
End
```

8.5 任务五:交换机 ARP 防御设置

【任务描述】

很多网络用户经常抱怨无法访问互联网,经过故障排查,问题往往是客户端上缓存的网关的 ARP 绑定条目是错误的,从此现象可以判断出网络中可能出现了 ARP 欺骗攻击,导致客户端不能获取正确的 ARP 条目,以致不能访问外部网络。ARP 欺骗攻击是目前在内部网络出现得最频繁的一种攻击。对于这种攻击,需要检查网络中 ARP 报文的合法性。交换机的 ARP 检查功能可以满足这个要求,防止 ARP 欺骗攻击。现在以交换机 C 为例,完成交换机 ARP 检查的配置。

8.5.1　子任务 1：开启交换机 ARP 检查功能

【完成目标】

本子任务完成交换机 ARP 检查功能的配置。

【实施步骤】

使用任意一台 PC，将其串行口跳线连接到交换机 C 的 Console 口上，打开 PC 的超级终端程序，在其命令行窗口上输入以下黑色斜体字命令：

SwitchC# *config t*

SwitchC(config)# *port-security arp-check*　　! 开启端口的 ARP 检查功能。

SwitchC(config)# *interface f0/5*

SwitchC(config-if)# *switchport port-security*　　! 开启端口安全模式。

SwitchC(config-if)# *switchport port-security mac-address 0008.0df9.4c64 ip-address 192.168.2.2*

　　　　　　　　　　　　　　　　　! 开启端口的 MAC 地址和 IP 地址绑定。

SwitchC(config-if)# *interface f0/15*

SwitchC(config-if)# *switchport port-security*

SwitchC(config-if)# *switchport port-security mac-address 00d0.f8d0.3ea7 ip-address 192.168.3.2*

SwitchC(config-if)# *end*

SwitchC# *write memory*

SwitchC#

其他交换机上需要开启 ARP 检查功能的端口按相同的步骤完成配置。

8.5.2　子任务 2：验证交换机 ARP 检查功能

【完成目标】

本子任务完成交换机 ARP 检查配置的验证工作。

【实施步骤】

使用 show running-config 命令查看交换机 ARP 检查配置的结果，交换机 C 以及其他交换机上需要开启 ARP 检查功能的端口按相同的步骤处理。查询结果如下所示：

```
SwitchC# show run
Building configuration......
Current configuration : 2371 bytes
version RGOS 10.2(4)，Release(56390)(Tue May 26 21:05:52 CST 2009 -ngcf34)
vlan 1
vlan 4
    name tech
vlan 5
    name office
no service password-encryption
spanning-tree
spanning-tree mode rstp
```

```
hostname SwitchC
interface FastEthernet 0/1
    spanning-tree bpduguard enable
interface FastEthernet 0/2
    spanning-tree bpduguard enable
interface FastEthernet 0/3
    spanning-tree bpduguard enable
interface FastEthernet 0/4
    spanning-tree bpduguard enable
interface FastEthernet 0/5
    switchport access vlan 4
    switchport port-security mac-address 0008.0df9.4c64 ip-address 192.168.2.2
    switchport port-security
    spanning-tree bpdufilter enable
interface FastEthernet 0/6
    switchport access vlan 4
    spanning-tree bpdufilter enable
interface FastEthernet 0/7
    spanning-tree bpduguard enable
interface FastEthernet 0/8
spanning-tree bpduguard enable
interface FastEthernet 0/9
    spanning-tree bpduguard enable
interface FastEthernet 0/10
    spanning-tree bpduguard enable
interface FastEthernet 0/11
    spanning-tree bpduguard enable
interface FastEthernet 0/12
    spanning-tree bpduguard enable
interface FastEthernet 0/13
    spanning-tree bpduguard enable
interface FastEthernet 0/14
    spanning-tree bpduguard enable
interface FastEthernet 0/15
    switchport access vlan 5
    switchport port-security mac-address 00d0.f8d0.3ea7 ip-address 192.168.3.2
    switchport port-security
spanning-tree bpdufilter enable
interface FastEthernet 0/16
    switchport access vlan 5
    spanning-tree bpdufilter enable
```

```
interface FastEthernet 0/17
    spanning-tree bpduguard enable
interface FastEthernet 0/18
    spanning-tree bpduguard enable
interface FastEthernet 0/19
    spanning-tree bpduguard enable
interface FastEthernet 0/20
    spanning-tree bpduguard enable
interface FastEthernet 0/21
    spanning-tree bpduguard enable
interface FastEthernet 0/22
    spanning-tree bpduguard enable
interface FastEthernet 0/23
    port-group 2
interface FastEthernet 0/24
    port-group 2
interface GigabitEthernet 0/25
    spanning-tree bpduguard enable
interface GigabitEthernet 0/26
    spanning-tree bpduguard enable
interface AggregatePort 2
    switchport mode trunk
snmp-server community public rw
line con 0
line vty 0 4
    login
End
```

附　录

实训项目材料清单

序号	项目名称	设备名称	单位	数量
1	三层交换机	RG-S3760-24	台	2
2	二层交换机	RG-S2328G	台	4
3	路由器	RG-2600	台	4
4	防火墙	RG-WALL60	台	1
5	软交换	RG-VX9000	台	1
6	语音网关	RG-VG6116E	台	2
7	IP电话	RG-VP3000E	台	8
8	无线 AP	RG-WG54P	台	1
9	无线网卡	RG-WG54U	个	2
10	服务器	联想万全 T168 G6	台	2
11	配线架	一舟 48 口配线架	个	1
12	双绞线	一舟超五类非屏蔽双绞线	箱	1
13	信息模块	一舟 RJ-45 网络模块	个	19
14	插座面板	一舟双口面板	个	11
15	软跳线	一舟成品软跳线 1 m	条	34
16	线槽	20mm * 10mmPVC 线槽	米	
17	机柜	锐捷 RG-RACK-LAB-40U	台	2

参考文献

[1] 蒋先华等译. 校园网络组建与应用. 北京:科学出版社,2003

[2] 张维. 实战网络工程案例. 北京:北京邮电大学出版社,2006

[3] 云红艳等. 计算机网络管理. 北京:人民邮电出版社,2008

[4] 刘建伟等. 网络安全实验教程. 北京:清华大学出版社,2007

[5] 曾慧玲,陈杰义. 网络规划与设计. 北京:冶金工业出版社,2005

[6] 岳经伟. 网络综合布线技术. 北京:中国水利水电出版社,2003

[7] 黎连业. 网络综合布线系统与施工技术. 北京:机械工业出版社,2000

[8] 钟小平. 网络服务器配置与应用. 第三版. 北京:人民邮电出版社,2007

[9] 叶丹. 网络安全实用技术. 第 1 版. 北京:清华大学出版社,2002

[10] 刘晓辉,杨兴明. 中小企业网络管理员实用教程. 北京:科学出版社,2004

[11] http://www.it168.com

[12] http://www.cisco.com